UNVERNÜNFTIGE GASTFREUNDSCHAFT

Die bemerkenswerte Kunst,
Menschen mehr zu geben,
als sie erwarten

WILL GUIDARA

3. Auflage 2025
© 2024 Edel Verlagsgruppe GmbH
Neumühlen 17, 22763 Hamburg
ISBN: 978-3-96584-376-9

Redaktionsanschrift:
ZS, Edel Verlagsgruppe GmbH,
Kaiserstraße 14b, 80801 München
www.zsverlag.de/kontakt
www.edelverlagsgruppe.de/kontakt

Projektleitung der deutschen Ausgabe: Regina Denk, Tom Mathony
Texte: Will Guidara
Redaktion: Rotkel. Die Textwerkstatt
Übersetzung ins Deutsche, Satz, Korrektorat: Rotkel. Die Textwerkstatt
Umschlag- & Innengestaltung des Originals: Ellen Cipriano
Überarbeitung des Umschlags für die deutsche Ausgabe: Martina Baldauf, Katharina Fesl
Herstellung: Frank Jansen
Producing: Jan Russok
Druck und Bindung: GGP Media GmbH, Pößneck

This edition published by arrangement with Optimism Press, an imprint of Penguin Publishing Group, a division of Penguin Random House LLC

Data Names: Guidara, Will, author.
Title: Unreasonable hospitality : the remarkable power of giving people more than they expect / Will Guidara.
Description: New York : Optimism Press, [2022]
Book Design by Ellen Cipriano

Für Frank Guidara, meinen Vater, Mentor und besten Freund. Weil er mir gezeigt hat, was »richtig« ist, und weil ich dank ihm erleben darf, wie unglaublich erfüllend ein Leben im Dienste der Gastfreundschaft sein kann.

Und für all die Menschen, mit denen ich im Eleven Madison Park, im NoMad und im Make It Nice gearbeitet habe. Für alle, die so viel von sich selbst gegeben haben, um sich um andere zu kümmern.

Dieses Buch handelt von euch.

INHALT

EIN BRIEF VON SIMON SINEK

Herausgeber bei Optimism Press

Wir von Optimism Press stellen uns eine Welt vor, in der die große Mehrheit der Menschen jeden Morgen inspiriert aufwacht, sich sicher fühlt, egal wo, und am Ende des Tages mit ihrer Arbeit zufrieden ist. Doch eine solche Welt zu erschaffen, das erreichen wir nur, wenn wir sie gemeinsam aufbauen.

Da gibt es nur ein Problem …

In den letzten Jahrzehnten haben wir uns auseinandergelebt. Früher haben wir mehr gemeinsam unternommen. Wir besuchten die Kirche und andere Gotteshäuser. Wir trafen uns mit Freunden und Nachbarn und lernten neue Leute beim Sport und in unseren örtlichen Vereinen kennen. Aber die Zahl der Kirchenbesucher ist drastisch zurückgegangen, und Sportzentren und Vereinshäuser verwaisen. Dass die digitale Kommunikation zunimmt und die Arbeit im Homeoffice sich immer weiter verbreitet, hat einen in der jüngeren Geschichte nie da gewesenen Grad der Vereinsamung zur Folge. Dennoch bleibt unser intensiver Wunsch nach einem Gefühl der Zugehörigkeit bestehen. Es ist ein angeborenes menschliches Bedürfnis. Und hier kommt *Unvernünftige Gastfreundschaft* ins Spiel.

Auf den ersten Blick ist dies das Buch eines talentierten Unternehmers, der aus einer mittelmäßigen Brasserie in New York City das beste Restaurant der Welt gemacht hat. Doch es geht hier um etwas viel Größeres und Wichtigeres. Es ist ein Buch darüber, wie man Menschen behandelt. Wie man zuhört. Wie man neugierig bleibt. Und wie man das Gefühl lieben lernt, andere willkommen zu heißen. Es ist ein Buch darüber, wie man Menschen das Gefühl gibt, dazuzugehören.

Einige weltweit gerühmte Restaurants wurden groß, indem sie unsere Sichtweise auf Lebensmittel veränderten – vom Einkauf über Zubereitung und Präsentation bis zum Geschmack. Aber als Will Guidara sich vornahm, das Eleven Madison Park zum besten Restaurant der Welt zu machen, war die Idee, wie er das anstellen wollte, ziemlich verrückt: »Was, wenn wir die Gastfreundschaft mit der gleichen Leidenschaft, Liebe zum Detail und Sorgfalt angehen würden, wie wir es bei unseren Speisen tun?«

Die meisten Menschen denken bei Gastfreundschaft an etwas, das sie tun. Will betrachtet das Bedienen als einen Akt des Dienens – aber mit dem Fokus darauf, wie sich die Menschen durch sein Handeln fühlen. Und wenn sich bei seinen Mitarbeitern im Kundenkontakt alles darum drehen soll, wie die Gäste sich fühlen, so erkannte er, musste sich bei ihm alles darum drehen, wie seine Mitarbeiter sich fühlen. Beides ist untrennbar miteinander verbunden: Ausgezeichnete Dienstleistung kann nicht ohne ausgezeichnete Führung existieren.

Will hat nicht nur ein Restaurant umgestaltet, sondern unsere gesamte Vorstellung von Dienstleistung erneuert. Die Ratschläge in *Unvernünftige Gastfreundschaft* sind für Immobilienmakler und Versicherungsagenten – sogar für Regierungsbehörden – ebenso relevant wie für Menschen, die in Restaurants und Hotels arbeiten.

Seine Überlegungen zum Thema Führung sind für Unternehmen im Bereich Business-to-Consumer gleichermaßen anwendbar wie für Business-to-Business-Unternehmen. Tatsächlich würde jede Organisation von seiner Denkweise profitieren.

In diesem Buch zeigt Will, welchen erstaunlichen Einfluss wir auf das Leben eines Menschen haben können, wenn wir ihm ein Gefühl der Zugehörigkeit vermitteln … und, was ebenso wichtig ist: wie inspirierend es ist, gemeinsam daran zu arbeiten, Menschen dieses Gefühl zu geben. Und diese Idee ist es wert, geteilt zu werden.

Seid unvernünftig und lasst euch inspirieren!

Simon Sinek

UNVERNÜNFTIGE GASTFREUNDSCHAFT

KAPITEL 1

WILLKOMMEN IM GASTGEWERBE

DAHEIM WAREN WIR GANZ OBEN.

Unser Restaurant Eleven Madison Park hatte vor Kurzem vier Sterne von der *New York Times* sowie einige James Beard Awards erhalten (die als Oscars der Küche gelten). Doch als mein Chefkoch und Geschäftspartner Daniel Humm und ich uns 2010 beim Cocktailempfang am Abend vor den Auszeichnungen der World's 50 Best Restaurants einfanden, wurde uns klar, dass das noch mal eine ganz andere Nummer war.

Stellen Sie sich vor, wie alle berühmten Köche und Gastronomen, von denen Sie je gehört haben, zusammensitzen, Champagner trinken und sich miteinander unterhalten – und kein einziger von ihnen redet mit uns. Ich hatte mich noch nie so sehr wie ein Neuling gefühlt, der in der Cafeteria der Highschool nicht weiß, wo er sich hinsetzen soll – nicht einmal, als ich neu an der Highschool war.

Es war eine riesengroße Ehre, eingeladen zu werden. Die »World's 50 Best Restaurants Awards« wurden 2002 ins Leben gerufen und brachten es in der Branche sofort zu Bedeutung. Denn sie werden von einer Jury von tausend angesehenen Experten aus aller Welt verliehen. Und da sich zuvor niemand Gedanken darüber gemacht hatte, wie die besten Restaurants der Welt im Vergleich zueinander abschneiden, gaben die Auszeichnungen diesen Restaurants den Anstoß, noch besser zu werden, während sie sich sonst vielleicht auf ihren Lorbeeren ausgeruht hätten.

Die Preisverleihung selbst fand in der Londoner Guildhall statt, die so königlich und imposant ist wie ein Palast. Als Daniel und ich uns – mehr als nur ein wenig eingeschüchtert – hinsetzten, versuchten wir törichterweise abzuschätzen, wo wir auf der Liste landen würden, im Vergleich zu Köchen wie Heston Blumenthal vom Fat Duck in England oder Thomas Keller vom Per Se in New York, die beide im Jahr zuvor in den Top Ten gewesen waren.

Ich schätzte Platz vierzig. Daniel, der immer optimistischer war, tippte auf Nummer 35.

Die Lichter gingen aus, Musik erklang. Der Moderator des Abends war ein gut aussehender, lässig-eleganter Brite. Und obwohl ich mir sicher bin, dass es die üblichen Formalitäten und Vorstellungsrunden und »Danke fürs Kommen« gab, bevor die Bombe platzte, gab es meiner Erinnerung nach nur eine kleine Vorrede, bevor der Mann sagte: »Um den Anfang zu machen, kommen wir zu Nummer fünfzig, ein neuer Eintrag aus New York City: Eleven Madison Park!«

Das nahm uns direkt allen Wind aus den Segeln. Wir sackten in uns zusammen und starrten auf unsere Füße.

Was wir leider nicht wussten (weil es unser erstes Jahr bei dieser Veranstaltung war und wir das allererste Restaurant waren, das aufgerufen wurde): Wird dein Name aufgerufen, wird auch dein Bild auf eine neun Meter breite Leinwand im vorderen Teil des Saales projiziert, sodass jeder sehen kann, wie du deinen Sieg feierst.

Mit dem Unterschied, dass wir nicht feierten. Wir standen auf dem letzten Platz der Liste und sahen unsere niedergeschlagenen Gesichter auf dem riesigen Bildschirm. Ich stieß Daniel mit dem Ellbogen an, wir quälten uns ein Lächeln ab und winkten, aber es war zu spät: ein Saal, gefüllt mit den berühmtesten Köchen und Gastronomen der Welt, unseren Helden, war bereits Augenzeuge unserer Verzweiflung geworden. Der Abend war für uns vorbei, bevor er überhaupt begonnen hatte.

Beim anschließenden Empfang trafen wir Massimo Bottura, den italienischen Chefkoch der Osteria Francescana, eines mit drei Michelin-Sternen ausgezeichneten Restaurants in Modena, und die Nummer sechs auf der Liste (nicht dass wir mitgezählt hätten). Er sah uns, fing an zu lachen und konnte nicht mehr aufhören: »Ihr habt da oben ziemlich glücklich ausgesehen!«

Er hatte ja recht, aber Daniel und ich konnten nicht mitlachen. Es war eine Ehre, als eines der fünfzig besten Restaurants der Welt anerkannt zu werden; das wussten wir. Aber dennoch – wir hatten nur den letzten Platz belegt.

Wir verließen die Party früh und gingen zurück zu unserem Hotel, holten uns eine Flasche Bourbon von der Bar und setzten uns auf die Stufen vor dem Hotel, um unseren Kummer zu ertränken.

Die nächsten paar Stunden verbrachten wir damit, die fünf Phasen der Trauer zu durchlaufen. Wir waren aus dem Saal gestolpert und wollten es nicht wahrhaben. War das wirklich passiert? Dann wurden wir wütend. Für wen hielten die sich eigentlich? Wir brachten den Teil des Verhandelns schnell hinter uns und leerten den größten Teil der Flasche in der Phase der Depression, bevor wir uns in einem Zustand der Akzeptanz einrichten konnten.

Einerseits ist es absolut lächerlich, ein Restaurant als »das beste Restaurant der Welt« zu bezeichnen. Die Bedeutung der 50-Besten-Liste liegt jedoch darin, dass sie die Orte benennt, die zu einem bestimmten Zeitpunkt den größten Einfluss auf die Esskultur haben.

Dank der Techniken, die der spanische Küchenchef Ferran Adrià im El Bulli entwickelt hatte, gewann die Molekulargastronomie weltweite Resonanz. René Redzepi engagierte sich in der Küche seines Kopenhagener Restaurants Noma für die Verwendung wild wachsender natürlicher Zutaten aus den Wäldern und Gewässern der Umgebung und rief damit eine lokale Bewegung ins Leben. Und wenn Sie in den letzten zehn Jahren in einem Restaurant gegessen haben oder durch die Gänge Ihres örtlichen Lebensmittelgeschäftes gegangen sind, haben Sie dort stets die Auswirkungen dieser Innovationen auf meine Branche und darüber hinaus gespürt.

Diese Köche hatten den Mut, Neues auszuprobieren und damit Elemente in die Branche einzuführen, die für alle einen Wendepunkt darstellten.

Davon konnte bei uns noch keine Rede sein. Wir hatten uns den Hintern aufgerissen, um einen Platz auf dieser Liste zu bekommen, aber hatten wir irgendetwas Bahnbrechendes geschaffen? Je mehr wir darüber redeten, desto klarer wurde es: nein.

Wir hatten alles, was wir brauchten: den Fleiß, die Erfahrung, das Talent, das Team. Wir hatten uns die besten Ideen zu eigen gemacht. Unser Restaurant war exzellent und machte viele Menschen glücklich. Aber es hatte noch keine Spuren hinterlassen.

Als ich jung war, schenkte mir mein Vater einen Briefbeschwerer mit der Aufschrift: »Was würdest du versuchen, wenn du wüsstest, dass du nicht scheitern kannst?« Daran musste ich denken, als Daniel und ich auf eine Papierserviette schrieben: »Wir werden die weltweite Nummer eins sein.«

Es war schon sehr spät, und die Flasche war fast leer, als wir auf unsere Zimmer torkelten. Ich war erschöpft, aber meine Gedanken drehten sich noch immer um diese Serviette.

Die meisten Köche auf der 50-Besten-Liste haben ihren Einfluss geltend gemacht, indem sie sich auf Innovationen konzentrierten, auf das, was sich ändern sollte. Doch als ich darüber nachdachte, welchen Einfluss ich selbst haben wollte, erschien mir eine Sache, die sich niemals ändern würde, noch viel wichtiger. Modeerscheinungen kommen und gehen, aber der Wunsch des Menschen, umsorgt zu werden, bleibt bestehen.

Daniels Gerichte waren außergewöhnlich; er war unbestreitbar einer der besten Köche der Welt. Wenn wir also ein Restaurant werden könnten, das sich leidenschaftlich, zielstrebig und von ganzem Herzen auf zwischenmenschliche Verbindung und Zuvorkommenheit konzentriert, um ein Gefühl der Zugehörigkeit sowohl im Team als auch bei den Gästen zu erschaffen, dann hätten wir eine echte Chance, zu den Großen zu gehören.

Ich wollte die Nummer eins sein, und dieser Wunsch bezog sich nicht nur auf die Auszeichnung – ich wollte Teil dieser Gruppe von Leuten sein, die wirklich etwas veränderten.

Kurz bevor ich einschlief, glättete ich die Serviette und fügte zwei weitere Worte hinzu:

»Unvernünftige Gastfreundschaft.«

Service ist schwarz-weiß, Gastfreundschaft ist bunt

Als ich jünger war, dachte ich mir immer stolz Fragen für Vorstellungsgespräche aus.

Mittlerweile bin ich der Ansicht, dass die beste Technik für Vorstellungsgespräche ist, überhaupt keine Technik anzuwenden, sondern in ein reges Gespräch zu kommen, um eine Person ein bisschen kennenzulernen. Ist sie neugierig auf das, was du aufbauen willst? Kann sie sich dafür begeistern? Ist sie integer, kann ich sie respektieren? Ist das jemand, mit dem ich und mein Team gern viel Zeit verbringen würden?

Doch bevor ich genug Erfahrung hatte, um das Gespräch einfach fließen zu lassen, war meine Lieblingsfrage stets: »Was ist der Unterschied zwischen Service und Gastfreundschaft?«

Die beste Antwort, die ich je bekommen habe, kam von einer Frau, die ich dann doch nicht eingestellt habe. Sie sagte: »Service ist schwarz-weiß, Gastfreundschaft ist bunt.«

»Schwarz-weiß« bedeutet, dass man seine Arbeit mit Kompetenz und Effizienz erledigt – »bunt«, dass man den Menschen das Gefühl gibt, gern für sie zu arbeiten. Den richtigen Teller zur richtigen Person am richtigen Tisch zu bringen, ist Service. Sich wirklich auf die Person einzulassen, die man bedient, eine echte Verbindung herzustellen – das ist Gastfreundschaft.

Daniel Humm und ich verbrachten elf Jahre damit, Eleven Madison Park, eine beliebte, aber mittelmäßige Zweisternebrasserie, die Meeresfrüchte-Platten und Soufflés servierte, in das beste Restaurant der Welt zu verwandeln. Wir schafften es unter die Top 50, indem wir den schwarz-weißen Teil der Angelegenheit auf die Spitze trieben, jedes Detail im Blick hatten und uns so nah wie möglich an Perfektion heranarbeiteten. Den ersten Platz erreichten wir aber erst, als wir den Farbfilm einlegten – als wir begannen, eine Gastfreundschaft zu zelebrieren, die maßgeschneidert war, deren Latte dermaßen hoch hing, dass man nur noch von Unvernunft sprechen konnte.

Unsere Vision davon, wie das Gästeerlebnis aussehen sollte, war radikal, und unsere Vorstellungen unterschieden sich von jeglicher

Norm. »Das ist unrealistisch«, hörten wir jedes Mal, wenn wir eine Neuerung in Erwägung zogen. »Das ist unvernünftig.«

Das Wort »unvernünftig« sollte uns zum Schweigen bringen, das Gespräch beenden, wie es so oft der Fall ist. Stattdessen wurde es der Beginn eines Gespräches. Es wurde unser Schlachtruf. Denn niemand hat jemals die Spielregeln geändert, indem er vernünftig war. Serena Williams. Walt Disney. Steve Jobs. Martin Scorsese. Prince. Egal wo man hinschaut – Sport, Entertainment, Design, Technologie, Finanzen –, um eine Welt vor Augen zu haben, die noch nicht existiert, muss man unvernünftig sein.

Die Chefköche der weltbesten Restaurants wurden schon lange dafür gefeiert, unvernünftige Speisen zu kreieren. Im Eleven Madison Park erkannten wir Kraft in der faszinierenden Kunst der Unvernunft im Umgang mit unseren Gästen. Ich schreibe dieses Buch, weil ich glaube, dass es für jeden von uns an der Zeit ist, mit mehr Unvernunft an die Gastfreundschaft heranzugehen.

Natürlich hoffe ich, dass jeder in meiner Branche dieses Buch liest und sich für diesen Weg entscheidet. Doch wenn sich diese Idee über das Gastgewerbe hinaus verbreitet, könnte sie ein wahres Erdbeben auslösen. Amerika galt die meiste Zeit seiner Geschichte über als produzierende Wirtschaft; jetzt sind wir eine Dienstleistungswirtschaft, und zwar in dramatischem Ausmaß: Der Dienstleistungssektor macht drei Viertel unseres BIP aus. Ganz gleich, ob Sie im Einzelhandel, im Finanzwesen, in der Immobilienbranche, im Bildungs- oder Gesundheitswesen, in der Computerbranche, im Transportwesen oder in der Kommunikationsbranche tätig sind, Sie haben die unglaubliche Möglichkeit, mit der gleichen Zielstrebigkeit und Kreativität – und Unvernunft – an Ihrer Gastfreundschaft zu arbeiten, wie an jedem anderen Aspekt Ihres Unternehmens. Denn ob ein Unternehmen es sich zum Ziel erklärt hat, sein Team und seine Kunden in den Mittelpunkt jeder Entscheidung zu stellen, wird ausschlaggebend sein, um die Spreu vom Weizen zu trennen.

Leider wurden diese Qualitäten noch nie so wenig geschätzt wie in unserer heutigen temporeichen, hypereffizienten Arbeitskultur. Wir stecken mitten im digitalen Wandel. Dieser Wandel hat zwar viele Aspekte unseres Lebens verbessert, doch bei zu vielen Unternehmen ist der Mensch dabei auf der Strecke geblieben. Sie haben sich so sehr auf Produkte konzentriert, dass die Menschen dabei vergessen wurden. Zwar ist es unmöglich, die Auswirkungen des Wohlfühlens in finanzieller Hinsicht zu beziffern, doch das sollte keinesfalls zu dem Glauben verleiten, dass es keine Rolle spielt. Es spielt sogar eine sehr wichtige Rolle.

Die Antwort ist einfach, wenn auch nicht leicht: Es muss eine Kultur der Gastfreundschaft geschaffen werden. Es ist wichtig, sich mit solchen Fragen auseinanderzusetzen, wie ich sie mir im Laufe meiner Karriere gestellt habe: Wie schaffe ich es, dass sich meine Mitarbeiter und meine Gäste wahrgenommen und geschätzt fühlen? Wie kann ich ihnen ein Gefühl der Zugehörigkeit vermitteln? Wie kann ich ihnen das Gefühl geben, Teil von etwas Größerem zu sein? Wie gebe ich ihnen das Gefühl, willkommen zu sein?

Seit Jahren diskutiert man in meiner Branche darüber, ob Gastfreundschaft gelehrt werden kann. Viele Führungspersonen, für die ich großen Respekt hege, verneinen das – ich bin jedoch ganz anderer Meinung. Und organisierte 2014 zusammen mit meinem Freund Anthony Rudolf, der damals General Manager im Per Se war, zu genau diesem Zweck eine Konferenz für Restaurantfachleute.

Weltweit fanden unzählige Konferenzen für Küchenchefs statt, doch keine einzige für diejenigen, die im Speisesaal arbeiteten. Also machten wir uns daran, einen Raum zu schaffen, in dem leidenschaftliche Gleichgesinnte eine Gemeinschaft bilden, Ideen austauschen, sich gegenseitig inspirieren und somit unser Metier weiterbringen konnten.

Wir nannten sie die Welcome Conference, und sie war sofort ein Hit unter den Restaurantfachleuten. Gastronomieexperten aus dem ganzen Land besuchten Vorträge, knüpften bei einem Drink Kontakte und gingen motiviert nach Hause.

Im dritten Jahr der Konferenz blickten wir ins Publikum und sahen dort Sommeliers und Kellner neben Leuten sitzen, die überhaupt nicht in der Gastronomie arbeiteten: Tech-Titanen, Kleinunternehmer, CEOs großer Immobilienunternehmen. Diese Menschen glaubten ebenso wie ich, dass die Art und Weise, wie sie ihre Kunden betreuten, genauso wertvoll war wie das, was sie anboten. Und sie wussten, dass das, was sie von den Führungskräften in meiner Branche lernen konnten, ihr eigenes Unternehmen entscheidend voranbringen würde.

Wenn Sie eine Kultur der Gastfreundschaft schaffen, werden sich sämtliche Aspekte Ihres Unternehmens mitverbessern – sei es dabei, große Talente zu finden und zu halten, aus Kunden begeisterte Fans zu machen oder Ihren Profit zu erhöhen. Ich hoffe, dass dieses Buch Teil der Bewegung sein wird, die eine neue Ära einleitet. Aber meine Motivation ist nicht Ihr Reingewinn – oder jedenfalls ist es nicht meine einzige. Daher weihe ich Sie jetzt in ein kleines Geheimnis ein (das die wirklichen Profis meiner Branche bereits kennen): Gastfreundschaft ist ein egoistisches Vergnügen. Es ist ein tolles Gefühl, anderen Menschen ein gutes Gefühl zu geben.

In diesem Buch erzähle ich Geschichten aus den 25 Jahren, in denen ich auf allen möglichen Posten eines Restaurants gearbeitet habe: vom Tellerwäscher zum Besitzer und alles dazwischen. Und ich werde die Erkenntnisse über Service und Führung, die ich durch die Brille der Gastfreundschaft entdecken durfte, mit Ihnen teilen – die kleinen, die großen und die kleinen, die sich als groß entpuppten. Mit anderen Worten: alles, was Sie brauchen, um die schwarz-weiße Welt bunt zu machen; für sich selbst, für die Menschen, mit denen Sie arbeiten, und für die Menschen, denen Sie dienen.

Willkommen im Gastgewerbe.

KAPITEL 2

ZAUBERKUNST IN EINER WELT, DIE MEHR DAVON BRÄUCHTE

An meinem zwölften Geburtstag lud mich mein Dad ins Four Seasons zum Abendessen ein.

Damals hatte ich noch keine Ahnung, dass das Four Seasons das erste echte amerikanische Nobelrestaurant war. Oder dass die elegante Einrichtung aus dem letzten Jahrhundert so emblematisch war, dass sie zu den Wahrzeichen der Stadt New York zählte.

Ich wusste nicht, dass James Beard und Julia Child bei der Speisekarte konsultiert worden waren oder dass Präsident John F. Kennedy dort seinen Geburtstag gefeiert hatte, eine Stunde bevor Marilyn Monroe ihm mit »Happy Birthday, Mr President« ein Ständchen sang. Oder dass Prominente, Wirtschaftsgrößen und Staatsoberhäupter an der Nähe ihres Tisches zum marmornen Pool in der Saalmitte ablesen konnten, wo sie im sich ständig verschiebenden Machtgefüge der Stadt gerade standen.

Eines erkannte ich jedoch sofort: Das Four Seasons war der eleganteste und schönste Ort, den ich je gesehen hatte.

Ich war froh, darauf bestanden zu haben, dass mein Vater mir für diesen Anlass ein klassisches marineblaues Jackett mit Messingknöpfen von Brooks Brothers kaufte; für diesen Ort musste man sich schick machen. Ich weiß noch, wie ich mit großen Augen und offenem Mund einem uniformierten Kellner dabei zusah, wie er auf einem glänzenden Servierwagen an unserem Tisch fachmännisch meine Ente tranchierte. Als mir meine Serviette auf den Boden fiel, reichte er mir eine frische und nannte mich »Sir«.

»Die Menschen vergessen, was du sagst und was du tust. Aber welches Gefühl du ihnen gegeben hast, vergessen sie nie.« Dieses Zitat, das oft (aber wahrscheinlich fälschlicherweise) der großen amerikanischen Schriftstellerin Maya Angelou zugeschrieben wird, ist vielleicht das Klügste, was über Gastfreundschaft je gesagt wurde. Denn selbst drei Jahrzehnte später erinnere ich mich noch daran, welches Gefühl mir das Four Seasons damals gab.

Ich ließ mich nur allzu gern in den Bann ziehen. Der Zauber dieses Restaurants ließ die Welt stillstehen, blendete alles andere aus, und das Einzige, was für mich in diesen zweieinhalb Stunden existierte, war dieser Speisesaal.

An diesem Abend lernte ich, dass ein Restaurant magisch sein kann, und war sofort angefixt. Als wir gingen, wusste ich genau, was ich mit meinem Leben anfangen wollte.

Welches Gefühl du ihnen gegeben hast, vergessen sie nie

Meine Eltern arbeiteten beide in der Gastronomie. Sie lernten sich 1968 kennen, als mein Vater in Phoenix für Sky Chefs, die Cateringfirma von American Airlines, arbeitete. Das war zu einer Zeit, als man sich noch schick machte, um ein Flugzeug zu besteigen, und das Essen köstlich war, das man über den Wolken serviert bekam.

Mein Vater hatte einen markanten Bostoner Akzent, was in Arizona auffiel, und eines Tages sagte einer aus seiner Crew: »Hey Frank, im Flugzeug ist eine Frau, die genauso spricht wie du.« Die Rede war von meiner Mutter, die auch breiten Bostoner Dialekt sprach. Sie war Stewardess, wie man Flugbegleiterinnen in der schlimmen alten Zeit nannte, als sie noch jede Woche gewogen wurden und nicht mehr weiterarbeiten durften, sobald sie verheiratet waren.

Die beiden Bostoner verstanden sich auf Anhieb. Mein Vater hatte die junge Frau sofort erkannt: Wie sich herausstellte, hatten sie dieselbe Grundschule besucht, und er war in der Vierten mächtig in sie verknallt gewesen. Sie hatte keine Ahnung, wer er war. Er hatte sie aus den Augen verloren, als sie auf der Sekundarstufe plötzlich verschwand. Ihre Mutter war gestorben, und sie zog zu Verwandten nach Westchester, nördlich von New York City.

Und jetzt stand sie plötzlich vor ihm.

Die beiden verliebten sich bis über beide Ohren. (Was vorübergehend dadurch verkompliziert wurde, dass mein Vater für drei Jahre zum Militärdienst nach Vietnam musste und beide eigentlich mit jemand anderem verlobt waren, als sie sich trafen.) 1973 heirateten sie.

Mein Vater verließ American Airlines und war hier und da in der Restaurantbranche tätig, bevor er einen Job als regionaler stellvertretender Vorsitzender für Ground Round annahm, eine klassische Casual-Dining-Kette, die dafür bekannt war, ganze Erdnüsse zu verteilen und die Gäste aufzufordern, die Schalen auf den Boden zu werfen. Sie zogen nach Sleepy Hollow, New York. Meine Mutter behielt ihren Job und reiste weiterhin um die Welt (die Zeiten hatten sich geändert und American Airlines hatte die Regelung zu verheirateten Flugbegleiterinnen aufgehoben). Nach meiner Geburt zog meine Cousine Liz zu uns, um sich um mich zu kümmern, wenn meine Eltern beruflich unterwegs waren.

Meine Eltern hatten ein gutes Leben. Sie waren zu Hause glücklich und teilten beide einen unbändigen Arbeitseifer und einen tiefen Stolz auf ihre Karrieren. Meine Mutter holte ihren College-Abschluss an der Abendschule nach und machte sogar den Pilotenschein, obwohl sie nie eine gute Autofahrerin war – ich frage mich bis heute, wer es für eine gute Idee hielt, sie ans Steuer eines Flugzeugs zu setzen.

Dann, eines Tages, als sie gerade in der ersten Klasse bediente, ließ meine Mutter eine Tasse Kaffee fallen.

Im Laufe meiner Karriere in der Gastronomie habe ich schon viele Dinge fallen lassen. Aber meine Mutter hatte einen so hohen Qualitätsstandard, dass der Vorfall auffiel, umso mehr, als sie ein paar Wochen später noch eine Tasse fallen ließ.

Daraufhin suchten sie den ersten Arzt auf.

Einige Monate und unzählige Termine und Tests später wurde bei meiner Mutter ein Hirntumor diagnostiziert. Die Krankheit war so weit fortgeschritten, dass die Ärzte den Tumor nicht einfach entfernen konnten; sie mussten ihn bestrahlen, um die Krebszellen zu zerstören, die sie nicht operativ entfernen konnten.

Ihre erste Operation hatte meine Mutter, als ich vier Jahre alt war. Danach ging es ihr recht gut, außer dass ihre rechte Gesichtshälfte gelähmt war und sie weder ihren linken Arm noch ihr linkes Bein benutzen konnte (was ihrem Fahrstil übrigens nicht zugutekam). Leider war die Bestrahlung damals weniger präzise als heute, und als die Strahlenkrankheit einsetzte, begann sich ihr Zustand zu verschlechtern.

Doch ihre sich stetig verschlechternde Gesundheit hielt sie nicht davon ab, eine fürsorgliche Mutter zu sein. Solang sie konnte, fuhr sie mich mehrmals in der Woche zum Tennistraining. Als das Ein- und Aussteigen für sie zu schwer wurde, setzte sie mich ab und wartete geduldig eineinhalb Stunden im Auto, während draußen der New Yorker Winter tobte.

So war sie. Sie liebte mich über alles.

Eines Abends stürzte sie die Treppe hinunter. Mein Vater war im Restaurant, wie fast sein ganzes Berufsleben lang, und als er gegen elf von der Schicht nach Hause kam, fand er meine Mutter und mich schlafend auf der untersten Treppenstufe vor. Ich war zu klein, um ihr helfen zu können, doch nicht zu klein, um Kissen und eine Decke zu holen und es uns gemütlich zu machen.

Meine Mutter wurde querschnittsgelähmt. Danach verlor sie die Fähigkeit, zu sprechen. Doch sie machte weiter, lebte weiter.

Mein Vater wollte, dass ich unter den gegebenen Umständen so unabhängig wie möglich war, also verkaufte er unser Haus und zog mit uns in die Nähe meiner Schule. So brauchte ich niemanden, der mich hin- und herfuhr, und meine Freunde würden wie selbstverständlich immer zu mir kommen. In der Junior High begann ich, Schlagzeug zu spielen. Ich spielte in Punkbands, Ska-Bands, Funkbands … und wir probten in meinem Zimmer, direkt über der Küche, wo meine Mutter ihren Tag verbrachte. Einer Gruppe von High-School-Jungs wieder und wieder dabei zuzuhören, wie sie durch die legendären Anfangsakkorde von Nirvanas »Come as You Are« stolpern, wäre für die meisten Menschen ein Albtraum. Meine Mutter liebte es.

Schließlich kamen Pflegekräfte ins Haus, um sich um sie zu kümmern. Jeden Tag bat meine Mutter die diensthabende Helferin, ihren Rollstuhl ans Ende der Straße zu schieben, um dort auf mich zu warten. Sie konnte nicht mehr sprechen oder aufstehen, um mich zu umarmen, aber sie konnte mich mit einem breiten Lächeln empfangen, wenn ich von der Schule nach Hause kam. Ich brauchte nicht mehr als dieses Lächeln, und es lehrte mich etwas, das von unschätzbarem Wert war: das Gefühl, wirklich willkommen zu sein.

Die Kraft eines ehrlichen Willkommens

Als ich meinen College-Abschluss machte, lebten meine Eltern in Boston. Meine Mutter war zu dem Zeitpunkt auf eine ziemlich komplizierte medizinische Ausrüstung angewiesen, sodass für Reisen spezielle Geräte und ein Krankenwagen erforderlich waren. Ich spielte damals in einer sechzehnköpfigen Funkband namens Bill Guidara Quartet, und meine Mutter hatte mich schon seit Jahren nicht mehr auftreten gesehen. Also hatte mein Vater die Idee, sie nach Ithaca zu meinem Auftritt mitzunehmen. Die Reise sollte auch als Probelauf für die bevorstehende Reise zu meiner Abschlussfeier dienen.

Damals war das Rauchen in Bars noch erlaubt, was mit den medizinischen Geräten meiner Mutter nicht zu vereinbaren war. Also überredete ich die Veranstalter, unser Konzert in der Willard Straight Hall, dem Gemeinschaftszentrum der Studentenvereinigung in Cornell, stattfinden zu lassen. Es war nicht die Show, die wir normalerweise spielten, aber es war eine unglaubliche Erfahrung: Ich durfte meiner Mutter, die in ihrem Rollstuhl in der Menge saß, »Superstition« von Stevie Wonder vorspielen.

Ihr Lächeln strahlte durch den ganzen dunklen Raum.

Im nächsten Semester, meinem letzten an der Cornell, belegte ich einen Kurs, der sich als mein Lieblingskurs entpuppte: »Gastköche«, den Professor Giuseppe Pezzotti leitete, eine Legende an unserem College.

An der Cornell lag der Schwerpunkt im Hotelmanagement- und Gastgewerbestudium mittlerweile nicht mehr auf dem Speisen- und Getränkeangebot, sondern eher im Bereich Immobilien und Unternehmensberatung. Aber es gab immer noch eine kleine Gruppe, die sich mehr dafür interessierte, was es bedeutete, ein klassischer Maître zu sein, als sich mit Tabellenkalkulation zu befassen – und Giuseppe Pezzotti war unser König. (Um Ihnen eine Vorstellung zu geben: In seinem Unterricht habe ich gelernt, wie man eine Weintraube mit Messer und Gabel schält.)

Für mich war »Gastköche« der coolste Kurs an der Cornell, weil wir hier üben durften, ein echtes Restaurant zu führen. Jedes Semester kam ein Gastkoch, um ein Abendessen zuzubereiten, das ausschließlich von den Studenten organisiert wurde. Eine Gruppe von Studenten fungierte als Managementteam des Küchenchefs, eine andere Gruppe arbeitete als Küchenpersonal, während die dritte Gruppe den Speisesaal betreute.

Ich hatte das Glück, Teil des Managementteams des großen Daniel Boulud zu sein. Daniel ist in meiner Branche so bekannt, dass man ihn nur bei seinem Vornamen nennt. Daniel ist auch der Name seines Sternerestaurants, das er 1993 in New York eröffnete, nachdem er jahrelang als Chefkoch im Le Cirque gefeiert worden war. Seitdem hat sich sein Imperium auf eine Vielzahl von Restaurants ausgeweitet, und zwar an weltweit so weit verstreuten Orten wie London, Palm Beach, Dubai und Singapur.

Er ist unbestritten einer der berühmtesten Köche der Welt. Und doch war er bereit, nach Upstate New York zu kommen, um im Rahmen eines College-Kurses ein Essen zu kochen. Später erfuhr ich, dass dies absolut seinem Charakter entsprach: Daniel ist berühmt für seine Großzügigkeit gegenüber dem Branchennachwuchs.

Ich wurde an dem Abend als Marketingchef eingesetzt. Für ein Abendessen mit einem so berühmten Koch wie Daniel brauchte es eigentlich kein Marketing; das Abendessen würde auf der Stelle ausverkauft sein, sobald die Leute hörten, dass er kommen würde. Aber ich wollte trotzdem etwas Cooles machen. Da ich wusste, dass die Gäste ihm bei der Arbeit zusehen wollten, ließ ich einen Chef's Table in der Küche decken – den ersten in der Geschichte der Gastköche überhaupt. Der fein gedeckte Tisch wirkte ziemlich merkwürdig inmitten unserer hässlichen funktionalen Schulküche, also setzte ich rotes Samtband ein, um das Ganze etwas schicker wirken zu lassen.

Wir versteigerten die Reservierung am Küchentisch und machten damit einige Tausend Dollar für die Wohltätigkeitsorganisation Taste of the Nation. Es würde toll sein, ein paar Wochen später an ihrem jährlichen Dinner teilzunehmen, um einen großen Pappscheck von Cornell zu überreichen, aber am meisten freute ich mich darauf, Gastgeber für den Chefkoch und sein Team zu spielen. Ich hatte nicht viele Mittel zur Verfügung, aber ich wollte dafür sorgen, dass sie sich rundum wohlfühlten.

Die Ankunft von Daniels Unterstützungsteam war für Donnerstag geplant. Die beiden Sous-Chefs waren Johnny Iuzzini und Cornelius Gallagher. Johnny schlug später eine erfolgreiche Fernsehkarriere ein und gewann als Chefpatissier der Restaurants von Jean-Georges Vongerichten mehrere James Beard Awards. Neil wurde später als Koch von Oceana, einem Tempel für Meeresfrüchte in Midtown Manhattan, von der *New York Times* mit drei Sternen ausgezeichnet. Damals gehörten die beiden allerdings noch zum Nachwuchs – und ich, ein nerdiger Hotelfachstudent, wollte sie beeindrucken. Um sie vom Flughafen abzuholen, lieh ich mir von dem

Mädchen, neben dem ich saß, ihren Audi A5. Es war das beste Auto in unserer Klasse.

In Ithaca gibt es keine schicken Restaurants. Wenn du Leute beeindrucken willst, musst du sie ins Pines mitnehmen – das Restaurant Glenwood Pines am Cayuga-See. Das Pines ist bekannt für seine Aussicht, Jalapeño-Poppers und die riesigen Cheeseburger, die im Baguette serviert werden. Das Ambiente: bunte Glaslampen über einem münzbetriebenen Billardtisch, auf dem Fernseher hinter der rustikalen Holztheke läuft ein Spiel.

Die Burger waren nicht übel, und das Bier dazu tat ein Übriges. Danach fragten mich meine distinguierten Gäste, ob ich zufällig wüsste, wo sie etwas Gras kaufen könnten.

Zufälligerweise wusste ich das. Die Gruppe landete bei mir zu Hause, 130 College Avenue, dem typischen College-Partyhaus mit einem klapprigen Billardtisch im Esszimmer und ein paar gammeligen Sofas auf der Veranda, wo die Party bis in die frühen Morgenstunden weiterging.

Am nächsten Morgen taumelte ich zum Unterricht, während Neil und Johnny sich in der Küche des studentenbetriebenen Statler Hotels einfanden, um das Gästekoch-Dinner vorzubereiten. Erst am Abend, nachdem Chefkoch Boulud eingetroffen war, sah ich sie wieder. Ich war unglaublich aufgeregt, aber Daniel war auf Anhieb charmant, und Johnny und Neil freuten sich offensichtlich, mich wiederzusehen.

Das Abendessen verlief glänzend. Danach landeten alle – Daniel, Neil, Johnny und die meisten aus meiner Klasse – wie immer im Rulloff's, einer Spelunke in der Nähe des Campus. Als im Laufe des Abends immer mehr Freunde auftauchten, lag es nahe, zu mir nach Hause zu gehen, wo wir immer mindestens ein Fässchen im Keller stehen hatten. Aber die Menge wurde immer hungriger, und meine Küchenschränke, einschließlich desjenigen, dessen Tür schon am Tag unseres Einzugs nur noch an einem einzigen Scharnier hing, waren leer.

So kam es, dass ich um ein Uhr nachts mit Daniel Boulud plaudernd wieder auf dem Weg in die Küche des Statler Hotels war.

»Ich bin der Koch von der Veranstaltung heute Abend«, erklärte Daniel mit seinem charmanten französischen Akzent, als wir uns der Rezeption näherten, »und ich muss in die Küche.« Dort angekommen, sammelten wir Pfannen, Butter, Eier, Trüffel und Kaviar ein und fuhren zurück zur 130 College Avenue.

Da stand also Daniel Boulud in meiner kaputten Küche, trank Milwaukee's Best aus einem roten Plastikbecher und rührte Rühreier mit Trüffeln für einen Haufen besoffener College-Kids an. Hat einer der berühmtesten Köche der Welt einen »Fassstand« auf meinem Billardtisch gemacht? Das werde ich nie verraten.

Gegen drei Uhr morgens löste sich die Gruppe widerstrebend auf und lag sich zum Abschied gesammelt in den Armen.

Das Würdevolle am Bedienen

Anderthalb Monate nach dem Gastkoch-Dinner waren alle Vorbereitungen getroffen, damit meine Eltern an meiner Abschlussfeier teilnehmen konnten. Dann, zwei Tage vor ihrer Abreise, fiel meine Mutter ins Koma.

Meine Cousine Liz kam mit ihrer Familie im Wohnmobil nach Ithaca gefahren, um mich bei der Feier nicht allein zu lassen. Ich warf meine Mütze in die Luft und rannte dann direkt zu meinem Auto.

Als ich im Zimmer meiner Mutter im Krankenhaus in Boston ankam, war es bereits spät am Abend. Mein Vater war schon zurück in die Wohnung gegangen, und ich schlief auf dem Bett meiner Mutter ein. Als ich mitten in der Nacht aufwachte, war auch sie wach.

Was dann geschah, war unglaublich. Zum ersten Mal seit sechs Jahren war meine Mutter in der Lage, verständlich zu sprechen. »Hast du deinen Abschluss gemacht?«, fragte sie mich, und ich bejahte. Wir unterhielten uns mühelos und lange. Ich musste mich nicht anstrengen, um sie zu verstehen, und sie musste sich nicht anstrengen, um zu sprechen.

Dann wurde sie wieder bewusstlos. Ich rannte los, um einen Arzt zu holen: »Sie war wach!« Aber das spielte keine Rolle; sie war wieder ins Koma gefallen.

Am nächsten Morgen besuchte ich meinen Vater. Er war von den vielen Stunden am Krankenbett meiner Mutter erschöpft, also schlug ich vor, zur Aufmunterung eine Runde Racquetball spielen zu gehen. Danach, noch in der Umkleidekabine, klingelte sein Telefon. Ich brauchte nur in sein Gesicht zu sehen, um zu wissen, dass meine Mutter uns verlassen hatte.

Ich schrieb eine Rede, die ich bei ihrer Beerdigung halten wollte, aber als ich aufstand, um zum Rednerpult zu gehen, fühlten sich die Worte, die ich geschrieben hatte, nicht mehr richtig an. Stattdessen erzählte ich ein paar lustige Anekdoten, darunter die, dass meine Mutter trotz der vielen Kommunikationsschwierigkeiten immer perfekt die Kreditkartennummer meines Vaters aussprechen konnte, wenn sie Teleshopping machte. Dann schmissen wir eine riesige Tanzparty. Anstatt ihren Verlust zu betrauern, feierten wir ihr Leben.

Viel später erzählte mir ein Gast im Eleven Madison Park, dass die meisten Menschen die besten Flaschen in ihren Kellern für festliche Anlässe aufheben, während er seine besten Flaschen an seinen schlechtesten Tagen trinkt. Als er das sagte, dachte ich sofort an die Beerdigung meiner Mutter, denn genau das taten wir an diesem Abend. Die Party war perfekt, sie wäre begeistert gewesen.

Wer einen wichtigen Menschen verloren hat, weiß, dass die Tage unmittelbar nach einem großen Verlust sehr düster sein können. Verwandte, die zu Besuch gekommen waren, kehren nach Hause zurück, keiner bringt mehr Tupperschüsseln mit Auflauf vorbei, und der engste Kreis der Familie bleibt allein zurück. Der Schock lässt nach, und die Trauer setzt ein.

In der Woche nach dem Tod meiner Mutter sollte ich für ein Praktikum nach Spanien fliegen, um in der Hotelschule eines ehemaligen Cornell-Absolventen gegen Kost und Logis als Hilfskoch zu arbeiten. Aber es fühlte sich falsch an, eine Woche nach dem Tod meiner Mutter nach Spanien zu fliegen. Vor allem weil ich meinen Vater nicht allein lassen wollte.

Doch letztendlich drängte mein Vater mich, meine Verpflichtung einzuhalten. »Was willst du sonst machen, hier traurig rumsitzen? Steig in dieses Flugzeug. Wenn du es dir doch anders überlegst, kannst du jederzeit nach Hause kommen.«

Mitten in der Hochphase meiner Trauer begann ich also, Pläne für eine Reise nach Spanien zu schmieden. Obwohl ich in Boston war, ging der einzige Flug, den ich in letzter Minute noch finden konnte, vom New Yorker Flughafen JFK, also bot mein Vater an, mich hinzufahren.

Das brachte mich auf eine Idee. Da ich nichts zu verlieren hatte, schickte ich eine E-Mail an Koch Boulud: »Kann ich meinen Vater nächsten Samstag in dein Restaurant mitnehmen?«

Die Leute warten monatelang auf Reservierungen bei Daniel, aber die E-Mail, die ich erhielt, hätte nicht freundlicher sein können: »Ich würde mich über einen Besuch von euch sehr freuen. Du hast mich in deinem Haus willkommen geheißen, jetzt werde ich dich in meinem willkommen heißen.«

Mein Vater und ich waren so spät dran, dass wir unsere Anzüge an einer Tankstelle an der I-95 anziehen mussten. Ich hatte nicht die geringste Ahnung, was mich erwartete, aber selbst wenn wir nicht in eines der besten Restaurants der Welt gegangen wären, wäre ich trotzdem aufgeregt gewesen: Es war das erste Mal in meinem Leben, dass ich meinen Vater in ein Restaurant mitnahm und nicht er mich.

Bei Daniel wurden wir vom General Manager persönlich an der Tür empfangen. »Chefkoch Daniel freut sich außerordentlich, Sie heute Abend bei uns begrüßen zu dürfen. Ihr Tisch ist gleich hier entlang.« Er führte uns durch die Bar und den offiziellen Speisesaal in die Küche und nach oben in die Skybox, ein luxuriöses, verglastes privates Esszimmer, von dem aus man einen Blick auf die Küche hatte, wo vierzig Köche – und Küchenchef Boulud – inmitten einer hochmodernen Einrichtung ihre Arbeit verrichteten.

So einen Tisch bekommt man nur einmal im Leben, und ich war sprachlos. Doch das Eis war sofort gebrochen, als Daniels Stimme über die Sprechanlage in die Kabine dröhnte: »Willieeee!«

Die Küche schickte uns eine Reihe von exquisiten Gängen, die Daniel persönlich über die Sprechanlage ankündigte, sobald die einzelnen Teller eintrafen. Während wir das köstliche Essen verzehrten, die ausgezeichneten Weine tranken und die Wärme von Daniels Gastfreundschaft erlebten, sah ich, wie die jahrelange Erschöpfung und der Schmerz aus dem Gesicht meines Vaters wichen.

Dieser Abend war der traurigste, den ich je erlebt habe und je erleben will, und das Gleiche gilt für meinen Vater. Doch selbst inmitten unseres Kummers waren Chefkoch Boulud und seine Mitarbeiter in der Lage, uns beiden das zu bieten, was sich immer noch wie vier der besten Stunden meines Lebens anfühlt. Ich kann nach wie vor kaum glauben, dass einer der berühmtesten Köche der Welt bis in die frühen Morgenstunden blieb, um uns das Restaurant zu zeigen. Doch das Essen war so wunderbar und dauerte so lang, dass mein Vater und ich die Letzten waren, als Daniel uns zum Abschied umarmte – und zwar nicht nur die letzten Gäste, sondern die letzten Leute überhaupt. Es gab keine Rechnung.

Ich hatte mich bereits glücklich für ein Leben in der Gastronomie entschieden, aber in dieser Nacht lernte ich, wie wichtig und nobel die Arbeit im Service sein kann. In einer dunklen Zeit boten Daniel und seine Mitarbeiter meinem Vater und mir einen Lichtblick in Form einer Mahlzeit, die keiner von uns je vergessen wird. Unser Kummer war natürlich nicht verschwunden, aber für ein paar Stunden wurde uns eine echte Atempause gegönnt. Dieses Abendessen war uns Trost und Aufmunterung, eine Insel der Freude und der Fürsorge im Meer unseres Kummers.

Wer im Gastgewerbe arbeitet – und ich glaube, dass man sich, egal was man beruflich macht, dazu *entscheiden* kann, es als eine Art Gastgewerbe zu betreiben –, hat das Privileg, Menschen beim Feiern der freudigsten Momente ihres Lebens zu begleiten, und die Möglichkeit, ihnen einen kurzen Moment des Trostes und der Erleichterung inmitten ihrer schwierigsten Momente zu gönnen.

Und noch wichtiger, wir haben eine Chance – eine *Verantwortung* –, Magie in eine Welt zu bringen, die dringend mehr davon braucht.

KAPITEL 3

DIE EINZIGARTIGE KRAFT DER ZIELSTREBIGKEIT

Als Heranwachsender begleitete ich meinen Vater jeden Samstag zur Arbeit.

Die meiste Zeit meines jungen Lebens war mein Vater der Präsident von Restaurant Associates, einem großen Gastro-Unternehmen, das im Laufe der Zeit für Unterschiedlichstes verantwortlich war, von Eckcafés über Firmencafeterias bis hin zu Luxusrestaurants wie dem Rainbow Room und dem Four Seasons.

Die Restaurants, die mein Vater für RA betreute – einschließlich der Gastronomie im Rockefeller Center und im Lincoln Center –, waren immer brummend voll. Oft gab er mich für eine Stunde bei einem Koch oder einem der Kellner ab, die mir dann irgendeine Aufgabe gaben, um mich zu beschäftigen. Ich liebte das Gefühl, hinter den Kulissen zu sein, und den Energieschub, der mich durchströmte, wenn ich durch die Speisesäle ging.

Als ich 13 war, etwa ein Jahr nach unserem Abendessen im Four Seasons, fragte mich mein Vater, was ich mit meinem Leben vorhatte.

Es klingt vielleicht verrückt, einem Dreizehnjährigen solch eine Frage zu stellen, aber mein Vater war in seinem Erziehungsstil ebenso zielstrebig wie in allen anderen Bereichen seines Lebens. Jeden Morgen, bevor er zur Arbeit fuhr, holte er meine Mutter aus dem Bett, setzte sie in den Rollstuhl, half ihr beim Duschen, machte ihr Frühstück und fütterte sie. 15 Stunden später kam er nach Hause und machte all das in umgekehrter Reihenfolge, wobei er immer noch die Zeit fand, sich von mir ein neues Lied, das ich auf dem Schlagzeug gelernt hatte, vorspielen zu lassen oder mir bei den Hausaufgaben zu helfen.

Sein Durchhaltevermögen und seine Selbstlosigkeit waren erstaunlich! Heute weiß ich, dass er nie in der Lage gewesen wäre, als Geschäftsmann, als Ehemann oder als Vater so viel zu erreichen, wenn er nicht seine Tage genau geplant, seine Prioritäten organisiert und akribisch festgelegt hätte, was für ihn nicht verhandelbar war. Für meinen Vater war Zielstrebigkeit kein Luxus oder eine Geschäftsphilosophie, sondern eine Notwendigkeit.

Von ihm habe ich gelernt, wie wichtig sie ist, und Sie werden noch merken, dass »Zielstrebigkeit« ein Begriff ist, den ich wirklich oft verwende. **Ein Ziel vor Augen zu haben, bedeutet, dass jede Entscheidung, von der offensichtlich wichtigsten bis zur scheinbar banalen, von Bedeutung ist.** Etwas zielstrebig zu tun, bedeutet, es mit Bedacht zu tun, mit einem klaren Zweck und mit Blick auf das gewünschte Ergebnis.

Vor diesem Hintergrund ist es vielleicht nicht verwunderlich, dass ich schon mit 13 genau wusste, was meine Ziele im Leben waren. Zunächst wollte ich an der Cornell University's School of Hotel Administration Restaurantmanagement studieren. Zweitens wollte ich mein eigenes Restaurant in New York City eröffnen. Drittens: Ich wollte Cindy Crawford heiraten.

Alles, was ich von da an tat, hatte diese Ziele vor Augen, und ich kann mit Stolz sagen, dass ich zwei von drei Zielen erreicht habe – und beim dritten Vorsatz sogar über das Ziel hinausgeschossen bin. (Ohne Ms Crawford zu nahe treten zu wollen, aber meine Frau ist wirklich fantastisch.)

Mein erster richtiger Job war mit 14 Jahren im Baskin-Robbins in Tarrytown. Ich habe dort viele ruinierte Torten auf dem Gewissen; »Happy Birthday« auf eine Eistorte zu spritzen, ist viel schwieriger, als man denkt. In der Highschool arbeitete ich als Tellerwäscher und als Host bei der Westchester-Außenstelle von Ruth's Chris Steak House und einen Sommer lang als Hilfskellner in Wolfgang Pucks Hollywoodrestaurant Spago. Später arbeitete ich als Kellner im Tribeca Grill von Drew Nieporent und verbrachte sogar einen Sommer als Koch im ObaChine, einem weiteren Restaurant von Wolfgang Puck.

In meinem letzten Jahr in der Oberstufe bewarb ich mich und wurde an der Cornell University School of Hotel Administration – der Hotelfachschule – angenommen.

Mein Vater äußerte sich gegen diese Entscheidung. Er war nicht gänzlich dagegen, dass ich mich für ein Leben in der Gastronomie entschied, aber er war unsicher, ob ich mich so früh auf diesen Weg festlegen sollte. (Er hatte auch einige Erfahrung mit Cornell-Absolventen, die dazu neigten, in dem Glauben zu kommen, sie seien reif für eine CEO-Position, und er wollte nicht, dass ich einer dieser Ignoranten werde.) Aber als die Zusage kam, wusste ich sofort, dass ich dieses Ziel auf meiner Liste abhaken wollte.

Ich habe Cornell geliebt und dort einige meiner engsten Freunde kennengelernt. Als der Abschluss näher rückte, fuhren mein Freund Brian Canlis und ich nach Manhattan und arbeiteten uns von Tribeca aus nach Uptown durch, indem wir in einem edlen Restaurant nach dem anderen auf einen Snack oder ein Glas Wein einkehrten: Nobu,

Montrachet, Chanterelle, Zoë, Gotham Bar and Grill, Gramercy Tavern, Union Pacific, Tabla und Eleven Madison Park. Wir machten weiter, bis zu Alain Ducasse, Café des Artistes und darüber hinaus.

Von den vielen Restaurants, die wir uns ansahen, stachen mir zwei besonders ins Auge: das Tabla und das Eleven Madison Park, beide im Besitz von Gastronom Danny Meyer. Ich fühlte mich in seinen Restaurants überaus wohl und kehrte begeistert in die Schule zurück, um mehr über sie zu erfahren. Zufälligerweise kam ein paar Monate später Richard Coraine, einer seiner Partner, an die Cornell und hielt einen Vortrag in einer meiner Vorlesungen. Ich verliebte mich augenblicklich in ihr Unternehmen, die Union Square Hospitality Group.

Zu dieser Zeit hatte Danny nur vier Restaurants: Union Square Cafe, Gramercy Tavern, Eleven Madison Park und Tabla. Die Gramercy Tavern und das Union Square Cafe waren zwei der beliebtesten Restaurants in New York City, die im Zagat-Führer Jahr für Jahr auf Platz eins und zwei landeten. Eleven Madison Park war eine gut besuchte Brasserie mit außergewöhnlichem Ambiente: Der Speisesaal war ein ehemaliger Versammlungsraum, ein mit Marmor ausgekleideter Gewölbesaal in einem denkmalgeschützten Art-déco-Gebäude. In einem kleineren, angrenzenden Raum befand sich das Tabla, das aufregendste indische Restaurant des Landes.

Danny hatte die gehobene Küche in New York revolutioniert, indem er dem Essengehen eine einzigartige, dem Mittleren Westen eigene Note verlieh. Seine Restaurants boten gleichermaßen ein freundlicheres, informelleres Ambiente wie auch ein exquisites, was vor allem durch seine Angestellten geschaffen wurde.

Eckpfeiler der Unternehmenskultur war eine Philosophie, die Danny *Enlightened Hospitality* nannte. Sie stellte die traditionelle Hierarchie auf den Kopf, indem sie die Menschen, die dort arbeiteten, über alles andere stellte, auch über die Gäste und die Investoren.

Nicht dass die Gäste darunter zu leiden hatten, ganz im Gegenteil. Dannys großartige Idee war es, Top-Mitarbeiter einzustellen, sie gut zu behandeln und viel in ihre persönliche und berufliche Entwicklung zu investieren, damit sie sich umso besser um die Gäste kümmern konnten – und genau das taten sie.

Als ich meinen Abschluss in Cornell in der Tasche hatte, gab es für mich keinen Zweifel: Danny Meyer war der Mann, für den ich arbeiten wollte. Und als ich aus Spanien nach New York zurückkehrte, bekam ich tatsächlich ein Vorstellungsgespräch mit Richard Coraine. Ironischerweise fand mein Vorstellungsgespräch im Eleven Madison Park statt, doch am Ende bot Richard mir einen Managerposten im Tabla an. Bevor ich Richards Angebot annahm, erlaubte ich mir jedoch einen letzten Moment des Zögerns. Weder EMP noch Tabla waren prätentiös, aber sie waren ausgefallener, als ich es mir jemals für mich ausgemalt hatte; ich war (und bin immer noch) eher Cheeseburger als Gänseleber.

Nicht zum ersten und auch nicht zum letzten Mal bat ich meinen Vater um Rat. Er fasste es folgendermaßen zusammen: »Es ist einfacher, auf hohem Niveau sein Handwerk zu lernen, als schlechte Gewohnheiten abzulegen. Man kann später immer noch einen Gang zurückschalten, aber in die umgekehrte Richtung zu gehen, ist viel schwieriger.«

Einen Monat später war ich Manager bei Tabla und leitete das Empfangsteam. Meine Ausbildung hatte begonnen.

KAPITEL 4

LEKTIONEN IN ENLIGHTENED HOSPITALITY

DAS TABLA hat die zeitgenössische indische Küche in den Vereinigten Staaten verändert, und die treibende Kraft hinter diesem Wandel war Küchenchef Floyd Cardoz, dessen Küche von seiner goanischen Heimat inspiriert war.

Das Eleven Madison Park und das Tabla hatten zur gleichen Zeit eröffnet, aber das EMP war von der *New York Times* mit zwei Sternen dekoriert worden, während das Tabla die begehrten drei bekommen hatte. Dies war ein großer Erfolg für die gehobene indische Küche und ein echter Tribut an Floyds Hartnäckigkeit und seine köstlichen Speisen.

Im Tabla habe ich gelernt, wie groß die Macht der Außenseiter ist. Trotz des großen Erfolges erzielte das Tabla nie Umsätze, die an diejenigen anderer Restaurants im Unternehmen heranreichten, aber Floyd bestand darauf, dass wir unseren Außenseiterstatus wie ein Ehrenabzeichen trugen. Er selbst blieb zurückhaltend, während er einige der besten Gerichte der Stadt zauberte.

Floyd wollte sicherstellen, dass die neuen Serviceleiter Respekt für das hatten, was in der Küche passierte, also machte jeder von uns zu Beginn einen kleinen Rundgang. Als ich dort auftauchte, ging ich naiverweise davon aus, dass ich den Köchen bei der Arbeit nur zusehen sollte; stattdessen wurde ich in die Vorbereitungsküche geschickt und bekam einen Eimer Garnelen zum Entdarmen in die Hand gedrückt. Die nächsten drei Stunden verbrachte ich bis zu den Ellbogen in Garnelendärmen.

Am nächsten Tag trug Floyd mir auf, eine Zwiebel zu hacken. Es war schauderhaft. Ich hatte zwar schon ein wenig gekocht und auf dem College ein paar Kochkurse besucht, aber ich war mir ziemlich sicher, dass ich seinen Ansprüchen nicht genügen würde. Und genauso war es. Floyd schrie nicht, aber er warf meine Zwiebel in den Müll und nahm mir das Messer aus der Hand, um mir zu zeigen, wie man es richtig macht. Das Engagement, der Respekt und die Konzentration, die er für diese bescheidenste aller Küchenaufgaben aufbrachte, waren ein guter Vorgeschmack auf das, was noch kommen sollte.

So kompromisslos er auch war, es war unmöglich, Floyd und sein breites Grinsen nicht zu lieben. Das kindliche Staunen auf seinem Gesicht, wenn er uns dabei zusah, wie wir ein atemberaubendes neues Gericht zum ersten Mal probierten, war ein ebenso inspirierendes Geschenk wie sein Essen selbst.

Wenn gute Führungskräfte einen Raum betreten, geschehen zwei Dinge. Die Leute, die für sie arbeiten, richten sich ein bisschen auf und sorgen dafür, dass alles tadellos aussieht – und sie lächeln. So ging es uns mit Floyd. Tabla war sein großer, verrückter Traum, und alle, die für ihn arbeiteten, gaben alles, um ihm bei der Verwirklichung dieses Traumes zu helfen.

Nach oben und immer weiter

In *Setting the Table*, Danny Meyers bahnbrechendem Buch über *Enlightened Hospitality*, erzählt er die Geschichte eines Paares, das seinen Jahrestag in einem seiner Restaurants feierte. Mitten in der Mahlzeit fällt den beiden ein, dass sie zu Hause eine Flasche Champagner im Gefrierschrank vergessen hatten. Sie rufen den Sommelier, um ihn zu fragen, ob es wahrscheinlich ist, dass sie explodiert, bevor sie nach Hause kommen (mit ziemlicher Sicherheit ja). Der Sommelier rettet den Abend, indem er ihnen die Schlüssel abnimmt und die Flasche rechtzeitig aus dem Gefrierfach holt, sodass das Paar entspannt sein Festessen beenden kann. Als sie nach Hause kommen, finden sie den Champagner sicher im Kühlschrank verstaut, zusammen mit einer Dose Kaviar, einer Schachtel Pralinen und einer Glückwunschkarte des Restaurants.

Diese Geschichte und viele ähnliche machten im Unternehmen die Runde und motivierten uns alle dazu, nach neuen Wegen zu suchen, um es im Restaurant für unsere Gäste noch reibungsloser, entspannter und angenehmer zu gestalten. Als eine Dame einmal erwähnte, dass sie mitten in der Mahlzeit aufstehen musste, um die Parkuhr ein paar Straßen weiter zu füttern, war es für uns selbstverständlich, das für sie zu erledigen.

Am Ende wurde diese Geste zu einem festen Teil unseres Service. Am Empfang wurden die Gäste gefragt: »Wie sind Sie heute Abend zu uns gekommen?« Wenn sie antworteten: »Oh, wir sind mit dem Auto gefahren«, ist die Antwort: »Cool! Wo haben Sie geparkt?« Und wenn sie an einer Parkuhr standen, fragten wir, welches Auto ihnen gehörte, damit einer von uns später hinausgehen und ein paar Vierteldollar in den Kasten werfen konnte, während sie aßen.

Diese Geste war im wahrsten Sinne des Wortes ornamental, eine sympathische, aber unwesentliche Bereicherung ihres Besuches bei uns. Es war ein Akt der Gastfreundschaft, der nicht einmal innerhalb der vier Wände des Restaurants stattfand! Aber dieses einfache Geschenk im Wert von fünfzig Cent haute die Leute um.

Für uns wurde es von einer einzelnen spontanen Geste zu einer dauerhaften Selbstverständlichkeit, wie das Abnehmen des Mantels oder das Anbieten einer Dessertkarte. Doch je normaler es für uns wurde, dieses kleine Geschenk zu machen, desto außergewöhnlicher erschien es unseren Gästen.

Enthusiasmus ist ansteckend

Randy Garutti, der später CEO von Shake Shack wurde, war General Manager im Tabla, als ich dort anfing zu arbeiten.

Randy hatte ein äußerst positives Auftreten und war jemand, der sein Team unermüdlich anfeuerte – die perfekte Ergänzung zu Floyds Eifer und die ideale Verkörperung von Integrität und Engagement, eine für die Union Square Hospitality Group charakteristische Kombination.

Dannys Partner Richard Coraine sagte oft zu uns: »Alles, was es braucht, damit etwas Außergewöhnliches passiert, ist eine Person mit Enthusiasmus.« Randy war diese Person.

Er hatte sein ganzes Leben lang Leistungssport betrieben und brachte bei allem, was er tat, die unermüdliche Disziplin eines Sportlers und den Teamgeist eines Trainers mit. Seine Pre-Meal-Meetings ähnelten den Reden in der Umkleidekabine vor großen Wettkämpfen, wie man sie aus Filmen kennt, und endeten immer damit, dass er uns mit der Faust anspornte: »Kommt schon, Leute, ihr schafft das!«

Randys Animation riss dich mit, ob du es wolltest oder nicht. Deshalb konnte er sich vor eine Crew von Zerstreuten, Hungrigen und höchstwahrscheinlich Verkaterten stellen und sie in seine eigene persönliche Mannschaft verwandeln. Von ihm habe ich Folgendes gelernt: **Lass deine Energie auf die Menschen wirken, mit denen du sprichst, und nicht umgekehrt.**

Für einen frischgebackenen und leicht zynischen College-Absolventen sprengte Randys sonniger Optimismus manchmal die Grenzen des Glaubhaften. Frag ihn, wie sein Tag bisher gelaufen ist, und er wird dir antworten: »Weißt du, Alter, ich versuche, dass heute der besten Tag meines Lebens wird.« Ich verdrehte daraufhin vielleicht die Augen, aber dieser Art von unerschütterlicher Positivität konnte selbst ich nicht widerstehen, vor allem weil Randy jedes bisschen von dem glaubte, was er sagte – und schon bald auch wir.

Randy vermittelte uns auch Verantwortungsgefühl, indem er Wege fand, sein Vertrauen in unser Urteilsvermögen zu demonstrieren. »Ist es okay, wenn ich heute ein bisschen früher gehe?«, fragte er und warf mir die Schlüssel für den Haupteingang zu.

Als Zweiundzwanzigjähriger war ich außer mir vor Freude, wenn man mir die Verantwortung überließ. Wenn der Chef weg war, war ich der Chef – weshalb ich mich in seiner Abwesenheit sogar noch mehr anstrengte, als wenn Randy da war.

Und ich habe nie vergessen, wie viel mir sein Vertrauen bedeutete. Deshalb wurde es für mich zu einer Priorität, ein Gefühl der Mitverantwortung zu erzeugen, sobald ich derjenige war, der die Schlüssel zuwarf.

Sprache schafft Kultur

Danny war immer bewusst, dass Sprache Kultur schaffen kann, indem sie Wesentliches leicht verständlich und vermittelbar macht. Er ist brillant im Prägen von Begriffen rund um allgemeine Erfahrungen, potenzielle Fallstricke und positive Ergebnisse.

Diese wurden immer wieder in E-Mails, in Vorbesprechungen und unter den Mitarbeitern der USHG wiederholt. »Konstanter, sanfter Druck« war Dannys Version des japanischen Begriffes *kaizen*, die Idee, dass jeder im Unternehmen immer ein bisschen besser werden sollte. »Sportliche Gastfreundschaft« bedeutete, dass man immer nach einem Sieg strebte, egal ob man in der Offensive (eine bereits großartige Erfahrung noch besser machen) oder in der Defensive (sich für einen Fehler entschuldigen und ihn beheben) spielte. »Sei der Schwan« erinnerte uns daran, dass der Gast nur einen anmutig geschwungenen Hals und akkurate weiße Federn sehen sollte, die über einen Teich gleiten, nicht die Schwimmhäute an den Füßen im Wasser, die es ermöglichen.

Es gab noch unzählige mehr davon, meist verbunden mit Geschichten aus dem echten Leben, wie die mit dem Champagner im Gefrierfach. Wenn dir selbst eine Redewendung einfiel, ermutigte man uns dazu, sie mitzuteilen, damit auch sie in den Kanon aufgenommen wurde.

Dank Dannys Buch *Setting the Table* haben viele dieser Begriffe und Wendungen Eingang in die allgemeine Kultur gefunden.

Mein Favorit war die »menschenfreundliche Annahme«, eine Ermahnung, bei den Menschen vom Besten auszugehen, auch wenn sie sich im Moment vielleicht nicht besonders gut benehmen (oder sogar gerade dann). Anstatt also sofort die Enttäuschung über einen Mitarbeiter zu äußern, der zu spät gekommen ist, und in einen Vortrag darüber zu verfallen, wie er das Team im Stich gelassen hat, fragen Sie zuerst: »Du bist spät dran, ist alles in Ordnung?«

Danny ermutigte uns, die menschenfreundliche Annahme auch auf unsere Gäste anzuwenden. Benimmt sich beispielsweise jemand daneben, ist es eine ganz natürliche Reaktion, dieser Person das Recht auf perfekten Service abzusprechen. Ein anderer Ansatz ist jedoch zu überlegen: »Vielleicht ist die Person abweisend, weil ihr Ehepartner gerade die Scheidung eingereicht hat oder weil ein geliebter Mensch krank ist. Vielleicht braucht diese Person mehr Liebe und mehr Gastfreundschaft als alle anderen in diesem Raum.«

Restaurants sind Arbeitsumgebungen mit hohem Tempo, auch deshalb waren diese kurzen Merksprüche von unschätzbarem Wert. Dank der gemeinsamen Sprache konnten wir unseren Gästen gegenüber gastfreundlicher sein. Und untereinander, denn wenn man anfängt, sich auf die menschenfreundliche Annahme zu konzentrieren, dann ist man auch zu sich selbst etwas menschenfreundlicher.

Viele dieser Konzepte wurden uns gleich an unserem ersten Tag beim Meeting für neue Mitarbeiter und Mitarbeiterinnen vorgestellt. Diese Treffen waren an sich schon ungewöhnlich; meine Freunde von der Cornell arbeiteten später in großen Gastronomiebetrieben, wo es nichts dergleichen gab. Und wie ernst diese Treffen innerhalb der USHG-Kultur genommen wurden, hatte eine unmittelbare Signalwirkung: »Wir gehen die Dinge hier auf eine bestimmte Art und Weise an, und es geht dabei um mehr, als dir beizubringen, wie du dich durch den Speisesaal bewegst oder wie du ein Gericht ansagst.«

Zu Beginn bat Danny jeden, sich mit ein oder zwei Sätzen vorzustellen. Wir lernten einander ein wenig kennen, was es uns erleichterte, um einen Ratschlag oder einen Gefallen zu bitten (und sich als vorteilhaft erwies, wenn man ein Date beeindrucken wollte und in einem der anderen Restaurants auf ein Glas Wein vorbeikam).

Zugleich vermittelten diese Vorstellungsrunden auch eine Metabotschaft. Die Tatsache, dass der Leiter des Unternehmens bereit war, zumindest die Hälfte seiner Sitzung dafür zu nutzen, uns einzeln zuzuhören, beeindruckte uns. Es war unser erster Hinweis darauf, dass dieses zentrale Konzept der *Enlightened Hospitality* – die Idee, dass die Sorge füreinander Vorrang vor allem anderen hat – real war.

Für den Rest des Treffens erläuterte Danny uns jede einzelne seiner Redewendungen und die Rolle, die sie in der Unternehmenskultur spielten, was uns sofort zeigte, wie wichtig Worte waren. Er hat sich nicht auf das Was konzentriert, sondern auf das Warum. Infolgedessen glichen diese Treffen eher einer Orientierungsveranstaltung an der Universität als einer Einführung in die Unternehmensabläufe.

Allein dabei zu sein, fühlte sich an, als würde man sich einer Bewegung anschließen oder einen Auftrag annehmen – es war die Aufnahme in eine vibrierende, aufregende Gemeinschaft, die wichtiger war als man selbst.

»Kult« ist die Abkürzung für »Kultur«

Freunde, die in anderen großen Unternehmen des Gastgewerbes im ganzen Land arbeiteten, konnten meine Arbeitsplatzgeschichten oft nicht glauben. Einige von ihnen gingen sogar so weit, abfällige Bemerkungen zu machen: »Oh, du arbeitest für die Sekte …«

Ich wusste, was sie meinten; zwischen der gemeinsamen internen Sprache, unserer erklärten Hingabe an unsere Chefs und unserem unkonventionellen Engagement, uns umeinander zu kümmern, herrschte bei der USHG eine Art fromme Grundstimmung. Inzwischen habe ich jedoch festgestellt, dass Menschen, die für Unternehmen arbeiten, die nicht genug in ihre Kultur investieren, andere Unternehmen, die dies tun, gern als »Sekte« bezeichnen.

Dannys Managementstil machte es cool, sich zu kümmern, was aus dem Blickwinkel anderer Unternehmen wohl lächerlich wirkte. Aber wir, die für ihn arbeiteten, konnten uns den positiven Auswirkungen der von ihm geschaffenen Kultur nicht entziehen, die darauf ausgerichtet war, dass die Menschen sich wohlfühlten.

Wir gingen gern zur Arbeit, unsere Kollegen und Kolleginnen gingen gern zur Arbeit. Wenn unsere Chefs reinkamen, strengten wir uns immer ein bisschen mehr an – nicht weil wir Angst hatten, sondern weil wir ihnen beweisen wollten, dass wir in unserem kleinen Winkel alles im Griff hatten. Und jeden Tag sahen wir Gäste, die unsere Restaurants zufrieden, erfrischt und erholt verließen. Sie konnten es kaum erwarten, wiederzukommen – und wir auch nicht.

Diese Kultur war stark, und sie funktionierte. Nennen Sie es eine Sekte, ich war jedenfalls stolz, dazuzugehören, und kein Begriff, mit dem man es schlechtzureden versuchte, konnte mich vom Gegenteil überzeugen.

Als Danny also ankündigte, dass er ein Restaurant mit Jazzclub namens Blue Smoke im Flatiron Building eröffnen würde, und mir die Stelle als stellvertretender General Manager anbot, war ich sofort Feuer und Flamme. Ich hatte mein ganzes Leben lang Musik gemacht, und es war eine großartige Gelegenheit für einen Zwanzigjährigen.

Daher stellt sich die Frage: Warum in aller Welt lehnte ich ab?

KAPITEL 5

RESTAURANT-SMART VS. CORPORATE-SMART

»BEVOR DU DICH HALS ÜBER KOPF in diese eine Methode verliebst, solltest du dir darüber im Klaren sein, dass es verschiedene Ansätze gibt.«

Ich hatte erwartet, dass mein Vater genauso begeistert sein würde wie ich, als ich ihn spätabends nach meiner Schicht im Tabla anrief, um ihm von meinem Traumjobangebot im Blue Smoke zu erzählen. Stattdessen warf er in seiner ruhigen, besonnenen Art die Frage auf, ob es denn der beste Schritt für mich sei, und zählte all die Gründe auf, die vielleicht dagegen sprachen. Wie immer hörte ich ihm zu. Mein Vater gab nie einfach nur Ratschläge, sondern versuchte immer, die Gründe dafür zu erklären – eine Tugend bei Führungskräften, die ich immer angestrebt habe.

Er wusste, wie gern ich bei Danny Meyer arbeitete, und stimmte mir darin zu, dass ich das, was ich dort lernte, nirgendwo anders lernen konnte. Doch damals besaß Dannys Unternehmen nur vier Restaurants. Auch wenn es vier der besten Restaurants des Landes waren, ermunterte mich mein Vater, für eine größere Restaurantgruppe zu arbeiten, eine, die mit Verfahren und Strukturen arbeitete, wie sie die USHG noch nicht einsetzte.

Bei diesem Anruf brachte er mir erstmals die Konzepte »Restaurant-smart versus Corporate-smart« näher. Den Unterschied zwischen den beiden erklärte er mir, vereinfacht ausgedrückt, so: Wo arbeiten die Topverdiener eines Unternehmens? In den Restaurants selbst oder in den Büros der Unternehmen? Das sagt viel darüber aus, wie ein Unternehmen geführt wird.

In Unternehmen, die Restaurant-smart arbeiten, verfügen die Teammitglieder über mehr Selbstständigkeit und Gestaltungsspielraum. Da sie sich zugehörig fühlen, engagieren sie sich stärker für ihre Arbeit. Sie können oft erstklassige Gastfreundschaft bieten, weil sie flexibel sind; es gibt nicht viele Regeln und Strukturen, die dem Kontakt mit den Menschen im Wege stehen. Aber diesen Restaurants fehlt in der Regel korporative Unterstützung oder Aufsicht – also Strukturen, die ein Unternehmen groß machen.

Corporate-smarte Unternehmen hingegen verfügen über alle Backend-Systeme und Kontrollen in Bereichen wie Buchhaltung, Einkauf und Personalwesen, die für ein erfolgreiches Geschäft erforderlich sind, weshalb sie oft profitabler sind. Aber Systeme sind per Definition Kontrollen, und je mehr man den Mitarbeitern im Kundenkontakt die Kontrolle entzieht, desto weniger kreativ können sie sein, und das spüren die Gäste.

Restaurant-smarte Unternehmen können große Unternehmen sein, und Corporate-smarte Unternehmen können außergewöhnliche Gastfreundschaft bieten. Aber sie verfolgen unterschiedliche Prioritäten, und das wirkt sich grundlegend auf das Erlebnis der Gäste aus.

Ich verstand, was mein Vater mir damit sagen wollte. Kaum einer da draußen war so Restaurant-smart wie Danny, aber seine Firma war organisch gewachsen, weshalb sie über keine Infrastruktur verfügte, die mit der eines großen Unternehmens vergleichbar wäre. Zu dieser Zeit hatte die USHG noch nicht einmal ein eigenes Büro; Dannys Büro war lediglich ein Raum im Keller der Gramercy Tavern.

Die Leute, die für Danny arbeiteten, hatten ein enormes Maß an Autonomie. Das war für die Kreativität fantastisch – ein Küchenchef musste sich beispielsweise nicht für eine spezielle und teure Zutat rechtfertigen oder tausend Formulare ausfüllen, um sie abzurechnen. All diese Autonomie bedeutete aber oft eben auch, das entsprechende Geld hinzublättern. Wenn alle Köche der Gruppe Geschirrspülmittel von verschiedenen Anbietern kauften (was der Fall war), hatte das Unternehmen die wertvolle Gelegenheit verpasst, gemeinsam einen besseren Preis für einen Artikel auszuhandeln, dessen Qualität sich nicht auf die Gäste auswirkt.

Mein Vater erkannte es an, dass ich in Dannys Unternehmen eine außergewöhnliche Ausbildung in Sachen Restaurant-Smartness erhielt. Aber er wollte, dass ich eines Tages eine Firma leite, die sowohl Corporate-smart als auch Restaurant-smart war.

Es war an der Zeit, die andere Hälfte meiner Ausbildung zu absolvieren.

Kontrolle muss die Kreativität nicht einschränken

Tabla war eine der angesagtesten Adressen in New York, als ich meinen Job dort aufgab, um für Restaurant Associates, die alte Firma meines Vaters, als stellvertretender Einkäufer und Controller für die Restaurants im MetLife Building zu arbeiten. Mit anderen Worten: Ich war von der Eingangstür eines der glamourösesten Restaurants in New York in den Keller eines der am wenigsten glamourösen gegangen.

Weder Ken Jaskot, der Einkäufer bei RA, brauchte einen Vollzeitassistenten, noch der Controller, Hani Ichkhan. Also teilte ich meine Arbeitstage unter den beiden auf. Von sechs Uhr morgens bis mittags lernte ich, wie man eine Inventur in einem begehbaren Kühlschrank durchführt, wie man eine Lieferung entgegennimmt, wie man die Kosten der verbrauchten Waren berechnet und wie man Lebensmittel und Vorräte bestellt. Nach dem Mittagessen zog ich meine weiße Arbeitskluft aus, schlüpfte in Jackett und Krawatte und begann mit den Zahlen in der Buchhaltungsabteilung im ersten Stock.

Dass ich beide Jobs gleichzeitig machte, war für mich von unschätzbarem Wert. Die Kosten für Lebensmittel und Getränke belaufen sich auf durchschnittlich dreißig Cent von jedem Dollar, den ein Restaurant einnimmt, und das meiste von dem, was in den Regalen landet, hält sich nicht länger als ein paar Tage. Austern waren für mich nichts Abstraktes wie ein Luxusartikel oder eine Zelle in einer Tabellenkalkulation. Es waren die wertvollen, hässlichen kleinen Muscheln, die ich früher am Tag von Hand gezählt, in Eis verpackt und in ihre Kühlwanne sortiert hatte.

Oben ließ Hani mich Tag für Tag Verwaltungsberichte zu allen Aspekten des Unternehmens erstellen: Kreditoren- und Debitorenbuchhaltung, Lohnbuchhaltung, Lebensmittelkosten und Inventar. Meine Vormittage verbrachte ich mit Praxisentscheidungen, den Rest des Tages damit, die Auswirkungen dieser Entscheidungen auf das Endergebnis des Unternehmens zu verfolgen. Es war Bootcamp und Business School in einem.

Die große Überraschung? Ich fand es großartig.

Hani war dermaßen von der alten Schule, dass er nach wie vor ein ledernes Kassenbuch führte. In seinem Büro waren »rote Zahlen« keine Metapher, es war Tinte. Ihm dabei zuzusehen, wie er einen Bericht durchblätterte, war so, als würde man Floyd im Tabla beim Experimentieren mit Gewürzen beobachten. Zum ersten Mal sah ich jemanden, der die finanzielle Seite des Geschäftes mit der gleichen unvernünftigen Leidenschaft und dem gleichen Einfallsreichtum anging, die Danny in die *Enlightened Hospitality* legte.

Es war aufregend zu sehen, was alles möglich war. Eines Nachmittags markierte Hani einen meiner Berichte. Ihm war aufgefallen, dass die Lebensmittelkosten in einem bestimmten Restaurant stark gestiegen waren, und das schon den zweiten Monat in Folge. Er zog einen weiteren meiner Berichte aus dem Stapel: Das Restaurant verkaufte eine Menge Hummer. Ein weiterer Bericht: Die Hummerpreise waren in die Höhe geschossen. Ein kurzer Anruf bei Ken zur Bestätigung: Ja – die Nachfrage war größer als das Angebot, und die Preise waren durch die Decke gegangen.

Ein Anruf beim Chefkoch: Haben wir zu wenig für das Gericht berechnet? Sicherlich, wenn man bedenkt, was wir für die Zutat bezahlt haben, aber er konnte keinen kostendeckenden Preis verlangen, da ihm sonst die Gäste davonlaufen würden. Der Weg war also klar: Das Gericht, so beliebt es auch war, musste von der Speisekarte verschwinden, zumindest bis die Preise für Hummer sich normalisierten. Glücklicherweise hatte der Küchenchef mit einem Jakobsmuschelgericht herumexperimentiert, mit dem er es ersetzen konnte.

In der Zwischenzeit, in unserem Büro: »Will! Finden Sie heraus, wer in der Firma sonst noch Hummer auf der Karte hat.« Eine weitere Reihe von Anrufen … und die Hummersaison bei Restaurant Associates war vorbei.

Der Nervenkitzel dieser Enthüllung war ansteckend, und zu beobachten, wie schnell diese Analyse vonstattenging, war so spannend, dass ich mir eine Tüte Popcorn dazu gewünscht hätte. Zugleich war die Episode auch eine meisterhafte Demonstration der Macht der Strukturen, die Hani eingerichtet hatte. Sobald er den Betrag der Lebensmittelkosten sah, hatte er sowohl die nötigen Mittel als auch die nötige Befugnis, um das Problem aufzudecken und zu beheben. In zwanzig Minuten hatte er dem Unternehmen eine ungeheure Summe Geld gespart, ohne von seinem Schreibtischstuhl aufzustehen. Plötzlich kamen mir meine langweiligen Teilberichte gar nicht mehr so langweilig vor.

In einem Restaurant-smarten Unternehmen hätte es diesen Anruf wahrscheinlich nie gegeben. Und wenn der Controller (sofern das Unternehmen überhaupt einen hat) den Fehler bemerkt und sich an den Koch gewandt hätte, wäre ihm wahrscheinlich gesagt worden, sich nicht einzumischen.

Aber als ich dieses Telefonat belauschte, stellte sich auch heraus, dass es nicht immer unerwünscht ist, wenn jemand in einem Unternehmen diese Art von Kontrolle ausübt. Die Prämie des Küchenchefs war an die Lebensmittelkosten gekoppelt, und wenn seine Zahlen konstant unter der Norm lagen, war er seinen Job los. Das erklärte die Erleichterung, die in seiner Stimme lag, als Hani ihm sagte, wo der Schuh drückte. Dank der Effizienz unseres Backoffice musste er sich nicht mehr um die Zahlen kümmern und konnte sich wieder ganz seiner Arbeit als Küchenchef widmen. Wir nahmen ihm seine Kreativität nicht weg, sondern gaben ihm wieder Raum dafür.

Es wird oft betont, wie hart das Gastronomiegeschäft ist, und es ist tatsächlich nicht leicht. Restauranteigentümer sind mit besonderen Variablen und geringen Gewinnspannen konfrontiert. Aber was auch immer Sie an erschreckenden Statistiken darüber gehört haben, wie viele Restaurants im ersten Jahr scheitern, hat viel mehr mit den Leuten zu tun, die Restaurants eröffnen, ohne den betriebswirtschaftlichen Teil des Geschäftes zu verstehen.

Als ich Tabla verließ, um zur RA zu gehen, wollte ich wie Danny werden. Nach der Sache mit den Hummern wollte ich Hani sein.

Vertrauen in den Prozess

Dass es mir Spaß gemacht hat, von Hani zu lernen, heißt nicht, dass er mich nicht auch genervt hätte.

In den Buchhaltungskursen in Cornell hatten sie uns beigebracht, dass alles mit der Gewinn-und-Verlust-Rechnung beginnt und endet. Es ist der Blick aus der Vogelperspektive, eine Momentaufnahme des Unternehmens, aus der man ablesen kann, was man gut macht und worauf man ein Auge haben sollte.

Solang ich für Hani arbeitete, wollte ich unbedingt die Gewinn-und-Verlust-Rechnung für eines der Restaurants, die er betreute, in die Hände bekommen. Aber er bewachte diese GuVs wie ein Drache; ich durfte nicht einmal einen Blick darauf werfen.

Das hielt mich aber nie davon ab, ihn zu nerven: »Kann ich eine GuV sehen? Jetzt vielleicht?? Ist es jetzt so weit? Und jetzt?« Jeden Tag sagte er mir, ich solle meine Berichte schreiben.

Dann, eines Tages, nach sechs langen Monaten, warf mir Hani eine auf den Schreibtisch. Ich hatte sie kaum geöffnet, als er mich schon mit Fragen löcherte. Doch er hatte mich gut vorbereitet, indem er mich diese endlosen Teilberichte schreiben ließ. Denn jetzt konnte ich jedes Problem angehen, das da auftauchen mochte.

Und da ich sowohl oben als auch unten arbeitete, hatte ich ein aus dem Rahmen fallendes Gespür dafür, was die Kalkulationstabellen verrieten. So war beispielsweise unser Verbrauch an Einwegartikeln recht hoch. Aber nicht wegen Verschwendung oder Überbestellung! Das Unternehmen hatte uns zu viele unserer personalisierten To-go-Beutel geschickt, und die Jungs unten hatten sie in die Regale geräumt, bevor wir den Fehler bemerkt hatten. Ja, sie mussten die Quittung noch einmal überprüfen, bevor sie eine Bestellung auspackten, aber zumindest wusste ich jetzt, was mit dem Posten nicht stimmte.

Ich bin überaus dankbar, dass ich damals von jemandem wie Hani lernen durfte; es gibt so viel, was mir sonst entgangen wäre. Im Laufe meiner Karriere habe ich oft an ihn gedacht, wenn ich junge Leute anleitete, die nach mehr Verantwortung oder einer höheren Position strebten. Indem er mich warten ließ, hatte Hani mir einen Gefallen getan. Er hatte mich gezwungen, mein Fundament zu stärken, eine solide Basis, auf die ich mich danach jahrelang verlassen konnte. Das Warten hat weder meinen Ehrgeiz noch meinen Fortschritt gebremst; und dem Ablauf zu vertrauen, war eine Lektion, deren Weisheit ich anwandte, als ich meinen eigenen Mitarbeitern erklärte, dass seinen Job gut zu machen damit beginnt, wie man ein Weinglas poliert.

Ein System von Grund auf zu begreifen, ist unersetzlich.

Manchmal hemmt Kontrolle die Kreativität

Nach neun Monaten versetzte mich die RA von meinem hybriden Einkauf-Controller-Assistenzposten auf eine neue Stelle: die des stellvertretenden General Managers und Controllers von Nick + Stef's Steakhouse im Madison Square Garden.

Das Nick + Stef's ist ein ungewöhnliches Lokal, da dort im Grunde die ganze Zeit über tote Hose ist – außer direkt vor einem Spiel im Madison Square Garden, wenn es sich in eines der beliebtesten Restaurants in New York verwandelt. Zwei Stunden vor dem Spiel strömen die Leute wie Heuschrecken herbei, bestellen riesige Steaks und herrliche Flaschen Wein. Dann, zehn Minuten vor Anwurf, steht das ganze Restaurant auf und schwärmt wieder hinaus. Aufgrund dieser Unausgewogenheit übte jeder, der dort arbeitete, mehrere Funktionen aus, was den Job für mich besonders attraktiv machte.

Als stellvertretender General Manager lief ich in der Zeit vor dem Spiel im Saal herum, löste Probleme und half den Kellnern und Kellnerinnen. Ich freute mich, wieder im Speisesaal zu sein, mit den Gästen zu sprechen und ihrem Besuch bei uns den letzten Schliff zu geben. Wenn nichts los war, machte ich die Buchhaltung des Restaurants. Hier konnte ich alles anwenden, was ich von Hani gelernt hatte.

Nach zwei Monaten hatten die von mir vorgenommenen Änderungen die Rentabilität des Restaurants um zwei Punkte verbessert – und ich war genauso aufgeregt, diesen Bericht zu erstellen, wie ich es war, als ich im Tabla das erste Mal einen Host zur Parkuhr eines Gastes schickte.

Eines Nachmittags, als ich hinter der Bar aushalf, bemerkte ich, dass die Barkeeper mit den Gästen auf den beiden Hockern am Ende der Theke keinen Blickkontakt aufnehmen konnten, weil eine Blumenvase im Weg stand. Einfache Lösung: Ich stellte die Vase auf die andere Seite der Bar, wo sie genauso gut aussah. Außerdem versperrte die neue Platzierung den Gästen die Sicht auf die geschäftige und manchmal unordentliche Service-Bar, an der die Kellner die Getränke abholten, die die Barkeeper für ihre Tische zubereitet hatten.

Zwei Tage später war das Arrangement jedoch wieder an seinem ursprünglichen Platz. Ich fragte den General Manager, warum. »Die von der Arts-and-Design-Abteilung sind vorbeigekommen und haben sich beschwert. Du kannst nicht einfach etwas umstellen, ohne sie zu fragen; das ist nicht unsere Aufgabe, sondern ihre.«

Moment, wie bitte? Ich durfte keine Vase verrücken?

Auf der einen Seite konnte ich es nachvollziehen. Wenn man viele Restaurants hat, muss man einige Kontrollen einführen. Ich habe zufällig ein gutes Gespür für Design, aber das hat nicht jeder.

Man kann nicht zulassen, dass irgendwelche Leute willkürlich Entscheidungen darüber treffen, wie dein Restaurant aussehen soll.

Trotzdem. Wie können Menschen, die noch nie hinter einer Bar gestanden hatten, geschweige denn hinter unserer, von ihrem Büro aus entscheiden, wo die Vase hingehört? Die Frage quälte mich jedes Mal, wenn ich die Vase sah, und die Barkeeper, die ihre Hälse verrenkten, um ihre Gäste zu sehen. Ich hatte von Hani gelernt, dass Corporate-smart nicht automatisch heißt, Kreativität zu unterdrücken. Aber diese Vase hat mir gezeigt, dass genau dies der Fall ist, wenn man gewisse Dinge nicht ab und zu korrigiert.

Dennoch war dies nur ein kleiner Makel in einer ansonsten tollen Erfahrung, und ich habe mich nicht weiter damit aufgehalten. Ich amüsierte mich nach wie vor im Speisesaal, wenn ein Spiel war, und erledigte einiges im Backoffice.

Dann, ein oder zwei Monate später, bekam ich Ärger mit einem Kellner.

Nennen wir ihn Felix. Felix' Typus wird Führungskräften in jeder Art von Kundendienstbranche vertraut sein. Sie sind notorisch respektlos gegenüber ihren Kollegen, und es ist ein Albtraum, mit ihnen zu arbeiten. Aber sie gelten als unkündbar, weil die Kunden des Unternehmens sie so schätzen.

Über all die Felixe dieser Welt kann ich mich höllisch aufregen. **Nur weil ein paar Stammgäste einen Mitarbeiter vergöttern, darf das nicht alles untergraben, was Sie aufzubauen versuchen.** So charismatisch und charmant diese Menschen auch sein mögen und so wertvoll ihre Beziehungen zu den Gästen auch erscheinen, der Kollateralschaden, den die Felixe der Kultur eines Unternehmens zufügen, ist zu groß, um toleriert zu werden.

Eines Abends kam Felix erst angeschlurft, als das Abendessen schon fast serviert war, ganze zwei Stunden zu spät. Das war ein Problem, denn der Ansturm auf das Abendessen im Nick + Stef's vor einem Spiel war kein Spaziergang, selbst wenn wir vollzählig waren.

Dennoch, als er durch die Tür kam, blieb ich bei der menschenfreundlichen Annahme. »Hey, ich habe dich versucht zu erreichen. Ich habe mir Sorgen gemacht. Ist alles in Ordnung?«

Ohne jede Entschuldigung teilte Felix mir beiläufig mit, dass er »die Zeit vergessen« habe. Das war der Moment, indem meine Besorgnis in Wut umschlug. »Wir haben uns alle den Hintern aufgerissen, um für dich einzuspringen. Wo bist du gewesen?«

»Das muss ich dir nicht erklären«, sagte er spöttisch, schob sich an mir vorbei und ging in Richtung Umkleideraum.

»Du brauchst dich gar nicht umzuziehen«, rief ich ihm hinterher. »Du bist entlassen.«

Am nächsten Tag erhielt ich einen Anruf von der Personalabteilung. »Felix hat angerufen. Wir wissen, dass er schwierig sein kann, aber die Stammkunden lieben ihn, und die Rechnungen seiner Tische sind durchweg hoch, also haben wir uns entschlossen, ihn wieder einzustellen. Er wird morgen bei der Arbeit sein; es wäre toll, wenn Sie sich bei ihm entschuldigen.«

Noch mal – es ist mir klar, dass ein großes Unternehmen es sich nicht leisten kann, dass ein dreiundzwanzigjähriger Manager grundlos jeden feuert, der ihn nervt. Einerseits. Aber wer auch immer in diesem Büro saß und auf einer Tabelle überprüfte, wie viel Essen und Wein Felix auf seinen Rechnungen hatte, konnte nicht ahnen, welch zerstörerischen Einfluss er auf das gesamte Team hatte.

Ich schon, und ich war stinksauer. Corporate-smart schön und gut. Aber ab welchem Punkt muss man die Kontrolle aufgeben, um den Menschen vor Ort zu vertrauen, die in Echtzeit mit dem Team und den Kunden in Verbindung stehen?

Der ehemalige Marinekapitän David Marquet sagt, dass in zu vielen Organisationen die Leute an der Spitze alle Befugnisse und keine Informationen haben, während die Leute an der Front alle Informationen und keine Befugnisse haben. Ich habe die Erfahrung gemacht, dass, wenn man es zu weit treibt, aus Corporate-smart Restaurant-dumm wird.

Ich stehe nach wie vor zu meiner Entscheidung, Felix zu entlassen. Und ich halte es immer noch für inakzeptabel, dass die Personalabteilung meine Entscheidung – ungefragt und ohne meine Seite der Geschichte anzuhören – rückgängig gemacht hatte.

An diese Erfahrung habe ich oft gedacht, wenn ich unter meinen eigenen Mitarbeitern Streitigkeiten schlichten musste. »Bei uns stehen die Mitarbeiter an erster Stelle« sollte alle Mitarbeiter einbeziehen. Viele haben das mit dem ersten Grundsatz von Danny Meyers *Enlightened Hospitality* missverstanden. Mit »das Kümmern umeinander steht an erster Stelle« meinte er nicht, dass es nur Aufgabe des Managers sei, sich um die stundenweise Beschäftigten zu kümmern. Es ist die Aufgabe aller, sich um alle zu kümmern.

Manager sind auch Beschäftigte. Selbstverständlich sind sie nicht automatisch im Recht oder dürfen einfach so loyale, langjährige Mitarbeiter entlassen. Doch sie sind in der Lage, sich um ihre Teams zu kümmern – wenn die Unternehmensleitung sich um ihre Manager kümmert und ihnen das gibt, was sie brauchen, um erfolgreich zu sein.

Nach einigem Murren verdrängte ich den Vorfall, fand heraus, wie ich mit Felix zusammenarbeiten konnte, und machte mich wieder an die Arbeit. Aber ich würde lügen, wenn ich behaupten würde, dass dieser Vorfall mein Verhältnis zu meiner Arbeit nicht verändert hat. Ich fühlte mich entmachtet, weil genau das der Fall war. Und es war schwer, aus dieser entmachteten Position heraus alles zu geben, zwölf bis vierzehn Stunden am Tag damit zu verbringen, die Visionen anderer zu verfolgen, in dem Wissen, dass man gleichzeitig so wenig Vertrauen in mich hatte.

Einige Monate später aß ich an einem freien Tag im Union Square Cafe zu Mittag, wo mein alter Chef Randy General Manager war. (Ich hatte damals nicht viel Geld, und wenn du dort isst, wo deine Freunde arbeiten, bekommst du in der Regel ein paar Snacks umsonst.) Als ich das Restaurant verließ, lief mir am Union Square Danny Meyer über den Weg. Er kannte mich nicht gut, aber als ich bei Tabla arbeitete, kamen wir gut miteinander aus, also unterhielten wir uns kurz.

Außerdem wollte ich den Kontakt zu ihm nicht verlieren, war er doch jemand, den ich sehr bewunderte. Ein, zwei Tage später schickte ich ihm eine E-Mail, in der ich ihn wissen ließ, was ich seit meinem Weggang von Tabla im Jahr zuvor gemacht und was ich alles über Buchhaltung und Einkauf gelernt hatte.

Danny schrieb mir am nächsten Tag zurück und teilte mir vertraulich mit, dass er einen Vertrag für die Leitung der Restaurants im neu renovierten Museum of Modern Art unterzeichnet hatte. »Darüber würde ich bei Gelegenheit gern mit dir reden.«

Es war das Jahr 2004, und das MoMA wurde nach einer zweijährigen und 450 Millionen Dollar teuren Renovierung und Erweiterung wiedereröffnet. Danny wollte im Erdgeschoss des Museums ein hochkarätiges Feinschmeckerrestaurant namens The Modern eröffnen, mit Blick auf den legendären Skulpturengarten des MoMA. Der Chefkoch war Gabriel Kreuther, ein aufstrebender Stern aus dem Elsass, den das *Food & Wine Magazine* 2003 zu den besten neuen Köchen zählte, und das moderne, harmonische Design des Speisesaals war fantastisch. Der Bar Room, ein eher lässig gestalteter Bereich vorn, servierte an der langen, luxuriösen Bar kleine Gerichte und Cocktails.

Die Eröffnung von The Modern würde zweifellos zu den heißesten und am sehnlichsten erwarteten Ereignissen des Jahres gehören. Aber das war es nicht, was mich reizte. Als ich Dannys E-Mail erhielt, war mein erster Gedanke: »Wow. Sie übernehmen den Restaurantbetrieb eines ganzen Museums. Diese GuV muss man sich erst mal vorstellen.«

Und tatsächlich, bei unserem Treffen bot mir Danny dann genau den Job an, den ich haben wollte: General Manager im Restaurantbetrieb des Museums. Dazu gehörten zwei Cafés, in denen die Museumsbesucher einen Salat zum Mittagessen oder eine Tasse Kaffee zur Stärkung zu sich nehmen konnten, eine Cafeteria für die Mitarbeiter und ein hauseigenes Catering-Team, das Tagungen und kleine Zusammenkünfte betreuen konnte. Mit anderen Worten: Ich wäre für alles verantwortlich, außer für das Nobelrestaurant im Erdgeschoss.

Es war perfekt. Ich habe meine Zeit bei Restaurant Associates sehr genossen und verdanke einen großen Teil meines Erfolgs dem, was ich dort gelernt habe. Ich hätte leicht bei diesem Unternehmen bleiben und mit ihm Großartiges schaffen können. Aber was Danny mir anbot, war wirklich einzigartig und genau das Richtige für mich: die Chance, herauszufinden, ob ich in das Restaurant-smarteste Unternehmen der Welt Corporate-Smartness einbringen konnte.

Das Gleichgewicht zwischen Kontrolle und Kreativität finden

Ich liebte das MoMA.

Das Museumspersonal war während der umfangreichen Renovierungsarbeiten in eine Außenstelle in Long Island City umgezogen, sodass ich der erste Mitarbeiter mit einem Büro im neuen Museum war. Das leere Gebäude zu betreten, während die letzten Arbeiten erledigt wurden, war der ultimative Blick hinter die Kulissen. In den ersten Wochen kam ich jeden Morgen an den Seerosen von Monet vorbei. Es lehnte an der Wand, wie das gerahmte Pearl-Jam-Poster, bei dem ich nie dazu kam, es in meinem Studentenwohnheim aufzuhängen.

Mein erstes Büro im MoMA befand sich im fünften Stock. Es war riesig, bestimmt 75 Quadratmeter groß, mit Blick auf den Skulpturengarten. Aber werden Sie nicht neidisch: Ich war nur dort oben, weil die Böden von oben nach unten fertiggestellt wurden. Als das Museumspersonal wieder in das Gebäude einzog, wurde ich systematisch Etage für Etage nach unten befördert, wie Milton in »Office Space« (Alles Routine), bis ich schließlich im Kellergeschoss landete. Daran kann man ablesen, wie hoch die Priorität für die Gastronomie gesetzt war – zumindest für den Bereich, für den ich verantwortlich war.

Dasselbe galt selbst in meinem eigenen Unternehmen: Jeder bei der USHG konzentrierte sich auf das, was im Modern und im Bar Room passierte, beide auf Anhieb große Erfolge und bei Kritikern und Publikum gleichermaßen beliebt.

Die Museumscafés hingegen waren die rothaarigen Stiefkinder der USHG. Und das fand ich super. Wir flogen unter dem Radar und hatten dadurch immense kreative Freiheit. Ich machte mich sofort daran, meine Vision umzusetzen: die Cafés im MoMA sowohl Corporate-smart als auch Restaurant-smart zu machen. Und fast sofort stellte ich fest, dass dieser Weg sehr, sehr steinig war.

Jede Entscheidung, die ich traf, schien das natürliche Spannungsverhältnis zwischen der Verbesserung der Qualität des Gästeerlebnisses und dem, was für das Unternehmen am besten war, aufzuzeigen.

Restaurant-smart bedeutet Führung mit Vertrauen. Dazu gehörte auch, dass ich meinen Mitarbeitern die Freiheit gab, das zu tun, was sie für das Beste für die Gäste hielten. Corporate-smart bedeutet, ein strenges Regiment zu führen. Was war jetzt richtig?

Ein Beispiel von vielen: Unsere Lebensmittelkosten in den Cafeterien waren hoch, vor allem wegen der Verschwendung: Wir bestückten die Vitrinen bis zum Feierabend mit frischen Produkten, sodass wir am Ende des Tages eine Menge Lebensmittel wegwerfen mussten. Die offensichtliche Lösung war, die Vitrinen am Ende des Tages nicht mehr aufzufüllen. Mit der Vorstellung, dass späte Besucher sich mit dem Sandwich oder Salat begnügen mussten, der zufällig übrig war, wollte ich mich aber nur ungern anfreunden.

Hani hätte sich wahrscheinlich mit der Küchenchefin, Meg Grace, zusammengesetzt, um zu erklären, warum sie Schinken statt Prosciutto verwenden musste. Aber das war nicht die Art Beziehung, die ich mit Meg hatte, und keiner von uns wollte das unseren Gästen zumuten.

Meg und ich fanden einen Kompromiss, mit dem wir beide leben konnten: Sie würde weiterhin teure Zutaten verwenden, und wir würden eine Stunde vor Ladenschluss aufhören, die Vitrinen aufzufüllen. Stattdessen machten wir alle Salate und Sandwiches für die Leute, die in dieser letzten Stunde hereinkamen, auf Bestellung. Die Lohnkosten wurden durch die Einsparungen bei den Lebensmittelabfällen mehr als ausgeglichen.

Es war ein Schritt in die richtige Richtung, wenn auch keine perfekte Lösung; ich vermisste die geordnete Fülle einer voll bestückten Vitrine. Zumindest hat diese Erfahrung mir gezeigt, dass Kreativität die wichtigste Zutat ist, um ein echtes Gleichgewicht zwischen Restaurant-smart und Corporate-smart herzustellen.

Die 95/5-Regel

Der Sculpture Garden des MoMA ist ein einzigartiger Ort in New York. Ursprünglich 1939 eröffnet, wurde er 1953 von Philip Johnson (der auch das Four Seasons entworfen hat) zum »Zimmer ohne Dach« umgestaltet, als sich stetig verändernde Outdoor-Galerie, die Natur, Architektur und Kunst auf völlig neue Weise miteinander verschmelzen lässt. Riesige Skulpturen ruhen auf anmutigen, asymmetrischen, mit Marmor gepflasterten Bereichen, während die Vögel zwischen den Bepflanzungen herumzwitschern, als wüssten sie nicht, dass sie sich mitten in einer Großstadt befinden.

Es gibt in ganz New York nichts Vergleichbares.

Nach etwa einem Jahr im MoMA wurde ich ein wenig unruhig. Ich vermisste die Energie, die noch bei der Eröffnung herrschte; es hat etwas Magisches, eine neue Idee zum Leben zu erwecken, und ich wollte mehr davon.

Also stürzte ich mich wie besessen auf die Idee, einen Eiswagen für den Skulpturengarten zu entwerfen. Da sich der Wagen den Platz mit Kunstwerken von Henry Moore, Pablo Picasso und Henri Matisse teilen würde, ganz zu schweigen von den wechselnden Installationen zeitgenössischer Künstler wie Richard Serra, musste er bis ins kleinste Detail perfekt sein.

Ich brauchte den richtigen Partner, also wandte ich mich an einen anderen notorischen Perfektionisten: Jon Snyder, Inhaber von il laboratorio del gelato, einem Unternehmen an der Lower East Side, das in kleinen Chargen Eissorten von Weltklasse aus hochwertigen Zutaten herstellte.

Jon ergriff begeistert die Chance, der offizielle Eisanbieter des MoMA Sculpture Garden zu sein. Es war ein Topangebot, also konnte ich ihn sogar davon überzeugen, den Wagen zu finanzieren und uns sein normalerweise teures Speiseeis für einen Schnäppchenpreis zu überlassen. (Bei der Menge, die wir ihm abnehmen würden, machte er trotzdem noch ein gutes Geschäft.)

Wir gingen voll und ganz in dem Projekt auf, und Jon erwies sich als ein äußerst gefährlicher Mitverschwörer. So fand er zum Beispiel eine Firma in Italien, die ausgefallene, winzige blaue Löffel herstellt. Was kann an einem Plastiklöffel schon ausgefallen sein? Glauben Sie mir, sie hatten ein wirklich einzigartiges Design: paddelförmig und perfekt. Außerdem waren sie unverschämt und herzzerreißend teuer.

Aber ich musste sie haben; sie waren dem Skulpturengarten würdig. Nichts anderes wäre genug.

Als meine Chefin zum ersten Mal einen dieser Löffel sah, kniff sie die Augen zusammen und fragte, was sie gekostet hatten. Ich sagte es ihr, und ihre Augen wurden noch schmaler: »Darüber reden wir später.« Aber einen Monat später setzten wir uns zusammen, um die erste GuV des Eiswagens zu begutachten. Ich habe nie wieder ein Wort über diese Löffel gehört.

Ich hatte 95 Prozent meines Budgets aggressiv eingeteilt und die Marke MoMA genutzt, um ausgezeichnetes Gelato mit einem starken Preisnachlass zu bekommen, und den schönen Wagen umsonst. Ich hatte mir das Recht verdient, diese Löffel zu kaufen, das eine kleine Detail, von dem ich glaubte, dass es das Erlebnis, ein Eis an diesem Wagen zu kaufen, spektakulär verändern würde.

Das Beispiel zeigt, was ich später die 95/5-Regel nannte: **Achten Sie bei 95 Prozent des Budgets auf jeden Cent; und geben Sie die letzten 5 Prozent »töricht« aus.** Das klingt unverantwortlich, ist aber alles andere als das. Denn diese letzten 5 Prozent sind für das Gästeerlebnis entscheidend, und damit sind sie mit die schlauste Investition.

Dies bestätigte sich eines Nachmittags, als ich Glenn Lowry, den Leiter des Museums, dabei beobachtete, wie er für eine Gruppe von Kuratoren, die zu Besuch waren, Eis kaufte. Jeder einzelne von ihnen bewunderte ein oder zwei Sekunden lang die Löffel. Mir gefällt der Gedanke, dass einige Museumsbesucher sich nur deshalb Nachschlag bestellten, weil sie diese Löffel so toll fanden.

Die 95/5-Regel sollte zu einem meiner zentralen Arbeitsprinzipien im Eleven Madison Park werden. Weinbegleitung – eine Weinprobe zu jedem Gang eines Degustationsmenüs – ist in der gehobenen Gastronomie üblich. Und wie bei allem gab es ein Budget, über das wir für diese Weinbegleitung verfügten. Aber anstatt dieses Budget gleichmäßig auf alle servierten Weine aufzuteilen, wie es oft gemacht wird, habe ich unsere Sommeliers gebeten, etwas weniger teure Weine für die meisten Gänge auszuwählen (diese waren nicht weniger exzellent, denn unser Weineinkäufer war fachkundig und unser Weinkeller vielfältig). So konnten wir den Gästen zu einem Gang dann ein besonderes, seltenes und teureres Glas gönnen.

Für Weinliebhaber ist es immer spannend, einen Grand-Cru-Burgunder zu trinken. Aber die Gelegenheit dazu bietet sich fast nie bei gewöhnlichen Weinbegleitungen – sie können sich also vorstellen, wie aufgeregt unsere Gäste waren, als plötzlich ein Glas davon vor ihnen stand! Die 95/5-Regel gab uns die Möglichkeit, jeden, der die Weinbegleitung wählte, zu überraschen und zu erfreuen. Es wurde für die Gäste zu einem unvergesslichen Erlebnis.

Die 95/5-Regel kam auch bei der Verwaltung unserer Personalkosten zur Anwendung. Meine Erfahrungen in Hanis Büro gingen mir nie aus dem Kopf, wenn ich mit Kosten zu tun hatte; wo immer wir konnten, versuchten wir, teure Personalwechsel und die gefürchteten Überstunden zu minimieren. Aber ein paarmal im Jahr gab ich eine geradezu unverschämte Summe aus, sei es, um das Restaurant für einen Tag zu schließen und einen Teambuilding-Workshop zu veranstalten, oder um einen DJ zu engagieren und ein paar Kisten Dom Pérignon für eine unserer berüchtigten Mitarbeiterpartys zu kaufen. Die 95/5-Regel sorgte dafür, dass ich das Budget nicht sprengte; ich konnte mir diesen Luxus erlauben, weil ich den Rest des Jahres so diszipliniert gehaushaltet habe.

Und als wir uns beim EMP auf das Konzept der unvernünftigen Gastfreundschaft einließen, arbeiteten diese 5 Prozent härter als je zuvor. Eines meiner Lieblingsbeispiele: Eine vierköpfige Familie aus Spanien speiste am letzten Abend ihres Urlaubs in New York City bei uns. Die Kinder am Tisch glühten vor Aufregung, und das aus einem ganz wunderbaren Grund: Vor unseren riesigen Fenstern fiel dichter Schnee, und sie hatten noch nie echten Schnee gesehen.

Spontan habe ich jemanden losgeschickt, um vier nagelneue Schlitten zu kaufen. Nachdem die Mahlzeit beendet war, wurde die ganze Familie mit einem Geländewagen in den Central Park chauffiert, wo sie sich ein paar Stunden im frisch gefallenen Schnee austoben konnten. Mit diesen 5 Prozent, die wir »töricht« (in Wirklichkeit mit großer Absicht) ausgaben, konnten wir unseren Gästen unvergessliche Momente schenken.

Diese Regel spielte eine große Rolle für meinen Erfolg, und sie lässt sich direkt auf die hervorragende Ausbildung zurückführen, die ich in den Kellern und Backoffices von Restaurant Associates erhalten habe. Mein Vater hatte wie immer recht; ich bin so froh, dass er mich ermutigt hatte, diesen Schritt zu wagen.

Meine Erfahrung im MoMA hat mir gezeigt, dass es möglich ist, gleichzeitig Corporate-smart und Restaurant-smart zu arbeiten. Das Team wurde gestärkt, die Gäste waren zufrieden, und wir führten ein Unternehmen, das rank und schlank und profitabel war.

Dann bat Danny um ein weiteres Treffen mit mir.

KAPITEL 6

EINE ECHTE PARTNERSCHAFT ANSTREBEN

Jeder, der in Hollywood etwas auf sich hielt, aß im Spago zu Mittag, dem Kronjuwel eines Imperiums, das von Chefkoch Wolfgang Puck geleitet wurde, der die amerikanische Esskultur durch die Popularisierung der kalifornischen Küche revolutioniert hat.

Ich verbrachte den Sommer zwischen Highschool und College dort als Hilfskellner. Als halber Hilfskellner, um genau zu sein. Das Spago war eine gut geölte Maschine, und die Hilfskellner waren unheimlich flink, sauber und effizient. Da ich niemals mit ihnen hätte mithalten können, überließ man mir eine halbe Station; jeder andere Hilfskellner hatte vierzehn Tische, während ich sieben hatte. Ich erledigte halb so viel der anfallenden Arbeit im Hintergrund, Wartungsarbeiten, die für den reibungslosen Betrieb eines Restaurants erforderlich sind, wie das Polieren von Gläsern und das Falten von Servietten – und bekam halb so viel Trinkgeld.

Mein Vater hatte mir den Job besorgt, also hätte das restliche Team mit gutem Recht die Augen verdrehen und mich herumschubsen können, aber ich war so begeistert, dort zu sein, und arbeitete so hart, dass mich alle wie einen kleinen Bruder behandelten.

Eines Tages, als zur Mittagszeit viel los war, öffnete ich die Tür zur Anrichte im Speisesaal, in der das saubere Silberbesteck, die Servietten und die Teller aufbewahrt wurden. Der Schrank war so bestückt worden, dass ein hoher Stapel von Butterbrottellern bedenklich nahe an der geschlossenen Tür lehnte; sobald ich sie öffnete, rutschten diese Teller zu Boden und zersprangen in eine Million Stücke.

Der Aufprall war ohrenbetäubend, und das belebte Restaurant verstummte für ein oder zwei Sekunden. Ein paar Leute klatschten.

Der Lärm, die Verschwendung, die Unordnung, der Fehler … Ich war geschockt. Ich brauchte wirklich niemanden, der sonst noch auf mich wütend war. Trotzdem flog die Küchentür auf, und der Küchenchef stürmte schon schreiend aus der Küche. Aus vollem Halse und vor allen – meinen Kollegen und allen Gästen – teilte er mir unverblümt mit, was er von meiner Ungeschicklichkeit hielt.

Die Erinnerung an die Scham und die Wut, die ich an diesem Tag empfand, wird mich immer begleiten, wenn ich mich mit dem Fehler eines meiner eigenen Mitarbeiter auseinandersetzen muss. Ich bin mir dann stets bewusst, wie stark sich das Handeln eines Vorgesetzten auswirken kann – sei es zum Guten oder zum Schlechten. Und was von diesem Küchenchef bei mir ankam, war unmissverständlich: Er hielt weder was von mir noch von den übrigen Mitarbeitern im Speisesaal. Seiner Meinung nach ging es bei der gehobenen Küche nur um das Essen; wir waren nur dazu da, im Dienste des Zaubers zu handeln, den er in der Küche vollbrachte.

Und das fand ich mies.

Die Ente, die ich bei dem Abendessen mit meinem Vater im Four Seasons gegessen hatte, war köstlich, aber sie war Teil eines viel größeren Ganzen: der spektakuläre Raum, die Kunstwerke, die Beleuchtung, die Blumenarrangements, die Tischdecken, das Tafelsilber, die sauberen Uniformen des Personals – und die Art und Weise, wie das Team es geschafft hatte, dass ein Zwölfjähriger sich als wichtigste Person im Raum fühlt. Diese Kombination hatte eine wahrhaft magische Atmosphäre geschaffen. Das Essen war zwar Teil dieser Magie, aber es war nicht alles.

Während fast des gesamten 20. Jahrhunderts ging man essen, um zu sehen und gesehen zu werden; der Name des Koches stand nicht auf der Speisekarte. Ab den 1980er-Jahren schlug das Pendel jedoch in Richtung Küche aus, das Phänomen der Starköche kam auf. Ihre Gäste speisten besser als je zuvor, doch die Gastfreundschaft erlitt einen Rückschlag. Ich persönlich mag mein Steak nicht durchgebraten, aber ich verteidige Sie in Ihrem Recht, es so zu bestellen, ohne dass Sie dafür verspottet werden – oder gar, wie es in einigen Restaurants der Fall wäre, man sich direkt weigert, es für Sie derart zuzubereiten.

Ich liebte Restaurants und wollte in einem Team arbeiten, das sich um die Gäste kümmert. Und ich hatte akzeptiert, dass die Spitzengastronomie nichts für mich war.

Als Danny mich bei unserem Treffen also fragte, was ich davon hielt, General Manager im Eleven Madison Park zu werden, war ich unsicher, was ich antworten sollte.

Sag niemals nie

Das Eleven Madison Park befand sich im selben Gebäude wie mein altes Stammlokal Tabla, und doch hätte es nicht unterschiedlicher sein können.

Das denkmalgeschützte Art-déco-Gebäude war ursprünglich als Sitz der Metropolitan Life Insurance Company geplant. Wäre es wie geplant gebaut worden, wäre es der höchste Wolkenkratzer der Welt gewesen. Doch gleich nach Baubeginn im Jahr 1929 brach die Weltwirtschaftskrise aus, und nur dreißig der über hundert geplanten Stockwerke wurden gebaut. Die Lobby im Erdgeschoss, in der sich die Restaurants befanden, war also unverschämt groß, schließlich war sie für ein dreimal so großes Gebäude gedacht.

Bei Tabla war dieser vertikale Raum in zwei Ebenen geteilt worden. Aber das Eleven Madison Park war auf Wirkung ausgelegt; dort blieben die Decken hoch.

Das Wort, auf das ich immer wieder zurückkomme, wenn ich den EMP-Speisesaal beschreibe, ist *bemerkenswert*. Man kann es auch anders sagen: Wenn man den Raum zum ersten Mal betritt, fällt einem die Kinnlade runter.

Die Dimensionen sind atemberaubend – über zehn Meter hohe Decken, Terrazzoböden, die sich endlos vor einem ausbreiten, und massive, zwei Stockwerke hohe Fenster mit Blick auf den Madison Square Park. Man überschreitet die Schwelle und hat das Gefühl, eine Zeitreise in die vibrierende New Yorker Vergangenheit zu machen, an einen Ort, in dem der Geist einer verlorenen Zeit noch lebendig ist. Ein Raum wie dieser wird nicht – und kann nicht – in unserer Zeit neu geschaffen werden; nichts dergleichen wird jemals wieder gebaut werden.

Danny hatte dort eine erfolgreiche Brasserie aufgebaut, die Art von quirligem, geselligem französischen Restaurant, in dem man sicher sein konnte, dass der Martini eiskalt und das *Steak frites* köstlich sein würde. Er hatte den Raum mit schwarzen Lederbänken ausgestattet und den Künstler Stephen Hannock beauftragt, ein riesiges Werk für die Rückwand zu schaffen. Üppige Blumenarrangements schmückten die beiden Speisesäle, in denen die Kellner und

Kellnerinnen mit klassisch robusten Tellern mit *Côte de bœuf* und anderen französischen Gerichten hin- und hereilten.

Die Leute liebten diese Version des Eleven Madison Park, aber Danny hatte immer das Gefühl, dass der Raum nicht mit dem Zweck übereinstimmte, den er ihm gegeben hatte. Auch die Gäste spürten das. Sie reservierten Tische, um wichtige Jubiläen und Geburtstage zu feiern; sie brachten Verlobungsringe mit und machten Heiratsanträge. Was seltsam war, denn zu der Zeit war EMP eigentlich kein Restaurant für besondere Anlässe. Aber es fühlte sich so an. Die Pracht des Raumes und die überwältigende Atmosphäre verlangten es eher, sich schick zu machen und etwas zu feiern, anstatt einen Burger zu bestellen.

EMP wurde 1998 mit einer Zweisternebewertung von *The New York Times* eröffnet. Nach einer weiteren durchwachsenen Zweisternebewertung im Jahr 2006 machte sich Danny daran, in Ordnung zu bringen, was ihn schon seit Langem gestört hatte. Er bat Richard Coraine, im Land herumzureisen, um einen Küchenchef zu finden, dessen Gerichte diesem spektakulären Raum gerecht wurden.

Daniel Humm war erst 29, aber er hatte mit 14 angefangen, in den besten Schweizer Hotels und Restaurants zu kochen, und im Alter von 24 seinen ersten Michelin-Stern erhalten. Seine Kochkünste im Campton Place brachten dem Restaurant vier Sterne im *San Francisco Chronicle* ein, in einer Rezension, die von seiner zeitgemäßen Interpretation der technikorientierten europäischen Küche schwärmte.

Angeblich hatte Richard nicht einmal sein Essen im Campton Place beendet, bevor er nach draußen ging, um Danny anzurufen: »Ich glaube, ich habe unseren Mann gefunden.«

Mit Daniel gelang dem EMP ein Volltreffer – das Essen war hervorragend und wurde jeden Tag besser. Nur das Gesamtbild des

Restaurants war nicht stimmig. Der General Manager war von einer anderen Restaurantgruppe eingestellt worden, und sein Ansatz passte nicht zu den Mitarbeitern, dem neuen Küchenchef oder der Kultur der Union Square Hospitality Group. Nach ein paar Monaten ging Daniel auf Danny zu und teilte ihm mit, seiner Meinung nach brauche das Restaurant einen neuen Geschäftsführer.

Danny war einverstanden, solang die neue Person aus dem Unternehmen kam.

Daraufhin sagte Daniel: »Okay. Was ist mit Will?«

Wir beide kannten uns nicht wirklich, aber jede Woche trafen sich die General Manager und Küchenchefs der USHG am großen Tisch im Sitzungssaal des Büros am Union Square. Am Ende des Treffens erzählte jeder von seinen Lieblingsprojekten, und obwohl ich der Jüngste im Raum war, war ich so begeistert von allem, was wir im MoMA taten, dass ich mehr redete als alle anderen Anwesenden: »Leute, wir haben diese geniale mattschwarze BUNN-Kaffeemaschine!« »Ich veranstalte einen firmenweiten Wettbewerb um den besten Barista. Schickt euer Team, denn ich habe ein Kaffeeunternehmen davon überzeugt, als Hauptgewinn eine Reise nach Italien zu stiften!« »Ich muss euch unbedingt von diesem Gelato-Wagen erzählen, im Ernst, habt ihr je etwas gesehen, das so perfekt ist wie dieser kleine blaue Löffel?«

Daniel war wahrscheinlich irritiert, wie viel ich in diesen Sitzungen plapperte, aber da war diese Leidenschaft, die ihm das Gefühl gab, dass ich für die bevorstehende Aufgabe der Richtige sein könnte.

Dannys Angebot überrumpelte mich – und ich war nicht sofort begeistert. Die gehobene Küche war eigentlich nicht meine Sache, und er wollte mich in dem Restaurant einsetzen, das er zum besten Nobelrestaurant des Unternehmens machen wollte?

Ich rief meinen Vater an.

»Ich bin mir damit nicht sicher«, sagte ich ihm. »Egal wie genial ein Chefkoch ist, ich möchte nicht für ihn arbeiten. Es muss eine Partnerschaft sein: Ich kann nicht mit jemandem zusammenarbeiten, der nicht zu schätzen weiß, was im Speisesaal abläuft.«

Mein Vater pflegte zu sagen: »**Lauf auf das zu, was du willst, und nicht vor dem weg, was du nicht willst.**« Also fragte er mich geradeheraus: »Was ist dein Traumjob?«

Die Antwort darauf wusste ich sofort. »Ich möchte das Shake Shack leiten.« Damals gab es nur eins, aber ich war besessen davon. Mir gefielen das Konzept und das Essen. (Shack Burger, dazu Cheese Fries mit Käse und eine Cola. Ich bin immer noch besessen von Shake Shack.)

Mein Vater sagte: »Du arbeitest gern für die Union Square Hospitality Group. Willst du mit diesem Unternehmen wachsen?«

Das wollte ich.

»Wenn du willst, dass sie für dich da sind, wenn du sie brauchst, dann musst du für sie da sein, wenn sie dich brauchen.«

Ich ging zurück zu Danny und machte ihm einen Vorschlag. »Ich werde für ein Jahr Geschäftsführer des Eleven Madison Park – wenn ich am Ende dieses Jahres bei Shake Shack arbeiten darf.«

Er war einverstanden.

Gemeinsam Entscheidungen treffen

Der nächste Schritt war ein Treffen zwischen Daniel und mir, das mich ziemlich nervös machte. Dass ich vor der gehobenen Küche davonlief, war in der Überheblichkeit eines Küchenchefs begründet. Und meine Erfahrung war kein Einzelfall: In dieser Welt schien es eine eigentümliche Kluft zwischen den Menschen zu geben, die das Essen zubereiten, und denen, die es servieren. Wir gehörten zwar alle zum selben Team, aber es fühlte sich meistens nicht so an. Es war wie ein Tauziehen – und in der gehobenen Gastronomie war der Sieger in der Regel der Chefkoch. Wenn ich zum Eleven Madison Park gehen wollte, musste ich sicher sein können, dass Daniel bereit für eine neue Art der Partnerschaft war.

Wir trafen uns im Crispo, einem lebhaften italienischen Restaurant in der Fourteenth Street, wo wir unsere gemeinsame Liebe zu Pasta und Barolo entdeckten. Es gab einige Ähnlichkeiten zwischen uns. Ich hatte in Restaurants gearbeitet, seit ich 14 war, er auch. Wir waren beide Perfektionisten, leidenschaftlich in dem, was wir taten, und extrem ehrgeizig.

Es gab auch einige große Unterschiede. Daniel war in Europa groß geworden, wo er in sehr klassischen Restaurants mit drei Michelin-Sternen gearbeitet hatte, während ich bei Restaurant Associates begehbare Kühlschränke inventarisiert und bei Danny Meyer eine wärmere, entspanntere Form der Gastfreundschaft kennengelernt hatte. Unser Blick auf die Welt unterschied sich dementsprechend – insbesondere auf die Welt der Gastronomie. Letztlich waren wir jedoch der Meinung, dass sich unsere Unterschiede ergänzen würden.

Wir beendeten den Abend in einer dominikanischen Bar, zwei Türen weiter vom Crispo, und tranken bis spät in die Nacht. Dort erzählte ich Daniel, warum ich mich mit gehobener Küche so unwohl fühlte.

»Ich setze auf Gastfreundschaft«, sagte ich ihm. »Ich möchte die Menschen glücklich machen. Und ich möchte nicht mein ganzes Leben damit verbringen müssen, dich davon zu überzeugen, dass mein Job genauso wichtig ist wie deiner. Wenn es keine Partnerschaft ist, also wenn das, was im Speisesaal passiert, nicht genauso wichtig ist wie das, was in der Küche passiert, dann möchte ich diesen Weg lieber gar nicht erst einschlagen.«

Eine offenere Kommunikation zwischen Küche und Speisesaal erschien auch Daniel sinnvoll. Er hatte in einem europäischen Restaurant gearbeitet, in dem das Küchenteam den Speisesaal überhaupt nicht betreten durfte. Ein anderer installierte ein Plexiglasfenster über dem Pass (dem Bereich in der Küche, in dem die Speisen angerichtet und fertiggestellt werden, bevor sie in den Speisesaal gebracht werden), sodass das Serviceteam nicht mit den Mitarbeitern in der Küche sprechen konnte; stattdessen kommunizierten sie über Notizen.

Das war ein starkes Stück. Das Küchenpersonal sieht, anders als die Kellner und Runner, nicht die Gesichter der Gäste vor Vorfreude und Wertschätzung aufleuchten, wenn das Essen auf den Tisch kommt; sie sehen nicht, wie ein Gast vor Freude über den ersten perfekten Bissen fast in Ohnmacht fällt. Ein Chefkoch sollte nicht an den Tellern, die zur Spülstation zurückkommen, ablesen müssen, ob sein Essen geschmeckt hat.

Als Daniel und ich uns an diesem Abend trennten, hatten wir eine Entscheidung getroffen, die den Weg unseres Unternehmens in Zukunft bestimmen sollte: Wir hatten beschlossen, dass wir ein von beiden Seiten des Passes geführtes Restaurant sein würden.

Ein von der Küche geführtes Restaurant würde immer zugunsten des Essens entscheiden, ein vom Gastronomen geführtes immer zugunsten des Service. Aber wenn wir gemeinsam Entscheidungen treffen müssten, so beschlossen wir, würden wir uns für das entscheiden, was für das Restaurant als Ganzes am besten war.

KAPITEL 7

ERWARTUNGEN FESTLEGEN

»Das Viersternerestaurant für die nächste Generation werden.« Das war unser erstes Mission Statement im Eleven Madison Park, das Daniel und ich wie selbstverständlich bei den ersten Bieren in der dominikanischen Bar und an vielen bierseligen Abenden danach entwickelten.

Damals war die gehobene Gastro-Szene in New York im Umbruch. Viele der klassischen, weiß gedeckten New Yorker Restaurants der alten Schule wie Lutèce und La Caravelle hatten geschlossen; die Leute, vor allem die jüngeren, wollten diese Art steifer Förmlichkeit nicht mehr.

Einige Spitzenrestaurants florierten, aber selbst die, die wir mochten, wie Jean-Georges und Daniel, Per Se und Le Bernardin, waren im Besitz und unter der Leitung von Leuten, die etwa zwanzig Jahre älter waren als wir. Diese Restaurants hatten zwar Legionen von treuen Stammgästen, waren aber keine Avantgarde, sondern Urgesteine. So beliebt sie auch waren – das Hot Topic waren sie nicht.

Daniel und ich waren hingegen in unseren Zwanzigern, und Leute in unserem Alter wollten Orte, die als lässig und zwanglos galten. Die

Pasta im Babbo war tadellos, und man speiste zu *Led Zeppelin IV* auf voller Lautstärke. In der Ssäm Bar war das Erste, was man sah, ein lebensgroßes Foto des angriffslustigen Tennisspielers John McEnroe, und dieses Foto war die einzige Dekoration im ganzen Raum. Der Essbereich im Prune hatte die Größe eines New Yorker Wohnzimmers, die offene Küche war so nah, dass ein Koch dir über den Pass eine Schale Oliven auf den Tisch stellen konnte. Und die präzisesten und innovativsten Cocktails der Welt gab es in einem Speakeasy, das man durch eine Telefonzelle in einem Hotdog-Laden im East Village betrat.

Diese Lokale ebneten den Weg für das, was nur wenige Jahre später folgen sollte: Kung Pao Pastrami beim Mission Chinese und der Cheezus Christ Pie bei Roberta's, in einem kaum umgebauten ehemaligen Lagerhaus in Bushwick, mit Betonböden und Graffiti an den Wänden. Diese Restaurants servierten das beste Essen, das die Vereinigten Staaten zu bieten hatten, und veränderten die amerikanische Küche grundlegend. Die Besitzer gaben ihr Geld für Zutaten aus, nicht für ausgefallene Gläser, und die Kellner, die sie einstellten, waren eher gepierct und tätowiert als französisch und im Smoking.

Aber so wunderbar das Essen an diesen Orten auch war, die Gastfreundschaft ließ zu wünschen übrig. Das Bossam im Momofuku war eine stundenlang gekochte Schweineschulter, die man am Tisch mit Austern in Salat wickelte – zweifellos eines der köstlichsten Gerichte, die man in New York bekommen konnte. Aber das Restaurant nahm keine Reservierungen an, und in dem überfüllten Lokal gab es keinen Bereich, wo man hätte warten können. Wenn man also dieses langsam gegarte Schweinefleisch probieren wollte, musste man unter Umständen eine Stunde lang draußen in der Februarkälte mit den Füßen scharren. Und selbst wenn man endlich einen Platz am Tisch bekam, saß man auf einem Hocker aus Sperrholz ohne Kissen und Rückenlehne.

Daniel und ich hatten die Vision eines gehobenen Restaurants, in dem wir uns amüsieren konnten, ohne das Gefühl zu haben, dass uns ein Erwachsener auf die Finger klopft, wenn wir nicht aufrecht sitzen. Aber wir wollten es, ohne auf die außergewöhnlichen Annehmlichkeiten und die glorreichen Traditionen des Service zu verzichten, die einen Besuch in einem Spitzenrestaurant so unvergesslich und besonders machen. Wir wollten die Sorgfalt und Aufmerksamkeit, ganz zu schweigen von der Exzellenz und dem Luxus klassischer Viersternelokale mit den Überraschungen und dem Vergnügen von eher zwanglosen Restaurants verbinden.

Wir wollten die Spitzengastronomie cool machen.

Das war jedenfalls unser Traum. In Wirklichkeit hatten wir noch einen weiten Weg vor uns.

Das Gelände erkunden

Sie sollten nie eine Gelegenheit verpassen, vor Ihrem ersten Arbeitstag Informationen zu sammeln.

Zum Glück hatte ich bei EMP bereits einen hervorragenden Spähtrupp vor Ort. Sam Lipp, ein Enthusiast mit einer unübertroffenen Leidenschaft dafür, Menschen glücklich zu machen, war einige Monate zuvor zusammen mit unserer Kollegin Laura Wagstaff zu EMP gewechselt; die beiden gehörten zu meinen besten Managern im MoMA. Bevor ich also im EMP anfing, lud ich Laura auf einen Drink ein.

Laura ist eine unermüdliche Macherin, eine brillante Problemlöserin und eine unermüdliche Verteidigerin der Menschen, die für sie arbeiten. Deshalb bin ich nie glücklicher, als wenn sie mir Ratschläge gibt. Laura ist es, die mir sagt, wenn ein Mitarbeiter ein wenig

Aufmerksamkeit braucht, wenn ich es übertreibe und wenn ich mich verzettele. Sie ist diejenige, die mir auf die Schulter tippt und sagt: »Hey, das muss noch ein bisschen verfeinert werden« oder »Du musst dich ein bisschen entspannen«. (Falls es noch nicht klar ist: Ich finde, jede Führungskraft sollte eine Laura haben, jemand, dem es nichts ausmacht, Ihnen zu sagen, wenn Sie sich danebenbenehmen).

Was noch gut an Laura ist? Sie beschwert sich nie. Niemals. Als sie also kopfschüttelnd über ihren Cocktail sagte, dass das, was bei EMP passierte, übel war, wusste ich, dass es wirklich übel war.

Oder, in ihren Worten: »übel, übel«.

Das erste Problem sei, dass sich unter den dort Beschäftigten zwei Lager gebildet hätten.

Das erste bestand aus der alten Garde, den Kellnern und Managern, die schon seit Jahren im Restaurant arbeiteten. In den ersten Jahren hatte das EMP nur zwei Sterne, aber es war ein beliebtes, gut besuchtes Restaurant mit einer Menge treuer Stammgäste, sodass ein Kellner dort gut verdienen konnte. Und der Service-Stil passte zum Essen – er war freundlich und entspannt, ohne viel Wert auf Präzision oder Finesse zu legen.

Das andere Lager bestand aus den Leuten, die wie Daniel aus der Spitzengastronomie kamen. Sie kamen von renommierten Restaurants aus dem ganzen Land und wussten, dass EMP zu etwas Besonderem werden konnte. Leider gelang es ihnen nicht, das vorhandene Personal an ihren Service-Stil zu gewöhnen, oder denjenigen, die für diese Art von Service nicht geeignet waren, zu helfen, einen anderen Arbeitsplatz zu finden. Sie wollten, dass alles auf ihre Art gemacht wurde – die »richtige« Art –, und ärgerten sich ständig darüber, dass nicht alle ihren hohen Ansprüchen genügten.

So fühlten sich die Kellner und Manager, die das Restaurant seit Jahren geführt hatten und stolz auf alles waren, was sie geschaffen hatten, verunsichert und nicht wertgeschätzt, während die Truppe aus der Spitzengastronomie frustriert war über den mangelnden Fortschritt in Richtung Exzellenz.

Kurzum, alle waren stinksauer.

Die Reibereien innerhalb des Teams wurden durch die Tatsache verschärft, dass das Restaurant schlecht organisiert war. Es gab zwar viele Normen, aber keine wirklichen Strukturen, um sie zu kommunizieren. Es überrascht nicht, dass dies zu vielen Unstimmigkeiten führte.

In meiner ersten Woche dort beobachtete ich, wie ein Manager des Speisesaals die Art und Weise korrigierte, in der ein Kellner ein Tablett trug. Der arme Kerl war keine zehn Schritte weitergekommen, als ein anderer Manager ihn aufhielt und ihm sagte, er solle das Tablett so halten, wie er es ursprünglich gehalten hatte. Eine kleine Unstimmigkeit, okay – aber wenn sich die Manager nicht einmal darauf einigen konnten, wie ein Tablett zu tragen war, und dies den Kellnern auch nicht mitteilen konnten, welche Hoffnung gab es dann auf lange Sicht für die Sache?

Eine Speisekarte, die jahrelang mehr oder weniger statisch war, wechselte nun ständig. Viele der Lieferanten waren besonders und neu, und die Art von Gast, die von Daniels Essen begeistert war, wollte wissen, von welchem Bauernhof im Norden des Landes der Chèvre kam und an welchen Kräutern die kleinen Ziegen im Frühling auf den Hügeln knabberten. Aber die Informationen, und die gab es haufenweise, einschließlich einer riesigen und sich schnell entwickelnden Weinkarte, flogen einem nur so um die Ohren, sodass es unmöglich war, sie zu behalten – vor allem nicht zwanzig Minuten bevor man der Begeisterung der Gäste begegnen sollte.

Außerdem hatte der Raum die gleiche Anzahl an Sitzplätzen wie zu der Zeit, als EMP *Steak frites* serviert hatte. Es ist nicht ungewöhnlich, dass selbst in Spitzenrestaurants an einem Samstagabend Hektik ausbricht, es ist sogar ein Teil dessen, was die Arbeit in einem Restaurant so interessant macht. Aber es gibt auch einen Grund, warum in einem Viersternerestaurant keine 140 Stühle stehen; das höhere Niveau bei Gerichten und Service kann in Brasserie-Mengen schlicht und einfach nicht gewährleistet werden.

Der Grundservice, der schwarz-weiße Teil, kam ins Schleudern. Die Gäste warteten über ihre Reservierungszeit hinaus und zu lange auf ihr Essen, wenn sie endlich an ihrem Tisch saßen. In den schlimmsten Nächten war die ganze Bar voll mit Leuten, denen die Geduld ausging.

An einem Wochenende gab es eine solche Diskrepanz zwischen der Anzahl der Reservierungen, die das Restaurant entgegennahm, und dem, was die Küche zubereiten konnte, dass das Team anfing, den Guns N' Roses-Song *Welcome to the Jungle* zu summen, wenn sie sich an der Kellnerstation begegneten. Sie sollten ein elegantes, anmutiges Erlebnis bieten, aber einer der Manager des Speisesaals wandte sich an Laura und sagte rundheraus: »Wir könnten genauso gut bei Denny's arbeiten.«

Da es sich um ein Danny-Meyer-Restaurant handelte, reagierte das Team schnell mit kostenlosem Champagner und überschwänglichen Entschuldigungen für die Wartezeit. Aber die Anzahl von Gläsern mit Schampus, die man einschenken oder austrinken kann, ist begrenzt. Die Leute kamen in das neue EMP, weil sie entweder Fans von Danny Meyers Restaurants waren oder weil sie viel Gutes über Daniels Essen gehört hatten. In jedem Fall gingen sie enttäuscht nach Hause. Das Restaurant machte mehr Leute wütend als glücklich.

Das Team mitnehmen

Es gibt einen faszinierenden und möglicherweise unterschätzten Aspekt bei Unternehmen mit einer starken Kultur: Für einen Mitarbeiter, der dort geprägt wurde, fühlt sich jede andere Art, Dinge zu tun, einfach falsch an.

Und falsch fühlte sich auch EMP an, als ich am ersten Tag dort anfing.

Rückblickend kann ich jetzt genau erläutern, was schiefgelaufen war, und Ihnen aufzählen, was ich tat, um es zu korrigieren. In der heroischen Version dieser Geschichte trat ich souverän auf und trug eine Reihe von inspirierenden Managementgrundsätzen vor, die das Restaurant innerhalb einer Woche veränderten.

Aber ehrlich gesagt, hat Dannys Schule – die Art, wie er mit Angestellten und Gästen umging – mich derart geprägt, dass ich in den ersten Monaten allein nach meinem Instinkt gehandelt habe.

Vor allem musste das Team mitgenommen werden. Sie brauchten das Gefühl, gesehen und geschätzt zu werden. Die Erwartungen mussten klar dargelegt und erläutert werden. Sie brauchten Disziplin, um konsequent zu sein. Sie sollten das Gefühl haben, ein wesentlicher und wichtiger Bestandteil eines aufregenden Wandels zu sein, nicht ein Hindernis für dessen Verwirklichung.

Aus Sicht des Managements mussten wir zu den Grundprinzipien zurückkehren, und erster Grundsatz bei der Union Square Hospitality Group ist es, sich umeinander zu kümmern. Die Leute, die aus der Spitzengastronomie kamen, waren nicht in der USHG groß geworden. Selbst wenn sie also in der Lage gewesen wären, den mitarbeiterzentrierten Ansatz hundertprozentig zu übernehmen, hätten ihre Bemühungen, dem Restaurant ihren Stempel aufzudrücken, sie das Grundprinzip vernachlässigen lassen. Aus diesem

Grund hatte Danny darauf bestanden, dass der nächste Geschäftsführer aus den eigenen Reihen kam; für ihn war dieser Aspekt der Unternehmenskultur nicht verhandelbar.

Um die Kluft zwischen den beiden Fraktionen zu überbrücken, musste unbedingt die Kommunikation verbessert werden. Gleichzeitig brauchten wir Praktiken, die sicherstellten, dass alle jederzeit wussten, wie sie was zu erledigen hatten.

Ich hoffte, mit diesen beiden Korrekturen dem Team Sicherheit zu geben und es dazu zu animieren, Teil unserer Vision zu werden. Um das Restaurant zu verbessern, war viel zu tun, nur hatte nichts davon irgendeinen Sinn, wenn die Angestellten nicht gern zur Arbeit kamen. Wenn es mir nicht gelänge, alle mit Herz und Verstand für das große Projekt zu gewinnen, dann war die Vision eines Vorstoßes in Richtung Exzellenz von Anfang an zum Scheitern verurteilt.

Führungspersönlichkeiten hören zu

Mir war zu Ohren gekommen, dass ein paar Jahre zuvor ein gewisser Christopher Russell mit seiner ersten Rede als Geschäftsführer im Union Square Cafe sein Team stark beeindruckt hatte. (Ich war nicht dabei, also paraphrasiere ich.)

Er sagte: »Ich freue mich unglaublich, hier zu sein; ich glaube an dieses Restaurant und habe es von Herzen gern. Ich bin mir auch über meine Aufgabe im Klaren: das Beste für das Restaurant zu tun, nicht das Beste für den Einzelnen. In den meisten Fällen wird das, was für das Restaurant am besten ist, auch das Beste für euch sein. Aber ich kann mich nur dann um euch alle kümmern, wenn das Restaurant immer an erster Stelle steht.«

Das hat mir gefallen. Es war eine äußerst selbstbewusste Demonstration von Führungsstärke, es war sowohl ein Schlachtruf als auch eine Möglichkeit, dem Team klarzumachen, was es von ihm als Führungspersönlichkeit erwarten konnte.

Ich überlegte, diesen Ansatz als Vorlage für meine eigene Rede am ersten Tag zu verwenden. Allerdings hatte Christopher vor dieser Beförderung jahrelang als Kellner und Manager im Union Square Cafe gearbeitet. Er kannte jeden Winkel des Restaurants und jeden der Anwesenden, bis hin zu deren Lieblingscocktails und den Namen ihrer Haustiere. Die Menschen vertrauten ihm. Er hatte sich das Recht verdient, diese Rede zu halten. Das hatte ich nicht.

Einer der besten Ratschläge, die ich je für den Einstieg in eine neue Organisation erhalten habe, lautet: Mach keine Arschbombe. Lass dich ins Wasser gleiten. Ich habe diesen Rat auch an die Leute in meinem eigenen Unternehmen weitergegeben: Egal wie talentiert du bist oder wie viel du beizutragen hast, nimm dir Zeit, die Organisation zu verstehen, bevor du versuchst, sie zu verändern.

Augen und Ohren vor Ort zu haben, vor allem solche, denen ich so sehr vertraute wie Laura und Sam, war ein Geschenk. Aber abgesehen von den Erkenntnissen, die sie mir vermittelt hatten, hatte ich keine Ahnung. Während ich also versucht war, eine ähnlich mitreißende Eröffnungsrede zu halten, in der ich klarstellen wollte, wohin die Reise ging, musste ich zunächst wissen, wo wir standen.

Wenn man sich in eine neue Umgebung begibt, ist einer der schwierigsten Aspekte, dass jeder eine andere Geschichte erzählt. Man muss mit allen in Verbindung treten und sich ausreichend Zeit nehmen, um festzustellen, ob diese Managerin wirklich ein schrecklicher Mensch ist oder ob sie einfach nur andere Ziele verfolgt als derjenige, der sich über sie beschwert. **Man wird nicht immer mit**

allem einverstanden sein, was man hört, aber man muss beginnen, zuzuhören.

In den ersten Monaten bei EMP gab es eine Menge Fingerzeige und Schuldzuweisungen, und ich habe nie zuvor erlebt, dass alle gleichzeitig im Unrecht und im Recht waren. Einige von der alten Garde hielten sich zwar zurück, und doch war es nicht schwer zu verstehen, warum so viele von ihnen dachten, dass die aus der Spitzengastronomie sich dringend mal entspannen mussten.

Es war jedoch nicht einmal wichtig, wer recht und unrecht hatte, denn niemand kommunizierte effektiv. Die Service-Leute redeten nicht miteinander, weil niemand mit ihnen redete, und sie hörten einander nicht zu, weil sie das Gefühl hatten, dass ihnen auch niemand zuhörte. Also verbrachte ich die ersten Wochen damit, mich mit jedem einzelnen Teammitglied zusammenzusetzen und zuzuhören.

Das war an sich schon sehr lehrreich; ich bekam eine Menge Informationen über das Restaurant, die ich sonst erst nach langer Zeit herausgefunden hätte. Diese Treffen haben mich auch gelehrt, dass die Zeit, die man investiert, sich am Ende auszahlt. Indem Sie sich mit den Menschen zusammensetzen, zeigen Sie ihnen, dass Sie sich für ihre Belange und Gefühle interessieren, was wiederum dazu führt, dass man Ihnen vertraut.

Aus diesem Grund bat ich später die Manager, sich beim Personalessen vor Restaurantöffnung nicht mehr alle auf einen Haufen zu setzen. Wenn sie sich verteilt platzierten, war das Essen eine perfekte Gelegenheit, Ideen und Perspektiven zu sammeln, die sonst vielleicht unter den Tisch fallen würden.

Die verborgenen Schätze finden

Mein Vater hatte in Vietnam seinen eigenen Zug. Er wäre der Erste, der Ihnen sagen würde, dass er nichts Besonderes war, wahrscheinlich hatte er ihn nur bekommen, weil ihn sonst keiner wollte.

In dem Zug gab es einen Mann mit Spitznamen Kentucky, nach seinem Heimatstaat. Kentucky war faul und nicht gut in Form; die Koordination zwischen Hand und Augen funktionierte nicht, und er war ein miserabler Schütze. Er war auch nicht gerade der Hellste; in den ersten Tagen, so mein Vater, war er sich nicht sicher, ob Kentucky überhaupt zu irgendetwas taugte.

Mein Vater nutzte seine anfängliche Frustration, um das Team besser kennenzulernen. Im Gespräch mit Kentucky erfuhr er, dass der Junge sein ganzes Leben in den dichten, tiefen Wäldern des ländlichen Südens verbracht hatte, wodurch er einen außergewöhnlich guten Orientierungssinn entwickelt hatte. Egal wie dunkel es im vietnamesischen Dschungel war, egal wie dicht das Laub oder wie unübersichtlich das Gelände war, Kentucky fand immer den richtigen Weg – in krassem Gegensatz zu meinem Vater und all den anderen Stadtmenschen, die zum ersten Mal solchen Bedingungen ausgesetzt waren.

Also versetzte mein Vater Kentucky aus der Mitte der Truppe, wo er zur Schadensbegrenzung eingesetzt war, in die erste Reihe, wo er während der ganzen Tour glänzte. Indem er ihn kennenlernte, machte mein Vater aus einem der schwächsten Kerle des Zuges einen der stärksten.

Im Geschäftsleben, so sagte er mir, sucht man sich sein Team aus; selbst wenn man es erbt, entscheidet man, ob man weiter zusammenarbeiten will oder nicht. Im Krieg wird einem seine Mannschaft zugewiesen, man kann niemanden entlassen, und viele wollen nicht einmal dort sein. Und die Folgen einer Fehlentscheidung in

Vietnam waren wesentlich schwerwiegender als ein Teller mit Essen, der vor dem falschen Gast landet.

Die Aufgabe einer Führungskraft besteht darin, die Stärken der Menschen in ihrem Team zu erkennen, ganz gleich wie verschüttet diese Stärken auch sein mögen.

Daran habe ich oft gedacht, wenn ich mich mit dem Team bei EMP zusammensetzte. Es war verlockend, jeden auszusortieren, der den Ruf hatte, ein weniger glänzender Mitarbeiter zu sein; schließlich mussten einige Leute entlassen werden. Zunächst musste ich jedoch sicherstellen, dass sich hinter der minderwertigen Leistung einer Person nicht eine versteckte Fähigkeit verbarg.

Eliazar Cervantes hatte Probleme in seiner Funktion als Food Runner; seine Vorgesetzten beschwerten sich wiederholt, dass ihm alles egal sei. Was in gewisser Weise stimmte, denn Eliazar war nicht besonders daran interessiert, etwas über die Speisen zu erfahren. Natürlich konnte er sich nicht merken, wie alt der Balsamicoessig war; es war nicht seine Leidenschaft.

Nachdem ich etwas Zeit mit ihm verbracht hatte, entdeckte ich etwas an ihm, das bisher nicht ans Licht gekommen war. Er war unglaublich gut organisiert und eine natürliche Führungspersönlichkeit, ein Mensch, dem es leichtfiel, Autorität auszuüben, und der das Steuer fest in der Hand hatte, selbst wenn es so aussah, als ob das ganze Unternehmen aus den Fugen geraten war. Die Lösung bestand nicht darin, ihn zu tadeln oder zu entlassen, sondern ihm eine andere Rolle zu geben.

Eliazar wurde Annoncier in der Küche. Der Annoncier ist die Person, die den Köchen sagt, wann sie mit der Zubereitung der Speisen beginnen sollen, und dafür sorgt, dass jedes Gericht rechtzeitig zur richtigen Person am richtigen Tisch gelangt. Ein guter Annoncier weiß genau, was ein Tisch bestellt hat, wie weit er mit welchem

Gang ist und wie lang die Vorspeisen brauchen, bis sie servierbereit sind. In einem Restaurant wie EMP müsste er jederzeit dreißig verschiedene Tische im Kopf haben.

Mit anderen Worten: Der Annoncier dirigiert jeden Abend eine Sinfonie und sorgt dafür, dass die Flugzeuge nicht in der Luft zusammenstoßen. Es ist eine der wichtigsten Aufgaben in jedem Restaurant, aber auch eine der schwierigsten.

Und Eliazar dabei zuzusehen, war, als würde man jemanden in drei Dimensionen Schach spielen sehen. Nachdem er von einer Position ohne organisatorische Komponente oder Führungsqualitäten in eine Position gewechselt war, die von diesen Fähigkeiten abhing, konnte Eliazar jetzt glänzen, und das ganze Restaurant erkannte sein Genie.

Er war jahrelang ein brillanter Chefannoncier im Eleven Madison Park und wurde zu einem wesentlichen Bestandteil unseres Erfolges. Es war ein wichtiger Schritt, seine verborgenen Talente und die der anderen Teammitglieder zu entdecken. Die Teile fügten sich allmählich zusammen.

Gefühle aus der Kritik heraushalten

Kennen Sie das, wenn einer Ihrer Freunde nicht mehr verliebt ist, sich aber nicht dazu aufraffen kann, mit seinem Partner darüber zu sprechen, warum die Beziehung nicht mehr funktioniert? Also benehmen sie sich stattdessen wie Idioten, in der Hoffnung, dass die andere Person die Nase voll hat und die Beziehung beendet. Im vorherigen EMP-Regiment gab es, was das Management betrifft, eine Menge von der Sorte.

Also ließ ich das Team wissen, dass ich keine Angst vor schwierigen Gesprächen habe, schwierige Themen anzusprechen oder anzuhören.

Der nützlichste Kurs, den ich in Cornell belegte, war Spanisch, und der zweitwichtigste war der, in dem ich Excel lernte. Aber ich muss auch einen Kurs mit dem Titel »Organizational Behavior« erwähnen, vor allem weil wir in diesem Kurs »The One Minute Manager« (Der Minuten-Manager) von Ken Blanchard und Spencer Johnson lasen.

Ich gebe »The One Minute Manager« immer noch an alle weiter, die von mir befördert werden. Es ist eine erstaunliche Lektüre, vor allem wenn es darum geht, wie man Feedback gibt. Meine wichtigsten Erkenntnisse waren: **Kritisieren Sie das Verhalten, nicht die Person. Loben Sie in der Öffentlichkeit, kritisieren Sie unter vier Augen. Loben Sie gefühlvoll, halten Sie die Emotionen aus der Kritik heraus.**

Wenn jemand, der für mich arbeitete, eine Aufgabe gut erledigte, fand ich immer einen Weg, ihn dafür zu loben, und zwar vor so vielen Kollegen wie möglich. Lob, vor allem vor Kollegen, macht süchtig. Man will immer mehr.

Um sicherzustellen, dies konsequent einzuhalten, erfanden wir den monatlichen *Made Nice Award*, bei dem das gesamte Managementteam eine Person aus der Küche und eine Person aus dem Speisesaal wählte, die Überdurchschnittliches geleistet hatte – sei es gegenüber einem Gast oder den Kollegen.

Inspiriert wurde dies von den Auszeichnungen für den Mitarbeiter des Monats, wie man sie zum Beispiel bei McDonald's findet. Diese ungeliebten Auszeichnungen hängen oft in einem speckigen Rahmen an der Klotür und sind seit vier Monaten nicht mehr aktuell. Aber es hat auch etwas für sich, dem Lob einen geordneten Rhythmus zu geben.

Wir haben den *Made Nice Award* mit dem Bild des Mitarbeiters über der Stechuhr angebracht, wo er die Anerkennung seiner Kollegen genießen kann. Wir haben den Ausgezeichneten auch einen Hundert-Dollar-Geschenkgutschein für das Restaurant überreicht, sodass sie ihren Freunden und ihrer Familie zeigen konnten, wo sie arbeiteten.

Bei der Kritik waren wir ebenso sorgfältig wie beim Lob. Ich bat die Mitarbeiter, auf mich zuzukommen, wenn sie Verbesserungsvorschläge hatten, und zwar lange bevor ihre Frustration den Siedepunkt erreichte. In ähnlicher Weise habe ich die Manager ermutigt, ihre eigenen Probleme sofort mit dem Team anzusprechen – bevor sich das Problem verfestigte und emotional auflud.

Wenn junge Manager die Zügel der Macht in die Hand nehmen (und die meisten Manager in unserer Branche sind jung, wenn sie anfangen, weil man so wenig Geld verdient), wollen sie gemocht werden. Sie arbeiten 14 Stunden am Tag mit Menschen zusammen, und oft gehen sie nach der Arbeit noch etwas trinken; da ist es normal, dass man als Teil der Gruppe anerkannt werden will.

Wenn also ein Kellner in einem ungebügelten Hemd auftaucht, lässt man den kleinen Verstoß durchgehen, um ein freundliches Umfeld zu schaffen, sowohl für den betreffenden Kellner als auch, seien wir ehrlich, für sich selbst. Man sagt nichts. Und man sagt auch nichts, wenn man am nächsten Tag feststellt, dass das Hemd wieder nicht gebügelt ist, und am Tag darauf auch nicht.

Am zwanzigsten Tag fängt man an, die Falten persönlich zu nehmen. In Wirklichkeit hat dieser Mann sein Hemd nicht gebügelt, weil ihm niemand gesagt hat, dass er es tun soll. Aber in Ihrer Vorstellung bügelt er sein Hemd nicht, weil er Sie als Manager, das Restaurant, in dem er arbeitet, oder die anderen Mitglieder seines Teams nicht ernst nimmt. Das schlampige Hemd ist für Sie zu einem roten Tuch geworden: Dieser Typ interessiert sich nicht im Geringsten für das, was Sie aufzubauen versuchen.

Ihr Ärger gärt vor sich hin, und wenn Sie sich endlich dazu entschließen, den Mitarbeiter auf das Problem mit dem ungebügelten Hemd anzusprechen, ist es bereits etwas Persönliches – und damit emotionsbehaftet. Spoiler-Alarm: Das Gespräch wird nicht gut laufen.

In unseren Managersitzungen haben wir darüber gesprochen, wie wir solche Momente vermeiden. Viele dieser Konfrontationen können durch frühzeitige und klare Hinweise, frei von jedem Drama, vermieden werden, wie zum Beispiel den Kerl mit dem zerknitterten Hemd am ersten Tag beiseitezunehmen und zu sagen: »Hey! Schön, dich heute Morgen zu sehen. Das Hemd sieht ein bisschen unordentlich aus; warum gehst du nicht vor dem Mitarbeiteressen noch mal mit dem Bügeleisen drüber?«

Jeder Manager lebt mit der Vorstellung, dass sein Team Gedanken lesen kann. Aber in Wirklichkeit müssen Sie Ihre Erwartungen deutlich machen. Und Ihr Team kann keine Spitzenleistungen erbringen, wenn Sie es nicht für die Einhaltung der von Ihnen festgelegten Standards zur Verantwortung ziehen. Derartige Korrekturen werden normalisiert, indem man sie sofort vornimmt, wenn sie angebracht sind – und zwar kurz und schmerzlos.

Achten Sie auch darauf, Korrekturen stets unter vier Augen zu kommunizieren. Ich spüre noch immer die Scham- und Schreckensröte, die mir ins Gesicht stieg, als ich im Speisesaal vom Chefkoch des Spago angeschrien wurde; das werde ich nie vergessen. Und obwohl es eine schreckliche Erfahrung war, war es auch ein privilegierter Blick auf einen Fehler, den ich selbst nie machen wollte.

Wenn Sie einen Mitarbeiter vor seinen Kollegen zurechtweisen, wird er Ihnen das nie verzeihen. Die Mauer aus Scham, die sich aufbaut, kann sogar dazu führen, dass Ihre Nachricht überhaupt nicht zu der betreffenden Person durchdringt. Wenn Sie einen Fehler jedoch unter vier Augen kommunizieren, sieht die Sache ganz anders aus.

Ob Kritik oder Lob, es ist die Aufgabe einer Führungskraft, ihrem Team ständig Feedback zu geben. Aber jede Person im Team sollte mehr darüber hören, was sie gut gemacht hat, als darüber, was sie noch besser machen kann, sonst fühlt sie sich entkräftet und unmotiviert. Und wenn die Kritik das Lob stetig überwiegt, ist das ein Führungsfehler, denn entweder Sie haben diese Person nicht ausreichend gecoacht, oder Sie haben es versucht und es hat nicht funktioniert, dann sollte die Person nicht mehr Teil des Teams sein.

Diese Regeln geben einem Team Sicherheit, vor allem wenn man sie konsequent praktiziert. Kohärenz ist einer der wichtigsten und am meisten unterschätzten Aspekte der Führungsrolle. Eine Person kann sich am Arbeitsplatz nicht sicher fühlen, wenn sie nicht weiß, welche Version ihres Vorgesetzten sie an einem bestimmten Tag antreffen wird. Als Chef müssen Sie ruhig bleiben und Ihre Launen kontrollieren, damit Sie den morgendlichen Streit mit Ihrem Ehepartner nicht an einem Kellner mit zerknittertem Hemd auslassen.

Dies ist der Idealfall – aber seien wir ehrlich: Hin und wieder werden Sie auch Mist bauen. Und dann entschuldigen Sie sich. **Wenn man seinen Job mit Leidenschaft macht, neigt man zu einer Intensität, die einen manchmal überrumpeln kann. Ich habe bestimmt das eine oder andere Mal meiner Verzweiflung und Enttäuschung über einen Mitarbeiterfehler auf eine Art und Weise Ausdruck verliehen, die nicht gerade lehrbuchmäßig war. Aber**

jedes Mal habe ich mich dafür entschuldigt – nicht für das Feedback selbst, sondern für die Art und Weise, in der ich mich ausgedrückt habe.

Dreißig Minuten am Tag können eine Kultur verändern

Trotz dieses rührseligen Geredes über Zuhören und Lernen bin ich im Grunde meines Herzens ein Fan klarer Strukturen. Und im Jahr 2006 brauchte EMP dringend Struktur.

Wenn ich eine Veränderung herbeiführen will, suche ich nach dem besten Hebel, um die größte Kraft mit dem geringsten Energieaufwand zu übertragen. Und es gibt keinen besseren Hebel als eine tägliche Teambesprechung.

Die meisten Restaurants halten täglich eine Besprechung ab, bevor der Service-Betrieb beginnt. Man nennt das Line-up oder Pre-Meal, die Gelegenheit, neue Menüpunkte, neue Weine und neue Service-Schritte vorzustellen und zu besprechen.

Aber es kann viel, viel mehr sein als das: **Eine täglich stattfindende dreißigminütige Besprechung macht aus einer Ansammlung von Einzelpersonen ein Team.** Wenn in jeder Zahnarztpraxis, jeder Versicherungsgesellschaft, jedem Umzugsunternehmen eine tägliche dreißigminütige Teambesprechung abgehalten würde, dann würde sich der Kundenservice grundlegend ändern.

Bei EMP war die Art und Weise, wie wir unsere Pre-Meal-Meetings durchführten, mindestens so tonangebend wie das, was wir in ihnen kommunizierten. Es bestand Anwesenheitspflicht. Die Sitzungen begannen pünktlich um fünf nach elf und dauerten genau dreißig Minuten. Im ersten Jahr leitete ich jede einzelne Sitzung selbst, denn das Team sollte mich sehen und wissen, dass ich für alle erreichbar und verantwortlich bin, und zwar auf kohärente Art und Weise, indem ich genau das tat, was ich angekündigt hatte, und zwar genau zu dem vorgesehenen Zeitpunkt.

In der vorherigen Generation ging es beim Pre-Meal ausschließlich um das, was auf den Teller oder ins Glas kam: Hier die Hauptzutat, hier die Reifezeit, hier die Beilage, und so richtet man die Sauce am Tisch an.

Dieser grundlegende Informationstransfer war unglaublich wichtig, vor allem weil sich so viel veränderte. In den anderen Restaurants von Danny Meyer druckten die Manager Line-up-Merkzettel aus, die neue Menüpunkte, neue Weine und Informationen über neue Bauernhöfe und Erzeuger enthielten, sodass man das Material mitnehmen und zu Hause auswendig lernen konnte. Aber wahrscheinlich war diese Praxis bei EMP aufgrund der rasanten Veränderungen auf der Strecke geblieben.

Ich habe sie sofort wieder eingeführt: Es sollte keine Unklarheiten mehr darüber geben, was wir von den Kellnern an Wissen erwarteten. Alle Menü- und Weinbeschreibungen mussten von den Managern sorgfältig und ohne Rechtschreibfehler ausformuliert und ausgedruckt werden, damit sich die Kellner während der mündlichen Präsentationen des Küchenteams und des Sommeliers Notizen auf den Merkzetteln machen konnten.

In der ersten Woche blieb ich jede Nacht lange auf, um eine Vorlage für diese Line-up-Merkblätter zu entwerfen, damit sie nicht nur schön aussahen, sondern auch klar und gut strukturiert waren. Das war unvernünftig, aber was für eine Sache gilt, gilt für alle, und diese Merkblätter sollten so durchdacht und ansprechend sein wie die mit Lavendelhonig glasierte Dry-aged-Ente, die wir unseren

Gästen servierten. In diesem Fall waren die Mitarbeiter die Adressaten meiner Gastfreundschaft, und ich wollte mich nicht hinstellen und über Exzellenz sprechen, ohne sie selbst vorzuleben.

Wenn man es richtig macht, gibt ein Pre-Meal-Meeting den Mitarbeitern, was sie brauchen, damit sie anschließend den Gästen das geben können, was diese brauchen.

Die Kommunikation einheitlicher Standards und deren stetige Wiederholung waren wichtig; ein guter Manager stellt erst sicher, dass jeder weiß, was er zu tun hat, und überprüft dann, ob es entsprechend gemacht wurde – das ist der schwarz-weiße Part der Führungsrolle. Ein weiterer großer Teil der Führungsarbeit sollte jedoch darin bestehen, dass man sich die Zeit nimmt, seinem Team zu erklären, warum die Dinge auf eine bestimmte Weise zu tun seien. Ich nutzte also die Pre-Meal-Meetings, um auf das Warum einzugehen.

Ich sprach die Seele des Restaurants und die Kultur an, die wir aufzubauen versuchten. Ich nutzte diese Treffen, um das Team zu inspirieren und zu motivieren und es an das zu erinnern, was wir anstrebten. Diese dreißig Minuten waren auch unsere Zeit, um kleine Siege zu feiern, Zeit, um öffentlich anzuerkennen, wenn jemand im Team exzellente Arbeit leistete.

Unsere Sitzungen verliefen jeden Tag nach demselben Muster, sodass jeder genau wusste, was ihn erwartete. Wir würden mit Organisatorischem beginnen (»Donnerstag ist der letzte Tag, um Änderungen an eurer Krankenversicherung vorzunehmen; ruft Angie an, wenn ihr Fragen habt«). Dann würde ich kurz ein Thema anschneiden, das mich inspiriert hatte. Das konnte ein Artikel sein, den ich über ein anderes Unternehmen gelesen hatte, oder eine Erfahrung, die ich irgendwo gemacht hatte.

Die Inspiration konnte überall sein. Eines Tages hatte der Laden, in dem ich mir normalerweise die Haare schneiden ließ, keinen Termin frei, und so ging ich in einen klassischen New Yorker Friseursalon, mit allem Drum und Dran; mit gestreifter Barber-Pole und Kämmen, die in riesigen blauen Gläsern mit Desinfektionsmittel getränkt waren. Beim Bezahlen fragte mich der schroffe Friseur: »Was willst du?«

Ich blickte verwirrt auf; er zeigte auf drei große Flaschen, die mit Gin, Wodka und Whiskey gefüllt waren. »Whiskey!«, sagte ich grinsend, und er reichte mir einen Shot in einem winzigen Einwegbecher, wie ihn auch der Zahnarzt für die Mundspülung verwendet, bevor er mich nach draußen komplimentierte.

Ich erzählte die Geschichte an diesem Nachmittag beim Pre-Meal-Meeting. Wer, um alles in der Welt, hat sich das mit dem winzigen Schnaps ausgedacht? Es war lächerlich, irrelevant, skurril. Eine kleine Portion Großzügigkeit, wozu? Um deine Erwartungen zu übertreffen, um dich umzustimmen, vielleicht auch nur, um dir ein Lächeln ins Gesicht zu zaubern, wenn du zur Tür hinausgehst. Es war großartig, und ich wollte, dass es das Team genauso inspirierte wie mich.

Jedes Pre-Meal-Meeting begann mit einem Call-and-Response: »Fröhlichen Mittwoch!« »Fröhlichen Mittwoch!« Sie endeten auch mit einem: Ich sagte: »Guten Service!«, worauf das Personal in der Tradition der französischen Cuisine mit »Oui!« antwortete.

An der Art, wie sie »Oui!« riefen, konnte ich ablesen, ob ich ein gutes Pre-Meal-Meeting abgehalten hatte, und an diesem Tag kam das Oui aus vollem Hals.

Dreißig kostbare Minuten für die Vorbesprechung stehlen, an einem bereits vollgepackten Tag, war eine große Herausforderung, und manchmal fühlte sich mein Beharren auf diese Treffen an, als würde man die Liegestühle auf der sinkenden Titanic umstellen. Dies galt insbesondere deshalb, weil die Manager mir sofort zu verstehen gaben, dass, wenn ich die vollen dreißig Minuten für die

Besprechung in Anspruch nähme, weniger Zeit für die Vorbereitungsarbeit bliebe, die ohnehin schon in ein zu enges Zeitfenster gequetscht war.

Die Antwort war für mich einfach. »Wir sollten also einige dieser Vorbereitungsarbeiten reduzieren, um Zeit zu gewinnen.«

Um ein Team zu werden, mussten wir innehalten, tief durchatmen und miteinander kommunizieren. Wenn das bedeutete, die Servietten weniger aufwendig zu falten oder die Butterpräsentation zu vereinfachen, damit alle Zeit hatten, sich zu treffen, dann war das ein Kompromiss, den ich gern einging. Für mich stand an oberster Stelle, dass wir als Team zusammenhielten.

Ein Team zum Erfolg führen

In diesen ersten Tagen setzte ich mich mit einem Kellner zusammen, einem intelligenten, sympathischen Kerl, der eigentlich perfekt für unsere neue Mission geeignet schien. Bei unserem Treffen wirkte er jedoch erschöpft und überfordert.

Als ich fragte, was los sei, schob er mir einen riesigen Stapel Papier über den Tisch – die Notizen zur Weinkarte, die er bekommen hatte. »Ich glaube einfach nicht, dass ich das schaffe«, sagte er, und ich konnte es ihm nicht verübeln, denn auf Seite drei hatte auch ich bereits den Überblick verloren.

Erfolglose Mitarbeiter lassen sich in zwei Lager einteilen: diejenigen, die sich keine Mühe geben, und diejenigen, die das tun. Das Ergebnis mag am Ende ähnlich sein, aber beide müssen unterschiedlich behandelt werden: Man muss Himmel und Erde in Bewegung setzen, um den Menschen zu helfen, die sich Mühe geben.

Dies war einer dieser Fälle. Ja, ich wollte, dass das EMP eine der besten Weinkarten der Welt hatte, und sachkundige Kellner, die unsere Gäste durch die Karte führen konnten, aber sie in Details zu ertränken, war nicht Sinn der Sache. Die Erwartungen waren zu hoch. Wir mussten erst unser Fundament festigen, bevor wir in die Höhe bauen konnten. Wir mussten einen Gang runterschalten, um zu beschleunigen.

Später sollte dies zu einem unserer Slogans werden. Ich würde das Team daran erinnern: »Du hast viel zu tun, und an deinen Tischen müssen tausend Dinge erledigt werden. Aber nimm dir zehn Sekunden Zeit, um sicherzugehen, dass du die Bestellung richtig in den Computer eingegeben hast. Denn eine falsche Bestellung kann deinen ganzen Abend ruinieren – und den deiner Gäste! Wenn du zu schnell bist, hältst du das ganze Restaurant damit auf.«

Ich wollte auf keinen Fall die Entwicklung hin zu einem raffinierten Topservice aufhalten, tatsächlich verfolgten einige von uns, Daniel und ich eingeschlossen, hohe Ziele für das Restaurant. Wenn wir zu sehr auf der Stelle traten, hätte dieser Teil von uns das Gefühl, dass wir den Schwung nicht nutzten.

Aber wir hatten den Schwung bereits vergeudet, weil wir zu früh zu viel wollten. Wir mussten den Motor umbauen, bevor wir in den fünften Gang schalten konnten.

Also habe ich die Merkliste für das Team im Speisesaal drastisch gekürzt. Es war hilfreich, dass ich mich mit der Art der Speisen und Weine, die wir servierten, nicht besonders gut auskannte. Da ich den Stoff direkt mit meinem Team lernte, hatte ich ein besseres Gespür dafür, was wir wissen mussten und wie umfangreich diese Informationen sein konnten, ohne unverständlich zu sein.

Am Ende würden wir natürlich über sieben Mikroklimata eines bestimmten Weinberges Bescheid wissen und würden die Gäste mit

Geschichten über den Großvater des Winzers und dessen Arbeit in der französischen Résistance, die mit dem rätselhaften Bild auf dem Etikett zu tun hatte, beeindrucken können. Doch zunächst zu den Grundlagen: »Dies ist ein 2005er Chardonnay von Au Bon Climat in Kalifornien, gereift in neutraler französischer Eiche. Er ist hell und mineralisch mit einer kräftigen Säure und passt perfekt zu dem schottischen Lachs mit Daikon, jungem Lauch und Zitrusfrüchten.«

Wir haben damit begonnen, die Kellner und Kellnerinnen alle zwei Wochen einem Speisen- und Weintest zu unterziehen. Einigen Mitgliedern der alten Garde erschien das wahrscheinlich als Strafe, aber es war Teil der Entwicklung hin zu mehr Klarheit: Da wir nun deutlich kommunizierten, was alle lernen mussten, war es auch sinnvoll, dieses Wissen zu überprüfen.

Den ersten Speisen- und Weintest, den mir die Manager vorlegten, lehnte ich allerdings rundweg ab; er war viel, viel zu schwer. »Niemand wird den bestehen! Ich würde den auch nicht bestehen.« Bei diesen Tests ging es nicht darum, Menschen durchfallen zu lassen oder vorzuführen, sondern darum, sicherzustellen, dass sie souverän wussten, was sie wissen mussten. Letztendlich ist dies eine der größten Aufgaben eines Managers: dafür zu sorgen, dass Menschen, die sich anstrengen und hart arbeiten, das bekommen, was sie zum Erfolg brauchen.

Es dauerte nicht lange, bis ich endlich meine mitreißende Rede im Christopher-Russell-Stil halten konnte. Es war nicht an meinem ersten Pre-Meal-Meeting, nicht mal an meinem dreißigsten. Es war erst, als ich überzeugt war, dass alle miteinander kommunizierten und wussten, was von ihnen erwartet wurde.

»Wir werden dieses Restaurant zu einem der besten Restaurants in New York machen«, verkündete ich dem versammelten Team. »Es wird nicht einfach sein, denn es ist nie einfach, der Beste zu sein, aber wir werden versuchen, Spaß dabei zu haben. Wenn das nichts für euch ist, verstehe ich das vollkommen; wir werden versuchen, etwas Passenderes für euch zu finden. Aber wenn euch die Vorstellung, in einem der aufregendsten Restaurants in New York zu arbeiten, begeistert, dann hoffe ich, dass ihr hierbleibt, denn wir sind gerade dabei, durchzustarten.

Ich verspreche, dass ich versuchen werde, konsequent zu sein und das zu tun, was fair und richtig ist.« Dann habe ich Christopher zitiert: »Ich bin mir auch darüber im Klaren, was meine Aufgabe ist, nämlich das Beste für das Restaurant zu tun und nicht das Beste für jeden Einzelnen von euch. In den meisten Fällen wird das, was für das Restaurant am besten ist, auch das Beste für euch sein. Aber ich kann mich nur dann um euch alle kümmern, wenn das Restaurant immer an erster Stelle steht.«

Ich habe mit meinen eigenen Worten abgeschlossen: »Wir werden die Art von Ort schaffen, an dem wir selbst gern essen würden, wir werden das Viersternerestaurant für die nächste Generation. Das ist, wo wir hinwollen. Kommt ihr mit?«

KAPITEL 8

REGELN BRECHEN UND EIN TEAM AUFBAUEN

»Äh, Will? Kann ich kurz mit dir reden?«

Offenbar hatte ich etwas falsch gemacht. Als ich während einer frühen Schicht durch den Speisesaal ging, erkannte ich einen alten Stammgast aus dem Tabla. Es war schön, ihn wiederzusehen, und ich verbrachte ein paar Minuten am Tisch, um mit ihm zu plaudern.

Wenige Minuten später stand der Chef de Service vor mir, einer aus der Riege der Spitzengastronomen. »Du hast dich auf den Tisch gelehnt? Als du mit 42 gesprochen hast? Das ist ein wirkliches Tabu in der Spitzengastronomie. Wir legen unsere Hände nicht auf den Tisch. Niemals.« Ich hatte Mitleid mit dem Mann: Es ist unangenehm, jemanden anzuschreien, wenn diese Person gleichzeitig dein Chef ist.

»Wieso?« Ich wollte kein Arsch sein, sondern war wirklich neugierig.

Ich dachte, sein Kopf würde explodieren. »Es ist eine klassische Regel der gehobenen Gastronomie, dass man den Tisch nicht anfasst.«

»Aber warum?«

»Ich weiß nicht, warum, wir tun es einfach nicht. Das tun wir einfach nicht.«

Es war ein kleiner, peinlicher Moment in einer Zeit voller peinlicher Momente. Aber für mich war dieser Moment von überragender Bedeutung und bestimmte meine Herangehensweise, wie wir von da an weitermachten.

Bevor ich bei EMP anfing, hatte ich eine kurze Ausbildung im Modern absolviert, dem damals nobelsten Restaurant in Dannys Unternehmen. Es war unangenehm. Ich kannte viele der Mitarbeiter dort, aber ich war immer der lockere Café-Typ gewesen, und sie machten sich nicht die Mühe, ihre Skepsis gegenüber meiner neuen Rolle im Eleven Madison Park zu verbergen. Einer der altgedienten Manager ging so weit, mich zu fragen: »Warum glaubst du, dass du dort erfolgreich sein wirst? Du hast noch nicht einmal in einem Viersternerestaurant gearbeitet.« Sie meinten es nicht böse; angesichts meines Hintergrunds und meiner erklärten Interessen war ich auf den ersten Blick keine selbstverständliche Besetzung.

Im Laufe der Jahre habe ich jedoch erkannt, dass meine Unerfahrenheit in der Viersternegastronomie keine Schwäche war, sondern eine Superkraft. Meine fehlende Erfahrung ermöglichte es mir, jeden Schritt im Service kritisch zu betrachten und im Hinblick auf das Einzige, was zählte, zu hinterfragen: das Erlebnis der Gäste. Brachte uns eine Regel unserem eigentlichen Ziel näher, nämlich mit Menschen in Kontakt zu treten? Oder entfernte sie uns von ihm?

In den meisten Fällen wird man durch eine hervorragende Ausbildung besser in dem, was man tut. Sportler trainieren täglich, sodass ihr Muskelgedächtnis die Kontrolle übernimmt, sobald sie den Ball oder den Schläger in der Hand haben. Eine einwandfreie Ausbildung ermöglicht es einem, Aufgaben zu erfüllen, ohne darüber nachdenken zu müssen, warum man etwas auf eine bestimmte Weise tut – was fantastisch ist, wenn Ihre Aufgabe darin besteht, eine astronomische Freiwurfquote zu erzielen.

Aber das Muskelgedächtnis ist nicht immer optimal; ein solches Training kann auch wie das Anlegen von Scheuklappen wirken. Diese akribisch geschulten Spitzengastronomen taten das, was sie immer getan hatten; sie dachten nicht kritisch über die Regeln nach, die sie befolgten. Sie waren nicht in der Lage zu entscheiden, ob diese Regeln Sinn ergaben oder nicht.

Wenn Sie fragen: »Warum machen wir das so?«, und die einzige Antwort lautet: »Weil es schon immer so gemacht wurde«, dann sollten Sie diese Regel noch einmal überdenken.

Weniger zu wissen, ist oft eine Gelegenheit, mehr zu tun. Ich bin kein Feind der Tradition. Ich glaube sogar, dass ein großer Teil unseres Erfolges im EMP in unserer tiefen Liebe zur Geschichte der Restaurants und in unserem Respekt für viele der klassischen Rituale, die mit der gehobenen Gastronomie verbunden sind, verwurzelt ist, auch wenn wir entschlossen waren, neuen Wind in die Sache zu bringen. Aber eine Regel, die aus der Tradition geboren ist und nicht dem Gast dient – oder, schlimmer noch, eine, die einen Mitarbeiter daran hindert, eine authentische Beziehung zum Gast zu pflegen? Das konnte nicht funktionieren.

Ich hatte sogar den Verdacht, dass die blinde Treue zu diesen Regeln der Grund dafür war, dass so viele der altehrwürdigen Viersternerestaurants geschlossen hatten.

Die Geschmäcker ändern sich. Meine Urgroßmutter hätte fast nichts an den Wänden des MoMA als Kunst erkannt, zwei Generationen später bin ich begeistert davon. In vergleichbarer Weise wollen meine Freunde und ich nicht in einem Lokal essen, in dem der Kellner wie eine Statue mit hinter dem Rücken verschränkten Armen an unserem Tisch steht (und ja, ich sage bewusst »der Kellner«). Ich will in einem Restaurant feiern, in dem sich die Leute, die mich bedienen, wohl genug fühlen, um sich zu mir zu beugen und zu plaudern, selbst wenn sie dafür ihre Hände auf das schneeweiße Tischtuch vor mir legen müssen.

»Hände vom Tisch« war nur die erste von vielen Regeln aus der Spitzengastronomie, die wir im Eleven Madison Park abschafften.

Schon bald begannen wir auch, unsere Soufflés »falsch« zu servieren. Ich erspare Ihnen die technischen Details, aber bei der klassischen Präsentation dreht sich der Kellner vom Gast weg, sodass sein Ellbogen am Ende auf Gesichtshöhe des Gastes ist. Meine Art, also die »falsche«, ermöglichte es dem Kellner, Blickkontakt zu halten und ein Gespräch mit der Person zu führen, die er bediente, was in meinen Augen eindeutig Priorität hatte.

Später ließen wir die Köche in ihrer weißen Kluft das Essen an die Tische bringen – sie wurden sogar dazu ermutigt, sich hinzuknien, wenn sie das Gericht ansagten, sofern sie sich dabei wohlfühlten. Das kannten sie nicht aus dem Le Pavillon.

Meine unorthodoxen Ideen brachte die Leute aus der Spitzengastronomie auf die Palme. Wie um alles in der Welt sollten wir einen weiteren Stern von der *New York Times* bekommen, wenn wir nicht einmal die Grundlagen richtig beherrschten? Doch ich meinte nicht, dass man ein Soufflé auf jede beliebige Art und Weise servieren kann; ich wollte nur, dass es so serviert würde, dass sich Tradition und das Prinzip der Gastfreundschaft nicht in die Quere kommen.

Es war eine andere Art von korrekt.

Als ich das erste Mal im Eleven Madison Park war, bestand unser Abschiedsgeschenk aus einer kleinen Tüte Canelés. Dieses dunkle, mit Rum und Vanille aromatisierte Gebäck, das in speziellen, mit Butter und Bienenwachs bestrichenen Kupferformen gebacken wird, ist bekanntermaßen schwierig herzustellen, und so war das Geschenk ein letztes beeindruckendes Kunststück, bevor der Gast zur Tür hinausging.

Es erschien mir unnötig. Wenn wir sie nicht mit allem, was sie während des Essens erlebt hatten, begeistert hatten, dann brauchte es das am Ende auch nicht mehr. Im besten Fall würde das Gebäck auf dem Heimweg im Taxi genascht werden, im schlimmsten Fall würde die kleine Tüte auf der Küchenzeile verderben. Bei den Canelés ging es zu sehr darum, was wir servieren wollten, und nicht genug darum, was unsere Gäste tatsächlich essen wollten.

Wenn Sie zu sehr damit beschäftigt sind, Ihre Fähigkeiten zu zeigen – »Seht her, was wir können!« –, verlieren Sie den Fokus auf das Einzige, was zählt, nämlich was Ihre Gäste glücklich macht. Wir haben also die Canelés gestrichen und unseren Gästen stattdessen ein Glas Müsli mit nach Hause gegeben. Denn die meisten Menschen essen kein dubioses französisches Gebäck zum Frühstück, aber alle freuen sich über eine Schüssel mit Müsli und Joghurt.

Es war ein ausgezeichnetes Kokos-Pistazien-Müsli in einem mit den vier Blättern unseres Logos bedruckten Glas. (Das morgendliche Müsli war oft das letzte Foto im Instagram-Post eines Gastes über sein Essen.) Aber es war auch ein absichtlich bescheidener letzter Schliff, der unseren Gästen das Gefühl geben sollte, dass sie nach all dem prächtigen Luxus im Grunde auch bei jemandem zu Hause willkommen geheißen wurden.

In der Gastronomie – und in allen Dienstleistungsberufen – ist das Ziel, mit Menschen in Kontakt zu treten. Gastfreundschaft bedeutet, Barrieren abzubauen, nicht aufzubauen! Wir würden die nächsten zehn Jahre damit verbringen, systematisch und bewusst Wege zu finden, um diese Barrieren verschwinden zu lassen. Einige von ihnen waren komplex, aber der erste war einfach: Baut eine echte Beziehung auf, und macht, was zu tun ist, um eine Verbindung zu den Menschen herzustellen, die ihr bedient.

Stellen Sie die Person ein, nicht den Lebenslauf

In den Anfangszeiten des EMP war ich ständig im Restaurant.

Es war gut, dass meine Mitarbeiter das Gefühl bekamen, dass ich sie im Gefecht nicht allein ließ. Ich sprang gern ein, um zu helfen, wo es nötig war, sei es beim Abräumen eines Tisches oder bei der Beschwichtigung eines verärgerten Gastes.

Aber in Wirklichkeit war ich dort, damit ich es irgendwann nicht mehr sein musste.

Letzten Endes spielen meine eigenen Qualitäten im Umgang mit Menschen keine Rolle. Es ist ein reines Zahlenspiel; selbst in einem Restaurant von bescheidener Größe ist es unmöglich, dass ein einzelner Manager sich jedem Tisch widmen oder mit jedem Gast in Kontakt treten kann. Eine Führungskraft muss darauf vertrauen können, dass ihr Team auf dem gleichen Niveau arbeitet wie sie selbst. Wenn ich also eine sinnvolle Veränderung erreichen wollte, musste ich mich mit einem exzellenten Team umgeben.

Bewusst entschied ich mich dafür, mich von den Kellnern, die aus der Spitzengastronomie kamen, zu verabschieden. Unser Service-Stil sollte elegant sein, aber ich merkte bei Einstellungen schnell, dass Leute aus der gehobenen Gastronomie oft zu viele schlechte Gewohnheiten mitbrachten. Also machten wir uns auf die Suche nach Menschen, die Gastfreundschaft mit unseren Augen sahen.

Wir suchten nach der Art von Menschen, die einem Fremden auf der Straße hinterherlaufen, um einen heruntergefallenen Schal zurückzugeben, die mit einem Teller Kekse vorbeikommen, um eine neue Familie in der Nachbarschaft willkommen zu heißen, oder die sich bereit erklären, einer Unbekannten den schweren Kinderwagen die U-Bahn-Treppe hinaufzutragen. Ein wahrhaft gastfreundlicher Mensch, der Gutes tun will, und zwar nicht um Geld zu verdienen oder Karmapunkte zu sammeln, sondern weil der Gedanke, anderen etwas Gutes zu tun, ihm selbst guttut.

Es machte also nichts, wenn unsere neuen Angestellten keine Weinexperten waren oder nicht wussten, wie man Coq au Vin ausspricht. Wenn sie begeistert waren von dem, was wir vorhatten, dann konnten wir ihnen den Rest beibringen.

Ziemlich schnell führte ich eine neue Politik ein: Alle, die wir einstellten, begannen als Runner und brachten das Essen von der Küche in den Speisesaal. Ganz unabhängig davon, ob man vorher irgendwo anders als General Manager tätig war: Alle begannen auf dem niedrigsten Posten im Speisesaal.

Und ganz praktisch betrachtet half dies bei der Auslese. Wenn sich jemand weigerte, als Runner anzufangen, war diese Person wahrscheinlich nicht die richtige. Dieses Prinzip half uns außerdem dabei, unsere Leute wirklich umfassend zu schulen, denn was wir von ihnen verlangten, ging weit über das richtige Öffnen einer Weinflasche hinaus.

Es ist ein Klischee, dass man Kultur nicht erlernen kann; man muss sie in sich aufnehmen. Und wie könnte man die Vorzüglichkeit von Daniels Essen besser zu schätzen lernen, als sechs Monate lang Teller aus der Küche zu tragen? Noch wichtiger ist, dass wir den Mitarbeitern die technischen Aspekte nach und nach beibrachten und ihnen so die Möglichkeit gaben, die Kultur, die wir aufbauten, vollständig zu verinnerlichen, lange bevor sie zu Bezugspersonen für die Gäste wurden.

Die Art und Weise, wie wir die Leute auswählten, die Teil unseres Teams werden sollten, wurde zu einem entscheidenden Faktor für unseren Erfolg.

Jede Einstellung sendet eine Botschaft

Kennen Sie das aus Filmen, wenn der Soldat ruft: »Gebt mir Deckung«, und dann über das Feld rennt, während sein Geschwader ihn beschützt, indem es den Feind unter Beschuss nimmt? Vielleicht ein bisschen dramatisch für eine Metapher über die Arbeit in Restaurants, aber gut. Denn wenn Sie den Menschen hinter Ihnen nicht vertrauen, werden Sie nie die große, heldenhafte Geste der Gastfreundschaft (oder auch nur eine kleine) vollbringen, die am Ende den Tag rettet.

Als EMP am Laufen war, hatte ich das Gefühl, dass das gesamte Team hinter mir stand. Buchstäblich. Nehmen wir an, ich räume einen Tisch ab und ein Gast fängt an, mich in ein Gespräch zu verwickeln. Es ist unschön, mit den Händen voll schmutzigen Geschirrs dazustehen und zu plaudern, aber ich wollte keine Gelegenheit verpassen, mit einem Gast ins Gespräch zu kommen. Also verbarg ich das Geschirr hinter meinem Rücken, denn ich wusste, meine Handgelenke würden darunter nur kurz leiden, in ein oder zwei Sekunden hätte einer meiner Kollegen es bemerkt und mir das Geschirr abgenommen.

Das ist nur ein kleines Beispiel von Tausenden, die sich im Laufe eines Abends ereignen können, um zu zeigen, wie ein vertrauensvolles Team arbeitet. Und deshalb ist die Personalentscheidung eine so große Verantwortung. Denn wenn Sie neue Mitarbeiter einstellen,

stellen Sie nicht nur Menschen ein, die Sie selbst repräsentieren und unterstützen werden, sondern auch Menschen, die das bereits vorhandene Team repräsentieren und unterstützen werden.

Moral ist oft flatterhaft, und eine einzelne Person kann einen übergroßen und asymmetrischen Einfluss auf das Team haben – sowohl im Guten als auch im Schlechten. Wenn Sie eine Person einstellen, die optimistisch und enthusiastisch ist und sich wirklich Mühe gibt, kann sie die Menschen in ihrer Umgebung dazu inspirieren, sich mehr Mühe zu geben und mehr zu leisten. Wenn Sie einen Faulpelz einstellen, werden Ihre besten Teammitglieder für ihre hervorragenden Leistungen bestraft, indem sie den Rückstand aufholen müssen, damit die Gesamtqualität nicht unter dieser Person leidet.

Der beste Weg, die Topspieler Ihres Teams zu respektieren und zu belohnen, ist, sie mit anderen Topspielern zu umgeben. Und das wiederum zieht mehr Topspieler an. Konsequenterweise müssen Sie so viel Energie in die Personalentscheidung investieren, wie Sie von Ihrem Team erwarten, dass es in seine Arbeit investiert. Man kann nicht erwarten, dass jemand weiterhin alles gibt, wenn man ihm jemanden zur Seite stellt, der nicht bereit ist, dasselbe zu tun. **Sie müssen bei der Zusammenstellung Ihres Teams genauso unvernünftig sein wie bei der Herstellung Ihres Produktes oder des Erlebnisses, das Sie verkaufen möchten.**

Das ist auch der Grund, warum man langsam einstellen muss. Es ist so stressig, unterbesetzt zu sein, dass Manager dazu neigen, so schnell wie möglich einen Ersatz zu finden, um die Lücke zu füllen. Ich weiß, wie es ist, wenn man denkt: »Wir brauchen so dringend jemanden – wie schlimm kann diese Person schon sein?«

Ich war (leider) auch in der Situation, die Antwort auf diese Frage zu bekommen. Es ist weitaus nachteiliger, sich und seinem Team die falsche Person aufzuhalsen, den Schaden zu erleiden, den sie anrichtet, und dann drei Wochen später wieder von vorn anzufangen. Jeder legt lieber ein paar Sonderschichten pro Woche ein, bis man die richtige Person gefunden hat.

Ein weiser Mensch hat mir einmal gesagt: »Wenn Sie jemanden einstellen, sollten Sie sich fragen: Kann diese Person eine der zwei oder drei Besten im Team werden? Sie muss noch nicht so weit sein, aber sie sollte das Potenzial dazu haben.«

Wir brachten uns für den großen Sprung nach vorn in Form. Ich musste darauf vertrauen können, dass jeder rufen konnte: »Gebt mir Deckung«, in dem Wissen, dass der Rest des Teams ihm den Rücken freihält.

Kulturelles Bewusstsein entfachen

Viele Menschen arbeiten in der Gastronomie, weil es eine flexible und gesellige Möglichkeit ist, über die Runden zu kommen, während sie ihre Zeit und Energie dem widmen, zu dem sie sich wirklich berufen fühlen. Und im alten EMP konnte ein Kellner stempeln, seine Stunden eintragen und die Arbeit am Arbeitsplatz lassen, was es zum idealen Job machte, wenn man gleichzeitig eine Kunstschule besuchte oder ein Debüt am Broadway plante.

Aber es wurde schnell zu der Art von Restaurant, die mehr verlangte, und die Speisen- und Weintests boten uns eine effiziente Möglichkeit, herauszufinden, wer der Herausforderung gewachsen war und wer weiterziehen musste. Einige Leute aus beiden Fraktionen verstanden, was wir zu erreichen versuchten, und beschlossen, uns dabei zu begleiten. Andere entschieden, dass sie mit weniger Einsatz glücklicher wären, wir mussten sie also ersetzen.

In der Tat war es schwierig, Personalentscheidungen zu treffen, bevor alle die Kultur des Restaurants vollständig verinnerlicht hatten. Wenn wir eine Stelle zu besetzen hatten, suchte ich jemanden, der gut ins Team passte, nicht unbedingt perfekt ausgebildet, aber energiegeladen und begeistert von unserer Vision. Aber selbst wenn die betreffende Person bei ihrer Einstellung voller Tatendrang war, wurde sie teils von der Negativität einiger ihrer Kollegen angesteckt. Die aus der Spitzengastronomie waren nach wie vor hochnäsig, und einige der verbliebenen Mitglieder der alten Garde waren nicht bereit, an Bord zu gehen.

Drei- oder viermal habe ich jemanden eingestellt, den ich für vielversprechend hielt. Aber die neuen Mitarbeiter hielten nur einen Monat durch, bevor die Flamme ihres Enthusiasmus erlosch, dann gaben sie auf.

Als also das nächste Mal eine Stelle frei wurde, versuchte ich nicht auf Teufel komm raus, sie sofort zu besetzen. Stattdessen wartete ich, bis eine andere Stelle frei wurde und dann noch eine, und dann stellte ich drei tolle Leute ein, und zwar gleichzeitig. Statt einer neuen Person, die ihre Hände schützend über die winzige Flamme ihres Enthusiasmus hält, brachte diese kleine Gruppe ein Feuer mit, das niemand löschen konnte.

In den kommenden Jahren würde ich jeder Gruppe bei ihrem Einstellungsgespräch Folgendes sagen: Ihr sind Teil eines neuen Jahrganges, so, als würdet ihr ein Studium beginnen. Helft euch gegenseitig, unterstützt euch. Und vor diesen dreien hielt ich diese Rede das erste Mal. Ich wollte sie wissen lassen, dass sie einen tiefgreifenden Einfluss auf das Restaurant haben konnten, wenn sie ihre gemeinsame Erfahrung als Team angingen.

Sich kümmern ist cool

In der Highschool sind die coolen Kids meist die, deren Leistungen unter dem Durchschnitt liegen. Coole Kids lernen nicht; es ist ihnen egal, was die Lehrer von ihnen denken. In diesem Alter ist es schlauer, sich zurückzuhalten und sich nicht in die Karten schauen zu lassen. Es soll schließlich nicht so aussehen, als würde man sich zu sehr anstrengen.

Aber wenn man ein bisschen älter wird, merkt man, dass die Menschen, die am meisten aus ihrem Leben machen, diejenigen sind, die ihr Herz auf der Zunge tragen, die sich erlauben, leidenschaftlich, offen und verletzlich zu sein, und die alles, was sie lieben, mit vollem Einsatz angehen, mit Neugierde, Freude und ungebremster Begeisterung.

So wie mein Freund Brian Canlis.

Ich erzähle gern, dass ich auf dem College zwei Gruppen von Freunden hatte. Eine Gruppe, mit der ich Musik machte und feierte. Die andere Gruppe war Brian. Er hatte einen Gecko. Er liebte Schach. Er trug lilafarbene Converse und hatte immer ein Jo-Jo dabei. Er war das komplette Gegenteil von all meinen anderen Freunden – und er war selbstbewusster als wir alle zusammen.

Selbst im ersten Jahr am College, wenn die meisten Kids versuchen, sich selbst zu finden – und dabei allzu oft in Rollen schlüpfen, nur um dazuzugehören –, war Brian ganz er selbst. Er engagierte sich unermüdlich für die Dinge, die ihm am Herzen lagen, und ließ sich nie vom Zynismus anderer oder einer schlechten Einstellung ablenken. Seine Energie gab den Ton an. Damit war er der coolste Mensch, den ich kannte, obwohl nichts an ihm objektiv cool war.

Wir fanden uns an einem der ersten Schultage und stellten schnell fest, dass wir beide in Restaurants aufgewachsen waren. Im

Jahr 1950 gründete Brians Großvater das Spitzenrestaurant Canlis, das die *New York Times* später als »Seattles schickstes und feinstes Restaurant seit mehr als sechzig Jahren« bezeichnete. Sein Vater, Chris Canlis, führte das Restaurant dreißig Jahre lang, bevor er es schließlich an Brian und seinen Bruder Mark übergab. (Und wenn Sie eine Fallstudie darüber sehen wollen, wie ein Unternehmen inmitten einer gastronomiezerstörenden globalen Pandemie Loyalität aufbauen und die Gemeinschaft stärken kann, werfen Sie einen Blick auf den Instagram-Account von Canlis im Jahr 2020.)

Von den Restaurants einmal abgesehen, hätten Brian und ich nicht unterschiedlicher sein können. Nichtsdestotrotz saßen wir in jeder Vorlesung zusammen und arbeiteten gemeinsam an jedem Gruppenprojekt, einschließlich eines wirklich schrecklichen Restauranttestkonzeptes namens Agave, bei dem sein Gecko Milo stolz auf der Empfangstheke saß.

Ich war immer gut in der Schule, aber ich hatte noch nie einen Komplizen gehabt. Bei Brian brauchte ich mir keine Sorgen zu machen, als Streber, als zu ehrgeizig zu gelten – ich konnte mich voll und ganz für mein Studium engagieren. Schon bald begannen meine anderen Freunde, uns zu umkreisen, um zu sehen, ob sie bei unserer kleinen Lerngruppe mitmachen konnten – nicht nur weil wir gute Noten bekamen, sondern auch weil es uns Spaß machte, sie zu bekommen.

Dank Brian war es cool, sich zu kümmern, weshalb ich an ihn denken musste, als ich merkte, dass sich kümmern bei EMP cool geworden war. Damals gab es einen Suppengang, für den wir drei Leute brauchten, um einen Sechsertisch zu bedienen. Wenn man es richtig anstellte, kamen die drei Runner genau im selben Moment zum Tisch, stellten die Schalen, die sie in der linken Hand hielten, auf den Tisch, gingen einen Schritt zur Seite, nahmen die Schale, die sie in der rechten Hand hatten, mit der linken und stellten auch diese Schale ab. Dann, herrlich synchron, hoben sie die Deckel von allen sechs Schalen gleichzeitig an.

Viele Spitzenrestaurants setzten auf solch einen synchronisierten Service, und die meisten sorgten dafür, dass die Teller zur gleichen Zeit auf den Tisch kamen. Aber oft beobachtete ich, wie zwei Runner den Tisch umkreisten und auf den dritten warteten, sodass die Szene statt elegant eher unbeholfen wirkte.

Keine Katastrophe, okay – aber alles andere als perfekt.

Für mich war das ein wichtiger Punkt. Wenn wir uns bei diesem speziellen Service-Detail Mühe geben wollten, dann richtig. Tänzerinnen und Tänzer lernen eine Choreografie, damit ihre Bewegungen genau auf die Personen neben ihnen abgestimmt sind, und nur darum ging es: um die Choreografie. Die hinteren Runner mussten etwas schneller laufen, damit sie gleichzeitig mit ihren vorderen Kollegen am Tisch ankamen, die sich wiederum etwas langsamer bewegten, um den anderen Zeit zu geben, sie einzuholen. Drehen, ersten Teller hinstellen, Schritt, Wechsel, zweiten Teller hinstellen, Deckel.

Wir übten. Und übten und übten und übten.

Eines Tages bediente ich mit zwei anderen Leuten aus dem Team, und wir schafften es. Wir servierten derart perfekt, dass man sich vorstellen könnte, wir seien von oben gefilmt worden, wie in einem dieser Filme aus den 1950er-Jahren, in denen die Tänzer wie Blumen blühen.

Als wir zurück in die Küche kamen, drehte sich einer der anderen Jungs zu mir um, grinste mich fröhlich an und gab mir das überschwänglichste High Five, das ich je bekommen habe. Wir hatten es geschafft, und er hatte den gleichen Dopaminrausch wie ich. Wir waren ehrgeizig, wir gaben uns Mühe, und wir waren stolz darauf.

Auch die Gespräche, die ich beim Mitarbeiteressen mitbekam, veränderten sich. Die Leute unterhielten sich angeregt, nicht über eine neue Bar oder ihre jüngste Eroberung, sondern über einen Tisch, den sie am Abend zuvor bedient hatten, und darüber, wie glücklich sie ihre Gäste machen konnten.

Sie sprachen über Gastfreundschaft – sie zu geben und zu empfangen. (Noch mehr freute ich mich, wenn sie atemlos von den Restaurants erzählten, in denen sie selbst zu Gast gewesen waren. Es gibt keinen stärkeren Anreiz, großartige Gastfreundschaft zu bieten, als sie selbst zu erfahren.) Und ihre Kollegen hingen ihnen an den Lippen. In einer Gruppe, der dieselben Dinge wichtig sind wie Ihnen, müssen Sie Ihre Leidenschaft nicht verstecken. Sie können sie regelrecht hinausposaunen. Und wenn die Leute, mit denen Sie zusammenarbeiten, nicht bremsen, sondern Vollgas geben, dann können Sie sich mitreißen lassen; Sie müssen Ihr Können nicht herunterspielen, um erfolgreich zu sein.

Bei EMP war es cool geworden, sich zu kümmern.

KAPITEL 9

ZIELBEWUSST UND ZWECKMÄSSIG ARBEITEN

»DER ORT BRAUCHT EIN BISSCHEN Miles Davis.«

Ich weiß noch, wie ich das Daniel in dem fensterlosen Hinterzimmer, das wir uns teilten, laut vorlas. Er verzog das Gesicht und fragte mich mit seinem breiten Schweizer Akzent: »Was zum Henker soll das bedeuten?«

Ich hatte keine Ahnung, aber ich wollte es herausfinden.

Ich las gerade eine alte Kritik von Eleven Madison Park, die Moira Hodgson für den *New York Observer* geschrieben hatte. Die Kritik war im April 2006 erschienen, nur ein paar Monate vor meiner Ankunft bei EMP und ein paar Monate nach Daniels Ankunft dort, und sie war gut. Hodgson hatte dem Restaurant dreieinhalb von vier Sternen gegeben, was vielleicht mehr war, als es verdiente, da man immer noch damit kämpfte, das Essen an die richtigen Tische zu bringen.

Aber ich hatte diese alte Bewertung nicht gelesen, um herauszufinden, was wir besser machen konnten; ich grub sie aus, weil wir zu dem Zeitpunkt nach einer Sprache suchten, mit der wir unsere Vision für das Team formulieren konnten. Wir waren mit unserem Mission Statement zufrieden – das Viersternerestaurant für die nächste Generation zu sein – das war aber nur das *Was*.

Wir brauchten das *Wie*.

Versuchen Sie nicht, es allen recht zu machen

Apropos Rezensionen und Kritik – ich habe sie gelesen. Alle. Wort für Wort (mit Ausnahme der meisten Kommentare).

Ich bin immer daran interessiert, was andere, und nicht nur die geschätzte Kritikerin der *New York Times*, über unsere Arbeit denken. **Wenn es in Ihrem Geschäft darum geht, Menschen zufriedenzumachen, dann werden Sie nicht besonders gut darin sein, wenn Sie sich nicht dafür interessieren, was die Leute denken.** Der Tag, an dem Sie aufhören, Kritiken über Ihr Geschäft zu lesen, ist der Tag, an dem Sie selbstgefällig werden. Und von da an kann es nur bergab gehen.

Aber ich ändere nicht jedes Mal etwas, wenn ein oder zwei Leute sagen, dass ihnen etwas nicht passt. Nicht mal, wenn es viele Leute sind. Wenn Sie versuchen, es allen recht zu machen, ist das ein Zeichen dafür, dass Sie keinen klaren Standpunkt haben – und wenn Sie eine große Wirkung erzielen wollen, brauchen Sie einen klaren Standpunkt.

Restaurants sind eine kreative Angelegenheit. Wie bei den meisten kreativen Unternehmungen gibt es kein eindeutiges Richtig oder Falsch. Die Entscheidungen, die Sie treffen, werden immer subjektiv sein, eine Frage der Meinung.

Die Kritik ist also eine Einladung, die eigene Perspektive zu hinterfragen oder zumindest an ihr zu wachsen. Vielleicht bleiben Sie bei einer Entscheidung, für die Sie kritisiert wurden, oder Sie entscheiden sich für etwas ganz anderes. Weniger das Ergebnis ist das Ziel, sondern der Prozess: Man wächst, wenn man sich auf eine andere Perspektive einlässt und sich dazu entscheidet, anders zu entscheiden.

Formulieren Sie Ihre Ziele

Im Gegensatz zu seinen Kollegen Dizzy Gillespie oder Duke Ellington, die einen unverwechselbaren Sound entwickelten und ihre Karriere damit verbrachten, ihn zu verfeinern, erfand Miles Davis sich immer wieder von Grund auf neu, und zwar mit jedem Album, das er herausbrachte. Diese Neuerfindungen haben die Fans oft verstört und die Kritiker verärgert, doch ebenso oft haben sie die moderne Musik auf die Probe gestellt und revolutioniert.

Die musikalischen Interessen von Davis waren unglaublich eklektisch und breit gefächert. Er stand im Dialog mit Rock, Pop, Flamenco und klassischer Musik aus der westlichen Welt, aber auch mit indischen und arabischen Einflüssen – und das alles, während er den Jazz, die amerikanische Kunstform schlechthin, neu erfand.

Er konnte schwierig sein. Er schrie Reporter an, die dumme Fragen stellten, und war dafür bekannt, dass er dem Publikum den Rücken zukehrte. (Anmerkung: Miles Davis war nicht mein Vorbild, wenn es um Gastfreundschaft ging.) Und doch war Davis ein fantastischer Partner. Er setzte sich dafür ein, mit einigen der unglaublichsten Musiker des 20. Jahrhunderts Musik zu machen und sie zu fördern: Größen wie John Coltrane, Bill Evans, Cannonball Adderley, Wayne Shorter, Red Garland, Paul Chambers, Wynton Kelly und zu viele andere, um sie alle zu nennen. Er arbeitete nicht nur frei und offen mit diesen Musikern im Studio zusammen, sondern ermutigte sie auch, ihre eigene Stimme zu finden, ihre eigenen Projekte zu verfolgen und in ihrer eigenen Karriere zu gedeihen.

Bis heute bin ich mir nicht sicher, was Moira Hodgson uns sagen wollte. Aber je mehr wir über Miles und seine Arbeitsweise erfuhren, desto mehr ließen wir uns davon für unsere eigene Arbeit inspirieren. Diese beiläufige Anspielung erwies sich als das größte Geschenk, das man uns hatte machen können. Wir hatten nach einer Möglichkeit gesucht, unsere Ambitionen und Werte in Worte zu fassen, Worte für das zu finden, was wir sein wollten. Bei meiner Recherche zu Miles fand ich elf von ihnen.

Mein Vater hatte mir beigebracht, wie wichtig Zielstrebigkeit ist, zu wissen, was man erreichen will, und sicherzustellen, dass alles, was man tut, diesem Ziel dient. Von Danny hatte ich gelernt, wie wichtig es ist, dieses Ziel für unser Team in Worte zu fassen.

Aber das fehlte uns bei EMP noch. Daniel und ich hatten stundenlang miteinander geredet, geplant und geträumt; wir waren auf intuitive Weise auf einer Linie. Doch bei EMP arbeiteten 150 Menschen für uns, und jeder Einzelne von ihnen musste mit der Mission einverstanden sein. Wir brauchten Sprache. **Durch Sprache verleihen Sie Ihrer Intuition eine Richtung und teilen Ihre Vision anderen mit.** Durch Sprache schafft man eine Kultur.

Es war ein Glück, dass in der Hodgson-Rezension ein Musiker erwähnt wurde, denn ich liebe Musik und habe, seit ich denken kann, selbst gespielt. Nach der Rezension fing ich an, mehr Miles Davis zu hören, sowohl im Restaurant als auch privat. Nachdem ich mich mit seiner Musik vertraut gemacht hatte, las ich alles, was ich über Miles und seinen kreativen Prozess finden konnte, insbesondere, was andere Musiker über seinen musikalischen Ansatz sagten und wie sich dieser Prozess auf die Form auswirkte.

In den nächsten ein, zwei Monaten erstellte ich zusammen mit dem Team eine Liste mit den Wörtern, die immer wieder auftauchten, wenn Kritiker und andere Musiker über Miles sprachen:

Cool
Endlose Neuerfindung
Inspiriert
Vorwärtsgerichtet
Frisch
Gemeinschaftlich
Spontan
Lebendig
Abenteuerlustig
Leicht
Innovativ

Wir fanden uns in ihnen wieder, und die Worte wurden zu einer Art Fahrplan. (Die Liste war lang, aber wir wollten elf.) Was die Kritikerin geschrieben hatte, stimmte: Wenn sich unser Restaurant weiterentwickeln wollte, brauchte es mehr Miles Davis.

Wir druckten ein großes Schild mit diesen Worten unter unserem Logo und hängten es in der Küche auf. Dieses Schild wurde zu einem Maßstab, zu einer Richtschnur, zu einer Möglichkeit, uns selbst zur Verantwortung zu ziehen. Vor jedem Brainstorming und jeder schwierigen Entscheidung schauten wir auf die Liste. Das Restaurant sollte sich in den folgenden Jahren radikal verändern, aber wir waren zuversichtlich, dass das, was wir taten, Sinn ergab, solang wir uns an die Worte auf dieser Liste hielten.

»Cool« war das erste Wort auf der Liste. Das schien richtig zu sein, denn wir hatten die Bedeutung dieses Konzeptes bereits für uns selbst formuliert: Wenn wir das Viersternerestaurant für die nächste Generation erschaffen wollten, dann musste es auf jeden Fall cool sein.

In den kommenden Jahren würden viele sagen, dass »endlose Neuerfindung« das bestimmende Merkmal unseres Restaurants war, das sich immer wieder veränderte – nicht um der Veränderung selbst willen, sondern weil wir authentisch bleiben mussten, um die Weltbesten zu sein. Für uns bedeutete das, andere so zu bedienen, wie wir selbst gern bedient werden wollten, und während wir wuchsen und reiften und uns weiterentwickelten, änderten sich unsere Vorstellungen über den idealen Service – und damit auch unser Service selbst.

Doch von allen Begriffen auf dieser Liste war »gemeinschaftlich« derjenige, den wir als Erstes in Angriff nahmen. Er stach uns ins Auge, als ob er in Leuchtbuchstaben dastünde: das eine Wort, das uns den Schlüssel zu allen anderen auf der Liste liefern würde.

Strategie ist für alle

Die Tatsache, dass wir im Verweis einer Restaurantkritikerin auf einen Jazztrompeter wegweisende Inspiration gefunden hatten, brachte uns auf die Idee, dass es sich lohnen könnte, an anderen, unerwarteten Orten nach Orientierung zu suchen, vor allem außerhalb der metaphorischen Mauern der Restaurantwelt.

Wenn Unternehmen expandieren, sagen sie oft: »Je größer wir werden, desto mehr müssen wir auf die kleinen Dinge achten.« (Dies war ein Mantra bei Shake Shack.) Bei EMP machten wir es in der Anfangszeit genau umgekehrt. Wir waren ein einzelnes Restaurant, zwar Teil eines größeren Unternehmens, aber wir arbeiteten so, als ob wir es nicht wären, und genossen ein hohes Maß an Autonomie. Wir waren klein, aber wir hatten die großen Dinge im Blick.

Wir schauten uns Organisationen an, die für ihre außergewöhnliche Unternehmenskultur bekannt sind, große Konzerne wie Nordstrom, Apple und JetBlue. Sie alle hielten ausführliche strategische Planungssitzungen ab, bei denen Gruppen von Mitarbeitern zusammenkamen, um Ideen für das Wachstum des Unternehmens zu entwickeln. (Sehr Corporate-smart.)

Das war eine Offenbarung für uns, denn diese Praxis ist in der Welt der Restaurants immer noch nahezu unbekannt. Es war auch eine Erleichterung. Bis zu diesem Zeitpunkt hatten Daniel und ich alle Entscheidungen selbst getroffen und alle Ziele allein festgelegt. Warum, wenn wir doch ein Team von dynamischen, aufgeweckten jungen Leuten um uns geschart hatten, die Restaurants, Essen und Gastfreundschaft liebten? Egal wie ehrgeizig oder innovativ wir waren, wir konnten nie hoffen, die geballte Intelligenz unserer gesamten Belegschaft zu erreichen.

Es war sofort klar, dass eine Einladung an unser Team, sich an der Definition der Unternehmensziele zu beteiligen, auch die Wahrscheinlichkeit erhöhen würde, diese Ziele gemeinsam zu erreichen. Selbstverständlich konnten wir mehr (und bessere) Ideen entwickeln, indem wir sie beteiligten! Ganz zu schweigen von dem Gefühl der Mitverantwortung, das sie durch ihre Beiträge erhielten.

Mit der Zeit wurden unsere strategischen Planungssitzungen zu Brainstorming-Sitzungen, bei denen wir gemeinsam entschieden, was wir im kommenden Jahr erreichen wollten. In diesem ersten Jahr haben wir jedoch nur eine einzige Frage gestellt: Was wollen wir verkörpern?

Wir wollten eines der besten Restaurants in New York sein. Wir wollten, dass unser Restaurant zur Spitze gehörte, ohne an Gemütlichkeit einzubüßen, und zeitgemäß sollte es sein, ohne Standards zu vernachlässigen. Doch bevor wir uns auf die Reise begaben, mussten wir uns definieren, sowohl als Einzelpersonen als auch als Team.

Unser erstes strategisches Planungsmeeting fand im Jahr 2007 statt. An diesem Tag blieb das Restaurant einfach geschlossen – zugegebenermaßen unvernünftig –, und wir luden alle EMP-Mitarbeiter ein, um gemeinsam als Team eine Strategie für unsere Zukunft zu entwickeln.

Es war wichtig, alle einzubeziehen. In vielen der von uns studierten Unternehmen war die strategische Planung der oberen Führungsebene vorbehalten. Wir bezogen dagegen bewusst alle Teammitglieder mit ein – vom stellvertretenden General Manager über den Küchenchef bis hin zu den Spülern, Vorbereitungsköchen und Hilfskellnern.

Wir hatten Glück, dass wir klein genug waren, um das zu ermöglichen. Ein Hilfskellner bekommt Dinge mit, die außerhalb des Radars eines General Managers liegen. Wenn wir jedes Detail ernst nehmen wollten, dann zählten die Perspektive und der Blickwinkel von jeder und jedem Einzelnen.

Als es dann so weit war, stellte ich die Idee des Treffens vor und erklärte, was wir uns davon erhofften – und machte den Weg frei für das Team.

Sie teilten sich in zehn Gruppen auf, die sich über das ganze Restaurant verstreut jeweils um ein Notizbuch versammelten. Ich verbrachte den Tag damit, von Gruppe zu Gruppe zu gehen und zu beobachten, wie sich die Leute angeregt unterhielten, stritten und miteinander lachten. Ich kam hier und dort vorbei, achtete aber darauf, nichts beizutragen. Die Zeit sollte ganz und gar ihnen gehören. Da niemand das Gefühl haben sollte, nicht frei sprechen zu können, hatten wir die Restaurant- und Küchenleiter bereits am Vortag ihre strategische Planung durchführen lassen. Am Tag der Teambesprechung hatten die Leiter und Leiterinnen eine andere Rolle: Die Souschefs kamen in den Speisesaal und nahmen die Bestellungen von Sandwiches entgegen, während die Restaurantleiter in der Küche die Bestellungen fertig machten. (Wenn man Menschen einen sicheren Raum gibt, in dem sie sich mit ihren Chefs anlegen können, dann werden einige die Gelegenheit sicherlich nutzen. Ich erinnere mich an die Bestellung eines Truthahnsandwiches mit einer Scheibe ungetoastetem Weizenbrot, einer Scheibe getoastetem Roggenbrot und drei Klecksen Mayo.) Die beiden Gruppen tauschten ihre Rollen, was allen ein neues Verständnis für die Schwierigkeiten vermittelte, mit denen ihre Kollegen und Kolleginnen jeden Abend zu kämpfen hatten.

Am Nachmittag traten die zehn Gruppen vor, um ihre Ergebnisse zu präsentieren, und wir stellten fest, wie sehr wir auf einer Linie waren. Letztendlich standen vier Begriffe im Mittelpunkt. Keiner von ihnen war für sich genommen besonders bahnbrechend, aber sie hatten das Zeug dazu – wenn wir es schafften, sie alle gleichzeitig zu verkörpern.

Bildung
Leidenschaft
Exzellenz
Gastfreundschaft

Bildung war eine Selbstverständlichkeit. Wir waren uns seit jeher darüber im Klaren, dass wir eine Kultur aufbauen wollten, die auf Lehren und Lernen basierte, und dass wir Mitarbeiter und Mitarbeiterinnen einstellen wollten, die neugierig auf das waren, was sie nicht wussten, und großzügig mit dem umgingen, was sie wussten. Ebenso wollten wir Leute, die sich für unsere Idee begeistern konnten und die genauso leidenschaftlich unser Ziel verfolgen würden wie wir selbst.

Aber es waren die beiden weiteren Begriffe auf der Liste – und der inhärente Konflikt zwischen ihnen, die alles, was wir in Zukunft tun würden, beeinflussen sollten.

Setzen Sie sich widersprüchliche Ziele

Gastfreundschaft und Exzellenz. Diese beiden Konzepte? Sind keine Freunde.

Es ist leicht, eine hübsche Kultur der Gastfreundschaft zu pflegen, wenn man keinen gesteigerten Wert auf Präzision und Details legt. Was soll's, wenn die Kellnerin beim Diner vergessen hat, Ihre Cola zu bringen? Was ist schon eine kleine Schlamperei unter Freunden?

Und es ist ziemlich einfach, Ihre Mitarbeiter so zu verängstigen, dass sie an den Tischen fast nie einen technischen Fehler machen. Aber abgesehen von allen ethischen Einwänden: Wenn sie in ständiger Angst leben, bei einem Fehler ertappt zu werden, werden sie sich bei der Interaktion mit den Gästen nie von ihrer besten Seite zeigen.

In der Tat konnte ich die Spannung zwischen diesen beiden Konzepten bereits spüren, als ich bei der ersten strategischen Planungssitzung von Gruppe zu Gruppe ging. Einige argumentierten leidenschaftlich über die Wichtigkeit des Willkommenheißens, der Wärme und der Verbundenheit, während andere davon überzeugt waren, dass nichts Vorrang vor einem tadellos geschulten Personal und den perfektionierten formellen Aspekten des Restaurants habe.

Indem wir beides auf unsere Liste setzten, erkannten wir, dass wir nur erfolgreich sein würden, wenn wir den Widerspruch Gastfreundschaft versus Exzellenz auf die denkbar schwierigste Art und Weise angingen: Wir mussten in beidem gut sein. Das war keine Entweder-oder-Situation. Es ging um das Und. Später erfuhr ich, dass der Management-Guru Roger Martin dies »integratives Denken« nennt. In *When More Is Not Better* (Wenn mehr nicht besser ist) vertritt er die Ansicht, dass Führungskräfte sich tatsächlich für widersprüchliche Ziele entscheiden sollten.

Southwest Airlines beispielsweise hat sich zum Ziel gesetzt, sowohl die günstigste Fluggesellschaft in Amerika als auch die Nummer eins in Sachen Kunden- und Mitarbeiterzufriedenheit zu sein. Diese Ziele scheinen im Widerspruch zueinander zu stehen, und vermutlich tun sie das auch. Aber das Unternehmen hat es fast immer geschafft, in allen drei Bereichen erfolgreich zu sein. Auf jeden Fall haben die Bemühungen um diese widersprüchlichen Ziele sich positiv ausgewirkt: Seit einem halben Jahrhundert ist Southwest die profitabelste Fluggesellschaft des Landes.

Wie Martin sagt, zwingen einen mehrere widersprüchliche Ziele zur Innovation. Wir hatten es mit eigenen Augen gesehen. Als ich bei EMP ankam, hatte eine Fraktion die Gastfreundschaft zugunsten der Präzision und Exzellenz geopfert, während die andere einen herzlicheren Service mit weniger Finesse pflegte. Diejenigen, die das Ganze mit uns voranbrachten, waren diejenigen, die die Vorzüge der Prioritäten der anderen Gruppe zu erkennen wussten.

Indem wir beide Begriffe auf unsere Liste setzten, erkannten wir an, dass wir uns der inhärenten Reibung zwischen Gastfreundschaft und Exzellenz bewusst waren. Wir mussten diesen Widerspruch erforschen und ihn annehmen, indem wir zwei gegensätzliche Ideen miteinander vereinbarten und beide gleichzeitig verkörperten.

Wissen, warum Ihre Arbeit wichtig ist

Als ich im Gastrogewerbe anfing, war es nicht ungewöhnlich, dass Eltern es bedauerten, wenn ihr Nachwuchs sich für eine Karriere in der Gastronomie entschied. Ihre Kinder sollten Ärzte, Anwälte oder Banker werden; sie wollten nicht, dass sie andere bedienten – und schon gar nicht beruflich.

Ich sah das etwas anders. Unsere Teammitglieder sollten verstehen, dass Gastfreundschaft den Service nicht nur für die Person, die ihn empfängt, sondern auch für die Person, die ihn erbringt, verbessert. Andere zu bedienen, kann sich erniedrigend anfühlen, wenn man nicht zuerst innehält und sich die Bedeutung seiner Arbeit und der Wirkung, die sie auf andere haben kann, bewusst macht.

Ich beendete diese erste strategische Planungssitzung, indem ich dem Team sagte: »In dem Moment, in dem ihr anfangt, den Service durch die Brille der Gastfreundschaft zu betrachten, versteht ihr, dass er edel ist. Wir retten vielleicht nicht Menschenleben, aber wir haben die Möglichkeit, ihr Leben zu verbessern, indem wir eine magische Welt schaffen, in die sie flüchten können. Und das sehe ich nicht nur als Chance, sondern als Verantwortung und als Grund zum Stolz.«

Vor Kurzem rief mich ein Absolvent der Cornell-Hotelschule an und bat mich um Rat für seine berufliche Laufbahn. Sein erster Satz war: »Ich versuche herauszufinden, ob ich in dieser schrecklichen Branche bleiben will oder nicht.« Es war ein kurzes Telefonat; ich habe ihm ziemlich schnell gesagt, dass es sich so anhört, als ob er es nicht wollte.

Egal was man macht, es ist schwer, gut darin zu sein, wenn man es nicht gern macht. Ich hatte schlechte Tage und Wochen wie jeder andere auch, doch die Aussage: »Ich könnte mir nicht vorstellen, etwas anderes zu machen«, blieb richtig, denn ich kann mich immer auf das besinnen, was mir an meinem Job wichtig ist. Ich glaube wirklich, dass wir in Restaurants den Menschen eine Pause von der Realität geben können, wenn auch nur für kurze Zeit – und, so kitschig es auch klingt, dass wir die Welt zu einem besseren Ort machen können. Denn wenn man wirklich, wirklich freundlich zu Menschen ist, dann sind auch sie wirklich freundlich zu anderen, die das wiederum weitergeben. Das gibt mir Energie, selbst wenn ich manchmal erschöpft bin.

Ich habe es mir zur Aufgabe gemacht, den Menschen, die für mich arbeiten, vor Augen zu führen, was an ihrer Arbeit wichtig ist. Im MoMA beispielsweise sahen wir unsere Gäste nicht als Kunden, die etwas zu Mittag essen wollen; wir sahen sie als Museumsbesucher, also Menschen, die sich auf ein Abenteuer einlassen und ihren Traum verwirklichen, sich in einem der besten Museen der Welt von moderner Kunst inspirieren zu lassen. Diese veränderte Einschätzung wirkte sich automatisch und tiefgreifend auf das Verhalten unseres Teams und damit auf unsere Gastfreundschaft aus.

Ich unterhalte mich oft mit Menschen aus verschiedenen Branchen und Bereichen. Wenn ich jemanden treffe, der meint, seine Arbeit sei unwichtig, dann liegt das meist daran, dass er nicht tief genug in die Materie eingedrungen ist, um die Bedeutung seiner Rolle zu erkennen. Als ich einmal auf einer Immobilienkonferenz sprach, waren diejenigen, die mit Leidenschaft und Zielstrebigkeit ihre Arbeit machten, sehr leicht zu erkennen: Einige sagten, sie verkauften Häuser; die Besten allerdings hatten verstanden, dass sie nicht nur Häuser, sondern ein Zuhause verkauften.

Das kann man auf jede Branche anwenden, die Ihnen einfällt. Sie können als Finanzdienstleister tätig sein oder in der Branche, die einzelne Menschen und ganze Familien bei der Zukunftsplanung berät und unterstützt. Sie können in der Versicherungsbranche tätig sein oder einen Beruf ausüben, der den Menschen die Gewissheit gibt, dass sie und ihre Angehörigen abgesichert sind, komme, was wolle. Es ist ein Unterschied, ob man zur Arbeit kommt, um einen Job zu erledigen, oder ob man zur Arbeit kommt, um Teil von etwas zu sein, das größer ist als man selbst.

Egal was Sie tun, Sie können ausnahmslos etwas im Leben eines Menschen bewirken. Sie müssen in Worte fassen können, warum Ihre Arbeit wichtig ist. Und wenn Sie eine Führungskraft sind, müssen Sie jeden in Ihrem Team dazu ermutigen, das Gleiche zu tun.

KAPITEL 10

EINE KULTUR DER ZUSAMMENARBEIT SCHAFFEN

Am Tag nach unserem Planungsmeeting lag etwas Vielversprechendes und Aufregendes in der Luft, und das ließ auch in den folgenden Wochen nicht nach. Unser leidenschaftliches, kreatives Team konnte mitbestimmen, wohin sich das Restaurant entwickeln sollte, und war deshalb bereit, noch härter dafür zu arbeiten.

Dieser Tag hatte uns so viel gebracht, dass ich es kaum erwarten konnte, noch konsequentere und kreativere Wege der Zusammenarbeit in unsere Kultur zu integrieren. Wir waren auf Gold gestoßen, und ich war unverschämt gierig nach mehr.

Ich wollte, dass Zusammenarbeit für alle galt, jeden einzelnen Tag.

Wähle würdige Konkurrenten

In *The Infinite Game* (Das unendliche Spiel: Strategien für dauerhaften Erfolg) empfiehlt Simon Sinek die Wahl eines würdigen Konkurrenten: ein anderes Unternehmen, das eine oder mehrere Dinge besser macht als Sie, dessen Stärken Ihre Schwächen aufdecken und Sie so auf einen Weg der ständigen Verbesserung bringt.

Als ich das las, musste ich sofort an ein gemeinsames Abendessen mit Daniel denken, Ende 2006 im Per Se, oder, genauer gesagt, an meinen Schlummertrunk danach.

Vor meiner Heirat und der Geburt meiner Tochter habe ich die meisten Abende in meiner Wohnung mit einem Glas Wein vor einem aufgeschlagenen Notizbuch beendet. Dieses Notizbuch, teils Tagebuch, teils Mea Culpa, teils Vision Board, teils To-do-Liste, war der Ort, an dem meine besten Ideen entstanden.

Daniel und ich haben viel Zeit damit verbracht, etabliertere und erfolgreichere Spitzenrestaurants zu studieren. Was machten sie besser als wir? Was können wir von ihnen lernen? Was könnten wir übernehmen und uns zu eigen machen?

Und in New York City war das Per Se das Beste vom Besten.

Jahre zuvor war ich mit meiner damaligen Freundin in Thomas Kellers berühmtem kalifornischen Restaurant French Laundry gewesen. Diesen Besuch, zusammen mit dem ersten Abendessen im Four Seasons und dem Essen mit meinem Vater in der Skybox in Daniel Bouluds Küche, zähle ich zu den denkwürdigsten Restauranterfahrungen meines Lebens. Zu diesem Zeitpunkt war ich noch nicht einmal an gehobener Küche interessiert, aber unser Essen dort war so außergewöhnlich, dass sich alle meine Vorbehalte in Luft auflösten. Die ganze Erfahrung war so irre gut, in jeder Hinsicht, dass sie sich völlig neu anfühlte.

Das French Laundry ist eines der besten Restaurants der Welt, sodass es niemanden überraschte, dass Kellers New Yorker Debüt sofort in die Reihe der exzellenten Spitzengastronomie aufstieg. Obwohl das EMP bei Weitem nicht in der Liga vom Per Se spielte, verfolgten Daniel und ich alles, was sie taten, mit höchstem Interesse.

Nach dem Abendessen im Per Se machte ich mir also fieberhaft Notizen zu unserem spektakulären Erlebnis.

Jeder Gang war eine Inspiration. Ich mochte die Verspieltheit des berühmten Lachstatar-Cornets, eine Anspielung auf eine Kinder-Eistüte, und war überwältigt davon, wie luxuriös die Speisen angerichtet waren, etwa die wasserfallartige Anordnung von speziell angefertigten Porzellantellern in aufsteigender Größe. Und ich war beeindruckt, wie mühelos Thomas Keller eine bescheidene Idee wie Kaffee und Donuts in eine opulente Überraschung zu verwandeln vermochte.

Die Präzision, die hinter all dieser Eleganz steckte, war uns nicht entgangen. Ein kleines Beispiel: Wir wurden zu einem Rundgang durch die Küche eingeladen, die mit hochmodernen Geräten ausgestattet und so sorgfältig und ansprechend gestaltet war, dass ich dachte, Daniel würde gleich in Tränen ausbrechen. Beim Durchgehen bemerkten wir, dass das blaue Klebeband, mit dem eine Tischdecke am Pass befestigt war, nicht abgerissen, sondern mit einer Schere sauber abgeschnitten worden war. Die Aufmerksamkeit, die jedem fast unsichtbaren Detail entgegengebracht wurde, erfüllte uns mit Ehrfurcht.

Dann, am Ende unseres Essens, als wir vor Glück schon ganz benommen waren, kam der Clou: Unser Kellner überreichte uns ein Tablett mit vierundzwanzig verschiedenen Schokoladentrüffeln, angeordnet in drei Reihen – dunkle Schokolade, Milchschokolade und weiße Schokolade –, und gab uns im Plauderton eine detaillierte Beschreibung jedes einzelnen von ihnen. Diese Gedächtnisleistung war so kühn, so übermenschlich, dass sie genauso gut ein Zaubertrick hätte sein können.

Fieberhaft kritzelte ich in mein Notizbuch. Am Ende dachte ich über die Tasse Filterkaffee nach, die man mir nach dem Abendessen serviert hatte. Es war eine ganz gute Tasse Kaffee, aber weil alles andere an dieser Mahlzeit so unglaublich perfekt war, stach diese stinknormale Tasse Kaffee heraus.

Und das hat mich an Jim Betz denken lassen.

Entdecken Sie ihre Leidenschaften – dann überreichen Sie ihnen die Schlüssel

Jim Betz war ein unverbesserlicher Kaffeefreak, der mit mir bei EMP arbeitete.

Ich hatte mich schon ein wenig mit Kaffee beschäftigt, als ich die Cafés im MoMA leitete und das Glück hatte, um die Ecke vom Ninth Street Espresso zu wohnen, einer der ersten ernst zu nehmenden Espressobars der Stadt. Der Besitzer, Ken Nye, war notorisch anspruchsvoll: Er passte den Mahlgrad im Laufe des Tages an die Luftfeuchtigkeit an und schüttete jeden Schluck weg, der nicht seinen Ansprüchen genügte.

Jim war Kens Neffe, ebenso leidenschaftlich und kenntnisreich wie sein Onkel. Er engagierte sich außerdem sehr für unser Restaurant. Zu seinem Vorstellungsgespräch erschien er mit einem mächtigen Hipster-Rauschebart, und ich sagte, dass er sich den abrasieren muss, wenn er den Job haben will. Am nächsten Tag kam er (zum ersten Mal seit Jahren) mit blankem Kinn an; ich weiß nicht, ob es ein stärkeres Zeichen für Engagement gibt.

Jim kannte sich in Sachen Kaffee viel, viel besser aus als ich, ich wusste jedoch gerade so viel, dass es Spaß machte, mit ihm zu fachsimpeln. Wir beide trafen uns oft beim Mitarbeiteressen, um über einen neuen Laden mit hohen Standards oder über ausgezeichnete Bohnen zu plaudern, die wir probiert hatten. Obwohl Jim erst Anfang zwanzig war, lernte ich bei jedem Gespräch etwas von ihm. Deshalb konnte ich seine Enttäuschung bereits vorhersehen, als ich ihm von der stinknormalen Tasse Kaffee im Per Se erzählte.

Tatsächlich war diese »gute« Tasse Kaffee im Kontext unseres ansonsten außergewöhnlichen Essens zwar etwas schockierend, angesichts des Zustandes des Kaffeeservices in Spitzenrestaurants zu dieser Zeit aber wenig überraschend.

Man ging in diese Restaurants in der Erwartung, unglaublich gut zu essen und fantastischen Wein zu trinken. Das war zu erwarten, darunter machte man es nicht. Das Drumherum dagegen – der Cocktail zu Beginn der Mahlzeit, der Tee oder Kaffee am Ende – war mittelmäßig. Und das blieb so, obwohl es außerhalb dieser heiligen Mauern zu beinahe revolutionären Umwälzungen gekommen war.

So war Bier schon lange nicht mehr das blasse, geschmacklose Industrieprodukt, das in den 1950er-Jahren den Markt beherrschte. Tausende kleiner, unabhängiger Brauereien auf der ganzen Welt hatten begonnen, Craftbiere mit komplexen Aromen zu kreieren, die mit ausgezeichneten Speisen durchaus mithalten konnten. Vermutlich gab es in den 80ern noch keine Bierbegleitung in einem Viersternerestaurant, im Jahr 2006 dagegen war es bereits undenkbar, sich ein Viersternerestaurant für die nächste Generation ohne vorzustellen.

Dasselbe galt für Cocktails: Die meisten Menschen, die sich für Essen interessierten, wussten auch, dass ein richtiger Manhattan gerührt und nicht geschüttelt wird. Warum gab es dann immer noch so viele Lokale, deren Getränke in etwa die Qualität von Drinks in der Flughafenlounge hatten? Und warum sollte eine Tausend-Dollar-Mahlzeit mit einem stinknormalen Filterkaffee enden, wenn ich selbst in einem abgelegenen Laden wie Ninth Street einen edlen Single-Origin-Kaffee in Topqualität, zubereitet von einem professionellen Barista, bekommen konnte?

Die Spitzenrestaurants hinkten damit hinterher, weil diesen Dingen niemand Aufmerksamkeit schenkte. Auch heute noch ist in den meisten Spitzenrestaurants der Sommelier für das gesamte Getränkeangebot zuständig. Diese Person ist per definitionem ein Weinfanatiker und hat ihr Leben dem Studium von Weinen gewidmet; der Großteil ihrer Reisen, Lektüre und beruflichen Ausbildung hat sich mit Wein beschäftigt – aber eben weder mit Bier noch mit Espresso noch mit Cocktails noch mit Tee.

Das gilt selbst dann, wenn Ihr Sommelier einer der besten der Welt ist, und ich weiß, wovon ich spreche, weil John Ragan, der leitende Weinexperte des EMP, zu den weltbesten gehört. Ein Sommelier hat nicht die Zeit, auch für alle anderen Getränke ein echter Spezialist zu werden, während er gleichzeitig eine Weinkarte für eines der besten Restaurants der Stadt zusammenstellt.

Zu meinem Team hingegen zählten jede Menge junge Leute, die sich für verschiedene Aspekte des Essens und Trinkens begeisterten. Einige von ihnen fuhren an ihren freien Tagen mit dem Zug nach Queens, um Biergärten zu besuchen, in denen die Biere von sechzig verschiedenen Underground-Kleinbrauereien ausgeschenkt wurden. Ein anderer verschwand routinemäßig in einem unscheinbaren Bürogebäude in Midtown, um eine Reihe von First-Flush-Gyokuro-Tees zu probieren, grünen Tee, der im Schatten angebaut und mit Wasser zubereitet wird, dessen Temperatur genau 15,5 Grad unter dem Siedepunkt liegt. Und dann war da natürlich noch Jim, der enzyklopädische Vorträge über Kaffeeanbaugebiete und Präzisionskessel halten konnte.

Leidenschaft war einer der wichtigen Werte, zu denen wir uns während unserer strategischen Planungssitzung bekannt hatten. Und so war das Letzte, was ich nach diesem monumentalen Abendessen im Per Se in mein Tagebuch schrieb, Folgendes: »Jim sollte für unser Kaffeeprogramm verantwortlich sein.«

Damit war das Ownership-Programm des Eleven Madison Park geboren.

Kirk Kelewae, ein Cornell-Absolvent, war mit großem Enthusiasmus in das Unternehmen eingetreten und eindeutig auf dem besten Weg. Aber wie jeder neue Mitarbeiter fing er als Runner an und brachte Teller mit Essen von der Küche in den Speisesaal.

Kirk war ein begeisterter Biertrinker, und ich war mir sicher, dass er der perfekte Verantwortliche sein würde, doch als ich mich das erste Mal mit ihm zusammensetzte, war er, wie die meisten Zweiundzwanzigjährigen es in dieser Situation wohl gewesen wären, etwas nervös ob der großen Verantwortung. Ich konnte ihn davon überzeugen, dass wir ihn unterstützen würden, und zwar bei jedem Schritt.

Wir haben ihn allen unseren Lieferanten vorgestellt, auch wenn wir wussten, dass er es bald sein würde, der uns neue vorstellt. Ich liebte es, zu beobachten, wie Bierlieferanten im Speisesaal ankamen, in der Erwartung, dem Sommelier des Eleven Madison Park eine Kostprobe eines sensationellen neuen Gebräus zu geben, nur um dann festzustellen, dass sie einem milchgesichtigen Runner gegenübersaßen, der erst seit Kurzem in der Lage war, selbst legal ein Getränk zu bestellen.

Wir gaben Kirk ein Budget und zeigten ihm, wie er es verwalten konnte. Er lernte, wie man Inventur macht und wie man bestellt. Dann sagten wir ihm: »Es ist jetzt deins. Mach etwas Fantastisches daraus.«

Das brauchte man ihm nicht zweimal zu sagen. Er hat jeden Aspekt unseres Bierservice in Angriff genommen, von der Lagerung der Flaschen über die verwendeten Gläser bis hin zur Technik des Einschenkens. Er las jede Fachzeitschrift und machte sich auf die Suche nach den seltensten und unbekanntesten Bieren. Seine eigene Leidenschaft trieb ihn zu all dieser zusätzlichen Arbeit an, und sein jugendlicher Eifer zog die Hersteller in seinen Bann, die immer wieder Wege fanden, ihm ein paar der begehrten Flaschen zuzuschanzen, von denen sie nur ein paar Dutzend hergestellt hatten.

Ich war glücklich, aber nicht besonders überrascht, als das Eleven Madison Park ein Jahr nach Kirks Amtsantritt in einer Reihe von Publikationen als eines der Restaurants mit der besten Bierkarte in Amerika aufgeführt wurde.

Nicht nur dass sich unser Bierangebot exponentiell verbesserte, Kirks Eifer war ansteckend; uns alle hatte das Bierfieber gepackt, denn niemand wollte ihn enttäuschen. Er schenkte ein und verfolgte dich durch die Flure: »Hey, du musst diese Grut probieren!« (Wissen Sie, was das ist? Ich wusste es auch nicht. Dank Kirk kann ich Ihnen jetzt erklären, dass es ein im mittelalterlichen Stil gebrautes Bier ist, das auf Basis von Bitterkräutern anstelle von Hopfen hergestellt wird. Anscheinend ist das irgendwie in.)

In ähnlicher Weise hat Sambath Seng, eine weitere Runnerin, unsere Teekarte übernommen. Sie flog nach Las Vegas, um an der World Tea Expo teilzunehmen, und stellte sich den Händlern vor, die den Tee direkt von den Gärten in Indien, China, Thailand, Taiwan, Korea und Japan bezogen. Sie brachte uns Tees nahe, die geröstet oder mit Dampf verarbeitet wurden. Weil ihr die Reinheit des Wassers, die genauen Brühzeiten und Temperaturen sowie die richtige Erwärmung und Handhabung des Teegeschirres so wichtig waren, haben auch wir uns damit befasst.

Als Nächstes waren die Cocktails an der Reihe. Ich habe unser Barteam zusammengetrommelt und gesagt: »Ich möchte eine Cocktailkarte, die so gut ist wie die vom PDT.« PDT war eine Cocktailbar im East Village, die von meinem Freund Jim Meehan betrieben wurde. Die Initialen standen für »Please Don't Tell«, eine Anspielung auf die versteckte Lage der kleinen Speakeasy-Bar: durch eine Telefonzelle in einer Hotdog-Bude namens Crif Dogs. Sie wurde weithin als eine der besten Bars der Welt anerkannt.

Einer unserer Barkeeper sagte: »Sei nicht albern, das ist unmöglich.« Ein Barkeeper in einer Spitzen-Cocktailbar braucht unter Umständen zehn volle Minuten für die Zubereitung eines Drinks. Diese Art von Service wäre in einem Restaurant mit hundertvierzig statt sechs Sitzplätzen nur schwer nachzuahmen.

Aber wie jeder, der für mich gearbeitet hat, bestätigen kann, ist »Geht nicht« nicht mein Lieblingssatz. Ich sage das ganz offen. Als Jugendlicher machte ich den Fehler, meinem Vater von etwas zu erzählen, das ich nicht würde tun können. Am nächsten Morgen war das Haus übersät mit bedruckten, glückskeksgroßen Zetteln mit der Aufschrift: »Success comes in cans; failure comes in can'ts.« (Erfolg gibt es kannenweise, Misserfolg kännchenweise.) Ich habe so etwas nie wieder zu ihm gesagt.

Ich hatte großes Vertrauen in den Mann, den ich vor mir hatte. Sein Name war Leo Robitschek. Sie haben vielleicht schon mal von ihm gehört, er ist aktuell einer der besten Mixologen der Welt. Aber damals arbeitete er im EMP, während er sein Medizinstudium absolvierte.

Leo sprühte schon immer vor großartigen Ideen, war aber auch das schwächste Glied in der Kette, denn er gab einem immer wieder zu verstehen, dass das, was man tat, von Grund auf fehlerhaft war und niemals funktionieren würde. Als er schließlich Mitverantwortung durch das Ownership-Programm übernahm, veränderte er sich völlig, so als ob er erst dann etwas Großes wagen wollte, wenn er das Sagen hätte. Von unserem freimütigsten internen Kritiker entwickelte er sich zu einem echten Botschafter des Restaurants und zu einem absoluten Guru in der Welt der Qualitätscocktails.

Und dann war da natürlich noch Jim. Als Verantwortlicher für den Kaffee wechselte er sofort zu Intelligentsia, einer der besten Kafferöstereien damals. Er begann, den Kaffee am Tisch zuzubereiten, und ließ unseren Gästen die Wahl zwischen einem klassischen Chemex-Pour-Over-Kaffee und einem Vakuumkannen-Siphonsystem, das die besten Eigenschaften der Tauch- und der Filtermethode in sich vereinte und den zusätzlichen Vorteil hatte, dass es spannend war, es in Aktion zu sehen.

Dank Jim (und indirekt auch dank Per Se) entwickelte sich die Tasse Kaffee vom gewöhnlichen, massenhaft bestellten Nebenprodukt zum höchst unterhaltsamen, exquisit gestalteten, lehrreichen Showerlebnis nach dem Abendessen bei EMP. Das Wichtigste aber war, dass Sie am Ende eine verdammt gute Tasse Kaffee getrunken hatten.

Win-win-win-Situationen

Steve Ells, der Gründer von Chipotle, sprach auf der Welcome Conference wortgewandt über die positiven Auswirkungen der Übertragung von mehr Verantwortung an sein Team.

Die meisten Fast-Food-Unternehmen verarbeiten die Zutaten in einer Fabrik, weil sie den Teams in den Restaurants nicht trauen. Es überrascht nicht, dass die Speisen so schmecken, als hätten sie ein paar Tage auf einem Lastwagen gelegen. Ells war überzeugt, dass seine Angestellten mit der richtigen Ausbildung besseres und frischeres Essen zubereiten könnten.

Er fand heraus, dass die Teams verantwortungsbewusster wurden, je mehr Verantwortung er ihnen übertrug; durch das Vertrauen, das er ihnen entgegenbrachte, wuchsen sie an ihren Aufgaben. Das Team wurde gestärkt, das Essen schmeckte besser, und die Gäste hatten ein besseres Gefühl, was die Speisen anging, weil sie lebende Menschen sehen konnten, die Tomaten schnitten und Hähnchen grillten.

Es war eine Win-win-win-Situation.

Die war es auch für uns. Unsere Mitarbeiter waren von dem Ownership-Programm begeistert. Da jeder einzelne Mitarbeiter bei uns als Food Runner angefangen hatte, konnten einige von ihnen drei Jahre lang dort arbeiten, bevor sie zum Chef de Rang aufstiegen. Die Ownership-Programme boten diesen motivierten, kreativen Menschen ein Projekt, für das sie sich engagieren konnten, während sie Erfahrungen sammelten.

Und die Investition von Zeit, Vertrauen und Bildung hat sich fast immer gelohnt, denn wenn wir jemanden in die volle Eigenverantwortung begleitet haben, vereinfachte dies unsere Arbeit langfristig. Seit Leo sich um die Cocktails und Kirk sich um das Bier kümmerten, brauchte sich unser Sommelier John Ragan weder über diese Getränke noch über Kaffee oder Tee den Kopf zu zerbrechen. Unsere ohnehin schon hervorragende Weinkarte wurde noch besser, weil John mehr Zeit, Energie und Kapazität dafür aufwenden konnte, während das restliche Getränkeangebot – in vielen Spitzenrestaurants so vernachlässigt – absolut erstklassig wurde.

Und jeder im Restaurant, egal ob er dort arbeitete oder aß, profitierte von der wunderbaren Alchemie, die entsteht, wenn die Leidenschaft den nötigen Platz bekommt, um sich zu entfalten. Kirk lernte schließlich Garrett Oliver kennen, das verrückte Genie, das die Brooklyn Brewery leitete. Als Leo durch seine Freundschaft mit Julian Van Winkle ein leeres Whiskeyfass aus der legendären Destillerie in Kentucky bekam, schickten wir es zur Brooklyn Brewery, und Garrett ließ darin ein speziell für uns entwickeltes Bier reifen. Das Ergebnis war außergewöhnlich, und zwar dank der wirklich besonderen, spielerischen Zusammenarbeit, die nie zustande gekommen wäre, wenn unser Sommelier weiterhin auch für das Bierangebot zuständig gewesen wäre.

Als wir sahen, welch großen Erfolg wir mit den Getränken hatten, erstellte unser Managementteam eine Liste mit allen Aspekten des Restaurants, denen etwas Aufmerksamkeit guttun würde, einschließlich Wäsche, Vorbereitung und Schulungen. Diese waren vielleicht weniger glamourös, aber sie würden einen echten Unterschied im Alltag der dort Beschäftigten und in unserem Gewinn bewirken.

Ein Beispiel: Der Mann, der CGS übernahm (was für »Porzellan, Glas und Silber« steht – sehr sexy, oder?), hatte sich der Reduzierung von Bruchschäden verschrieben. Er entdeckte, dass die Racks in der Spülküche einen halben Zentimeter zu niedrig waren, sodass die Stiele über den Rand hinausragten, wenn die Gläser in den Geschirrspüler kamen. Ein paar neue Gläser-Racks später hatte er den Verlust um dreißig Prozent reduziert. Das ist nicht nur viel Geld, sondern auch ein großer Gewinn für die Moral, da uns nun nicht mehr mitten im Service die Wassergläser ausgingen.

Dann schickte er einen Handwerker los, um dicke Gummimatten zu besorgen, legte sie auf den Edelstahltisch, auf dem die Teller auf den Abwasch warteten, und bingo! Keine Absplitterungen mehr auf dem erhabenen Rand an der Unterseite unseres teuren, handgefertigten Keramikgeschirres.

Es handelte sich dabei nicht um Posten, die sich auf die mit tausend anderen Dingen vollgestopfte Aufgabenliste eines Managers verirrt hatten, sondern um kleine, kostengünstige Korrekturen, die von einem aufmerksamen jungen Menschen durchgeführt wurden. Durch diese kleinen Veränderungen konnte das Restaurant in den ersten Monaten Tausende von Dollar einsparen. Und obwohl einige dieser Verbesserungen die Gäste direkter betrafen als andere, musste man nicht wissen, wie der Wäscheschrank oder die Gläser-Racks aussahen, um die Auswirkungen zu spüren.

Wir haben diese Aufgaben nicht vergeben; ihre Erledigung erfolgte ausschließlich auf freiwilliger Basis. Viele, die sich meldeten, kannten sich zwar auf dem Gebiet ihrer Wahl gut aus, das hieß aber nicht gleich, dass sie schon Experten waren. Alles, was wir verlangten, waren Interesse, Neugier und erste Anzeichen einer Leidenschaft.

»Es könnte nicht funktionieren« ist kein Grund, es nicht zu versuchen

Ich werde nicht lügen: Es ist viel einfacher, Verantwortung nicht zu teilen, zumindest am Anfang. (Das ist das »Wenn ich es selbst mache, geht es schneller«-Problem.) Wenn Sie sich jedoch weigern, Aufgaben zu delegieren, weil die Einweisung von jemand anderem zu lange dauern könnte, behindern Sie damit nur Ihr eigenes Wachstum.

Am Anfang brauchten diese jungen Leute, die beim Ownership-Programm mitmachten, viel Aufsicht, Ermutigung und Rat. Sie zu betreuen, war eine Menge Arbeit, und der Weg war nicht ohne Hindernisse. Ja, wir haben Sicherheitsvorkehrungen getroffen, damit Kirk nicht eine Million Dollar in Bier verschleudern kann, aber ein junger Mann, der gerade die Hotelfachschule abgeschlossen hat, macht natürlich mehr Fehler als jemand mit zehn Jahren Erfahrung in der Leitung eines Getränkeangebots.

Und auch wenn es mehr Zeit kostet, den Fehler eines anderen zu beheben, als die Arbeit gleich selbst zu erledigen, ist es dennoch eine kurzfristige Zeitinvestition mit langfristigem Gewinn. Wenn Sie darauf bestehen, dass ein Manager bereits über Führungserfahrung verfügt, werden Sie niemals einen vielversprechenden Kellner in diese Position befördern können. Definitionsgemäß ist es also unmöglich, eine Beförderung aus den eigenen Reihen vorzunehmen, wenn man voraussetzt, dass ein Kandidat oder eine Kandidatin bereits alle erforderlichen Erfahrungen gesammelt hat. Der perfekte Zeitpunkt, einer Person mehr Verantwortung zu übertragen, ist oft, bevor sie dazu bereit ist. Gehen Sie ein Risiko ein, und diese Person wird sich fast immer besonders anstrengen, um sich zu beweisen. In Anbetracht der Tatsache, dass ich Kirk am Ende zum General Manager von EMP befördert habe, kann man sagen, dass sich die Investition gelohnt hat.

Wenn ich schon so offen bin, es gibt noch einen weiteren Grund, warum es einfacher ist, es nicht zu versuchen: Es könnte nicht funktionieren. Wir haben zum Beispiel auf die harte Tour gelernt, dass die Person, die für die Tischwäsche verantwortlich ist, besser ein hartgesottener Organisationsdynamiker ist, der den Überblick über das Inventar behält, die Ausgaben verwaltet und Freude daran hat, einen aufgeräumten, betriebswirtschaftlich effizienten Wäscheschrank zu führen – und kein visionärer Träumer.

Aber wenn wir die Menschen ermutigen wollen, es zu versuchen, dürfen wir sie nicht für ihren Misserfolg bestrafen. In solchen Fällen suchten wir einfach nach einem anderen Bereich, in den sie ihre Zeit investieren konnten. Ich war schon immer der Meinung, dass »Es könnte nicht funktionieren« ein schlechter Grund ist, eine Idee nicht auszuprobieren, vor allem wenn diese Idee potenziell dafür sorgt, dass sich die Menschen, die für Sie arbeiten, mehr für Ihre Mission engagieren.

Die beste Art zu lernen, ist zu lehren

Mein Vater sagt, dass man am besten lernt, indem man lehrt, und er hat mir beigebracht, für Prüfungen so zu lernen, als ob ich mich auf einen Vortrag vorbereiten würde. Tatsächlich habe ich festgestellt, dass ich mit der Vorstellung, die Inhalte selbst vermitteln zu müssen, den Stoff viel gründlicher lernte.

Bei EMP habe ich das Unterrichten zu einem Teil unserer Kultur gemacht.

Der Geist der Zusammenarbeit, der sich aus dem Ownership-Programm ergab, war für uns alle inspirierend. Jemandem eine ganze Abteilung zu übergeben, war eine enorme Verpflichtung. Als John Ragan ein wöchentliches Treffen namens Happy Hour ins Leben rief, das den Weinen, Bieren und Cocktails auf unserer Speisekarte gewidmet war, ermutigten wir das Team, sich einzubringen und eigene Präsentationen vorzubereiten.

Eine einmalige Präsentation erforderte einen weitaus geringeren Aufwand als die Übernahme eines Ownership-Programmes. Außerdem machte es Spaß, denn die Leute, die für uns arbeiteten, hatten eine Leidenschaft für Essen und Wein. Ganz gleich, ob sie bei einem Glas Burgunder in einer Weinbar ein Aha-Erlebnis hatten und mehr über die Geschichte der Region wissen wollten oder ob sie endlich einen Sherry probiert hatten, der sie nicht an die Bridgerunde ihrer Großmutter erinnerte – die Präsentation bei der Happy Hour war ein Vorwand, um zu recherchieren und das Gelernte mit dem Team zu teilen.

Schnell begannen die Themen der Happy Hour über Wein und Spirituosen hinauszugehen. Der Madison Square Park lag direkt vor unseren riesigen Fenstern; einer der Kellner hielt einen Vortrag über die Geschichte des Parkes, damit wir den Gästen interessante Fakten erzählen konnten. (Die Baseballregeln wurden hier entwickelt, die

Fackel der Freiheitsstatue war hier eine Zeit lang aufgestellt, und 1912 wurde hier die erste öffentliche Weihnachtsbaumbeleuchtung des Landes angebracht.) Deshalb wandten wir uns an Kenneth T. Jackson, einen Professor an der Columbia University und weltweit führenden Kenner der New Yorker Geschichte, der das gesamte Team durch den Park und die umliegenden Blocks führte.

Jeff Taylor wurde unser Experte in Restaurantgeschichte. Einmal im Monat beschäftigt er sich eingehend mit einem kultigen, klassischen Restaurant wie beispielsweise dem Le Pavillon, das 1939 auf der Weltausstellung sein Debüt gab, Köche wie Jacques Pépin hervorbrachte und sowohl die französische Küche als auch die gehobene Gastronomie für die New Yorker in der zweiten Hälfte des 20. Jahrhunderts definierte.

Billy Peelle, ein Food Runner, vertiefte sich in das riesige historische Speisekartenarchiv der New York Public Library und hielt schließlich eine umwerfende Präsentation über das Design von Speisekarten und dessen Entwicklung in der zweiten Hälfte des 20. bis ins 21. Jahrhundert. Die Gestaltung der Speisekarte fiel nicht in Billys Aufgabenbereich, sondern war ein Projekt, das ich in Zusammenarbeit mit unserem Grafikdesigner selbst übernahm. Aber er wusste, dass seine Präsentation uns mit unserem Erbe verbinden würde, das Erbe, das zu verteidigen und auszubauen wir uns vorgenommen hatten. Vielleicht ist es keine Überraschung, dass Billy Jahre später auch General Manager wurde.

Führung abgeben

Diese Happy Hour hatte einen wichtigen Nebeneffekt. Normalerweise werden die Kurse in einem Restaurant von den Managern geleitet, nicht von den Mitarbeitern. Je mehr die Kursteilnehmer nun begannen, die Stunden zu gestalten, umso mehr verhielten sie sich wie Führungskräfte.

Ich wollte noch einen Schritt weiter gehen.

Wie bereits erwähnt, bin ich der Meinung, dass der wichtigste Moment der täglichen Führung in einem Restaurant das Pre-Meal-Meeting ist, bei dem der Manager das Wort ergreift, um Wissen zu vermitteln, zu inspirieren und das Team auf den Service einzustimmen. Einmal in der Woche, samstags, nahmen wir den Managern die Verantwortung für die Leitung dieser Vorbesprechungen ab und übertrugen sie einem Teammitglied.

Ein Pre-Meal-Meeting zu leiten, bedeutet, nach der von mir entwickelten Vorlage als Moderator zu fungieren: grundlegende interne Informationen über Dinge wie Gehaltsschecks und Krankenversicherung, dann eine kurze Rede über eine Service-Erfahrung, die man gemacht hatte und die man spannend oder inspirierend fand. Am Ende gibt man das Wort an den Sommelier oder einen Souschef, um über Weinkarte und Menüänderungen zu sprechen.

Natürlich war der mittlere Teil die Herausforderung, vor allem wenn man aufgeregt war, vor einer Gruppe zu sprechen. Viele erzählten Geschichten über Tische, die sie bei EMP bedient hatten, oder über gute und schlechte Erfahrungen mit dem Service, die sie anderswo gemacht hatten. Sie konnten auch von einem Abenteuer erzählen, das sie außerhalb von Restaurants erlebt hatten, wie der Schnaps nach meinem Friseurbesuch. Solang man aus dieser Erfahrung gelernt hat, wie man Menschen das Gefühl gibt, gesehen zu werden, willkommen zu sein und geschätzt zu werden, war alles erlaubt.

Die Samstagsvorbesprechung zu leiten, gab unseren Fachkräften die Möglichkeit, in eine Rolle zu schlüpfen, die normalerweise von Managern ausgefüllt wird. Sie trugen nicht nur zur Weiterbildung des Teams bei, sondern auch zu dessen Inspiration. Und die Bitte an das Team, diese Sitzungen zu leiten und bei der Happy Hour zu präsentieren, hatte noch einen weiteren unerwarteten Vorteil: Alle wurden sicherer im Reden vor Publikum.

Ich habe schon immer gern vor Publikum gesprochen; in der Highschool spielte ich Theater und war in der Schülervertretung aktiv. Aber gemäß dem Rat meines Vaters, sowohl an meinen Schwächen als auch an meinen Stärken zu arbeiten, belegte ich einen Kurs für Rhetorik an der Cornell. Er hat mich nachhaltig geprägt, und ich habe dort einen der wichtigsten Grundsätze der Rhetorik gelernt, den ich bis heute befolge: »Sagen Sie ihnen, was Sie ihnen sagen werden, sagen Sie es ihnen, und dann sagen Sie ihnen, was Sie ihnen gesagt haben.«

Eine weitere wichtige Erkenntnis aus diesem Kurs war, dass Rhetorik eine Führungsqualifikation ist. Wenn Sie in der Lage sind, Ihre eigene Begeisterung zu vermitteln, können Sie die Menschen, die für Sie und mit Ihnen arbeiten, für sich gewinnen und sie mit Ihrer Energie und Zielstrebigkeit anstecken.

In den Monaten, nachdem sie angefangen hatten, die Happy Hours und die Samstags-Pre-Meals zu leiten, konnten wir eine deutliche Veränderung im Team feststellen. Ich mochte die Art und Weise, wie sie mit den Gästen sprachen: Eine Bestellung aufzunehmen, einem Gast bei der Entscheidung für einen Wein zu helfen oder einen Gang anzusagen, sind alles Formen des Redens vor Publikum. Auch bei der Erteilung von Anweisungen an ihre Kollegen während des Servierens hatten sie mehr Autorität.

Aber die wirkliche Veränderung war nicht greifbar; es war ihre Haltung, die sich veränderte.

Machen Sie es zur Pflicht

»Obligatorisch« ist heutzutage am Arbeitsplatz ein Schimpfwort.

Führungskräfte neigen dazu, Zusatzangebote auf freiwilliger Basis anzubieten, weil wir davon ausgehen, dass alle davon genauso begeistert sein werden wie wir selbst. Aber es ist schwer, Menschen dazu zu bringen, ihr Verhalten zu ändern; manchmal muss man ihnen einen Vorgeschmack auf die positive Veränderung geben, um sie anzufixen.

Seien Sie dabei nicht ausbeuterisch, bezahlen Sie die Menschen für ihre Zeit. Aber scheuen Sie sich nicht, die Teilnahme an einem Programm zur Pflicht zu machen.

Für diejenigen, die sich für EMP engagieren wollten, gab es viele strukturierte Möglichkeiten. Aber manche Leute müssen erst ihren Beitrag leisten, um zu erfahren, wie gut sich das anfühlt, also habe ich einige Tricks entwickelt, um den Ball ins Rollen zu bringen. Einer davon war, die Betreuung unserer neuen Mitarbeiter zur Pflicht zu machen.

In jedem Restaurant, in dem ich bisher gearbeitet habe, war das Reservierungsbüro eine Müllhalde. Der Speisesaal sieht perfekt aus, und die Küche muss picobello sein. Das Büro des Managers ist in der Regel gut organisiert, sonst findet man nicht, was man braucht, wenn man es braucht. Und es ist gut, die Umkleideräume aufgeräumt und sauber zu halten, denn diese Räume sind wichtig für die Moral der Belegschaft.

Alles, was keinen Platz hat und aus dem Speisesaal entfernt werden muss, landet im Reservierungsbüro. Werbegläser von einem Spirituosenhändler? Eine zusätzliche Schachtel mit Weihnachtsschmuck? Ein Kochbuch, das innerhalb des Teams herumgereicht wird? Es stapelt sich alles im Reservierungsbüro, dem Äquivalent zu einer Ramschschublade oder einem vernachlässigten, unorganisierten Schwarzen Brett, das mit veralteten Ankündigungen und Erinnerungen vollgehängt ist.

Der beste Weg, einen neuen Mitarbeiter in Ihre Kultur einzuführen, besteht darin, ihn Seite an Seite mit jemandem arbeiten zu lassen, der an diese Kultur glaubt. Aber Reservierungsleiter arbeiten in der Regel allein oder mit einer anderen Person, und sie hatten Telefondienst, anstatt an den Vorbesprechungen teilzunehmen, sodass sie immer ein wenig außerhalb blieben. Da sie jedoch zu den ersten Personen gehören, mit denen die Gäste in Kontakt kamen, wollten wir, dass sie gute Botschafter wurden.

Um sie also in die Gemeinschaft aufzunehmen, verpflichteten wir sie zum Engagement. Wenn im Eleven Madison Park ein neuer Reservierungsleiter eingestellt wurde, gaben wir ihm sofort die Aufgabe, etwas im Reservierungsbüro zu verbessern. Es handelte sich um eine Vorschrift, nicht um eine Einladung, auch wenn sie selbst entscheiden konnten, was sie machen wollten und wie groß oder klein die Veränderung sein sollte.

Wir wollten ihnen von Anfang an zeigen, dass wir es ernst meinen, wenn wir sagen, dass Engagement willkommen ist. Andernfalls würde sogar ein echter Macher vielleicht zögern, bevor er sich einmischt und sagt: »Ich frage mich, wem ich vielleicht auf die Füße trete, wenn ich diesen Albtraum von einer Pinnwand in Ordnung bringe.«

Die Aktion war hilfreich, für sie und für uns. Neue Leute hatten die Gabe des frischen Blickes und konnten all die Warzen sehen, die der Rest von uns schon lange nicht mehr wahrnahm.

Es half auch, um das Eis zwischen den Kollegen zu brechen. Wir wollten schließlich, dass niemand Angst hatte, um Rat oder Erklärung zu bitten. Die Verpflichtung zum Engagement war dafür ein guter Einstieg: »Wäre ein zusätzliches Schwarzes Brett hier drin hilfreich? Wenn ja, mit wem spreche ich über die Portokasse?« Ganz zu schweigen von den unvermeidlichen Dankesbekundungen – »Wie haben wir es bloß so lang damit ausgehalten?«, war sowohl von den neuen Kollegen der betreffenden Person als auch vom Chef zu hören.

Die Vorgehensweise widerspricht zwar dem Ratschlag »Don't cannonball«, den ich jungen Managern gewöhnlich gebe, aber es gibt einen wichtigen Unterschied: Ein Reservierungsleiter ist eine Einsteigerposition. Die Ermächtigung der Juniormitarbeiter hat viele Vorteile.

Sobald die Leute erkannten, wie gut es sich anfühlt, einen Beitrag zu leisten, begannen sie aktiv nach einer Möglichkeit zu suchen, dies wieder zu tun. Und uns gab es die Möglichkeit, jemandem vom ersten Tag an zu sagen: »Wir haben dich aus einem bestimmten Grund eingestellt. Wir wissen, dass du etwas beizutragen hast, und wir wollen, dass es so schnell wie möglich ans Licht kommt.«

Hören Sie sich jede Idee an

Um Ihr Team zu ermutigen, einen Beitrag zu leisten, sollten Sie auch dafür sorgen, dass alle Mitarbeiter wissen, dass Sie immer ein offenes Ohr für Ideen haben. Es gibt für alles eine bessere Lösung, und ich stellte sofort klar: Wenn jemand eine Idee hat, wie wir besser werden können, will ich sie hören.

Wenn jemand zum ersten Mal mit einer Idee zu Ihnen kommt, sollten Sie genau zuhören, denn wie Sie damit umgehen, wird be-

stimmen, wie die Person sich in Zukunft einbringen wird. Wenn Sie sie beim ersten Mal abweisen, löschen Sie damit eine Flamme, die sich nur schwer wieder entfachen lässt.

Es kann sein, dass jemand mit einer Idee an Sie herantritt, die Sie schon einmal gehört haben oder die Sie bereits ausprobiert haben; lehnen Sie diese nicht automatisch ab. Vielleicht hat die Person sie auf eine Art und Weise durchdacht, die Sie vorher nicht kannten, oder die Umstände haben sich geändert, und jetzt könnte es besser funktionieren.

Es kann sogar sein, dass jemand mit einer Idee zu Ihnen kommt, die schlichtweg dumm ist. Das ist die Gelegenheit, zu lehren: zuzuhören und dann auf respektvolle Weise zu erklären, warum die Idee wahrscheinlich nicht funktionieren wird. Das bringt die betreffende Person weiter und entmutigt sie nicht. Denken Sie daran: Hinter einer schlechten Idee steckt oft eine brillante.

Große Führungspersönlichkeiten schaffen Führungspersönlichkeiten

Die Manager waren nicht immer begeistert von dieser Betonung der Zusammenarbeit, vor allem wenn sie sich selbst in der Hierarchie hochgearbeitet hatten. Dies kann in Kulturen, in denen eine Beförderung aus den eigenen Reihen erfolgt, ein Problem darstellen. Mit der Macht wächst auch die Verantwortung, und die Abtretung dieser Verantwortung – vor allem wenn sie neu und hart erkämpft ist – kann sich wie eine Degradierung anfühlen.

Wir haben sie also daran erinnert: Große Führungspersönlichkeiten schaffen Führungspersönlichkeiten. **Man will nicht hundert Schlüssel haben; es reicht, wenn man am Ende nur einen hat –**

nämlich den für die Eingangstür. Wenn sie erst einmal einen Teil der Verantwortung abgegeben haben, haben sie mehr Zeit, ihren eigenen Beitrag zu leisten.

Ich kann gar nicht genug betonen, wie sehr ich diesen kooperativen Ansatz für unseren letztendlichen Erfolg mitverantwortlich mache: In meinen Augen ist die Zusammenarbeit das Fundament, auf dem die unvernünftige Gastfreundschaft aufbaut. Jeder einzelne Aspekt verbesserte sich schlagartig und in einer Weise, die uns überraschte. Die Ideen, mit denen wir uns befassten, waren neuer und frischer; tatsächlich wurden viele, für die wir am meisten gefeiert wurden, im Team geboren. Denn es waren nicht nur ich und Daniel und ein paar Manager, die sich einen Plan ausdachten.

Dem Team mehr Verantwortung zu übertragen, als es erwartet hatte, hatte eine erstaunliche Wirkung: Je mehr Verantwortung wir Mitarbeitern übertrugen, desto verantwortungsvoller wurden sie. Je mehr sie unterrichteten, desto mehr verstanden sie die Bedeutung all dessen, was wir ihnen beibringen wollten. Je häufiger sie Besprechungen wie Pre-Meal und Happy Hour leiteten, desto mehr begannen sie, sich wie Führungskräfte zu verhalten. Je mehr Übung sie mit dem Reden vor Publikum hatten, desto selbstsicherer traten sie auf.

Und weil jeder Einzelne im Team wusste, dass die Vision gemeinsam geschaffen wurde, waren wir alle bereit, noch härter für unsere Ziele zu arbeiten.

KAPITEL 11

AUF DEM WEG ZUR EXZELLENZ

»Will! Ich bin mir ziemlich sicher, dass ich gerade Frank Bruni an den Tisch begleitet habe.«

Es war Ende 2006, als unser atemloser Maître mich mit aufgerissenen Augen an der Service-Station einholte, um mir zu sagen, dass der Gastrokritiker der *New York Times* gerade das Restaurant betreten hatte. Die *Times* lässt in der Regel ein paar Jahre zwischen den Rezensionen verstreichen, und wir waren noch lange nicht fällig. Allerdings kann die Einstellung eines aufregenden neuen Chefkoches manchmal eine Neubewertung auslösen, und wir hatten schon gehofft, dass unsere harte Arbeit, ganz zu schweigen von der Begeisterung, die sie auslöste, den Gastrokritiker dazu inspirieren würde, noch einmal einen Blick auf uns zu werfen.

Was es bedeutete, wenn Bruni im Restaurant auftauchte, war klar.

Es wäre eine Untertreibung zu sagen, dass sich unser Team stark darauf konzentrierte, was die *Times* über die Veränderungen im Eleven Madison Park sagen würde. »Besessen« ist wahrscheinlich das bessere Wort.

Fairerweise muss man sagen, dass viel auf dem Spiel stand. Das Eleven Madison Park war, um es ganz offen zu sagen, die Art von Danny-Meyer-Restaurant, die drei Sterne haben musste. Das Union Square Cafe hatte drei Sterne. Die Gramercy Tavern hatte drei Sterne. Das Tabla hatte drei Sterne.

Aber das EMP hatte bei seiner Eröffnung nur zwei Sterne von der *Times* erhalten, ebenso, als es im Februar 2005 erneut bewertet wurde. Die letzte So-lala-Zweisternebewertung war der Auslöser für Daniels Einstellung und auch für meine. Wir beide träumten zwar von vier Sternen, aber für unsere unmittelbare Arbeitsplatzsicherheit – ganz zu schweigen von unserer geistigen Gesundheit – brauchten wir auf jeden Fall drei.

Es war Zeit, in die Gänge zu kommen.

Exzellenz ist das Ergebnis Tausender perfekt ausgeführter Details

Geständnis: Ich bin ein Perfektionist.

Wenn meine Frau das Auto schief einparkt, parke ich es neu; wenn sie ein Buch leicht schief auf ihrem Nachttisch liegen lässt, richte ich es so aus, dass es an der Kante anliegt. Jedes Mal, wenn sie das Bett macht, mache ich es neu. (Zum Glück bewahrt sie bei alldem ihren guten Sinn für Humor.)

Diese Unvollkommenheiten stechen mir unweigerlich ins Auge, und es ist mir nahezu unmöglich, nicht nachzubessern. Damit ich mich wohlfühle, müssen die Dinge um mich herum genau richtig sein – unvernünftig gut organisiert und am richtigen Platz. Es ist einfach so.

Ich stehe mittlerweile dazu, aber den Großteil meines Lebens wurde ich für meine Pingeligkeit angefeindet, und ich habe mich deshalb oft geschämt. Meine Studienfreunde schlichen sich in mein Zimmer, um Gegenstände auf meiner Kommode ein paar Zentimeter zu verschieben, und warteten dann darauf, wie lang ich brauchte, um sie wieder zurechtzurücken. Mir fiel es natürlich sofort auf, und ich versuchte, unbemerkt alles wieder an seinen Platz zu rücken; die Hänseleien waren zwar liebevoll, aber gnadenlos.

Erst im Eleven Madison Park hat sich meine fanatische Liebe zum Detail als Superkraft entpuppt. Und auch wenn sie nicht meine einzige ist, war sie definitiv diejenige, die bei den Vorbereitungen für unseren ersten Review am meisten beansprucht wurde.

Die Gastronomie – eigentlich jedes Dienstleistungsgeschäft – ist schwer für einen Perfektionisten, denn es handelt sich dabei um eine menschengesteuerte Organisation. Und egal wie sehr sie sich bemühen, machen Menschen Fehler.

Wenn man feststellt, dass Perfektion unerreichbar ist, gibt es zwei Möglichkeiten: Entweder man lässt es ganz bleiben, oder man versucht, sich so nah wie möglich anzunähern. Bei EMP haben wir uns für die zweite Variante entschieden. Es ist vielleicht nicht möglich, alles perfekt zu machen, aber es ist möglich, vieles perfekt zu machen. Das ist die eigentliche Definition von Exzellenz: so viele Kleinigkeiten wie möglich richtig zu machen.

Sir David Brailsford war ein Trainer, der den britischen Radsport wiederbeleben sollte. Er tat dies, indem er sich für das einsetzte, was er »die Anhäufung marginaler Gewinne« nannte, also eine kleine Verbesserung in vielen Bereichen. Mit seinen Worten: »Das ganze Prinzip beruht auf der Idee, dass, wenn man alles, was mit dem Radfahren zu tun hat, aufschlüsselt und dann um ein Prozent verbessert, man insgesamt eine signifikante Steigerung erzielt.«

Diese Aussage hat mich sehr beeindruckt und beschreibt ziemlich genau, wie wir vorgegangen sind. Perfektion als Gesamtziel war zu hoch gegriffen, um nicht zu sagen unerreichbar. Das war uns klar. Aber wir wollten so nah wie möglich herankommen, und wir waren schon längst dabei, als der Maître mir sagte, dass Frank Bruni an Tisch 32 sitzt.

In jeder Umkleidekabine und Küche eines Restaurants in New York City hängt ein Bild des Gastrokritikers der *New York Times* an der Wand. Die Rolle soll anonym sein, aber egal wie sehr sich ein neuer Kritiker bemüht, das Internet von Fotos zu säubern, ein alter Buchumschlag oder ein Foto von einer Werbeparty sickert immer durch. (Heutzutage ist es oft ein unscharfes Foto, das heimlich von einem Restaurantleiter geschossen und weitergereicht wird.)

Die Sache ist die: Es spielt keine Rolle, ob Sie den Kritiker erkennen. Kein Football-Team lässt es zwanzig Spiele lang ruhig angehen, um dann beim Superbowl richtig Gas zu geben. Genauso wenig kann man 364 Tage im Jahr ein mittelmäßiges Restaurant betreiben und an dem Tag, an dem der Kritiker hereinkommt, zu Spitzenleistungen auflaufen.

Wenn Sie den Kritiker erkennen, bevor er Platz genommen hat, können Sie ihn an einen Tisch im Bereich Ihres besten Kellners bringen; Sie können sicherstellen, dass das Essen, das Sie ihm bringen, perfekt angerichtet ist und das Gericht optimal zur Geltung kommt. Sie können den Kritikern zwar das Restaurant von seiner besten Seite zeigen, aber Sie können nicht plötzlich zu etwas werden, das Sie nicht sind – und das wissen die Kritiker auch. Das Restaurant wird so bewertet, wie es wirklich ist.

Deshalb hatten wir bereits in den Monaten vor diesem Moment versucht, jeden Abend ein bisschen perfekter zu werden.

Auf die kleinsten Kleinigkeiten kommt es an

Wir strebten in jedem Aspekt unserer Arbeit Exzellenz an.

Das Küchenteam war geschult, Daniels Gerichte präzise und zuverlässig zubereiten zu können. Die ausgezeichnete Kommunikation zwischen dem Speisesaal und der Küche sorgte dafür, dass das Timing für jeden Gang an jedem Tisch stimmte.

Alle, die im Speisesaal arbeiteten, trugen sauber gebügelte Uniformen, hatten ordentliche Frisuren und sauber manikürte Hände. Jedes Besteckteil und jedes Glas glänzte.

Die Kellner kannten die Speisekarte in- und auswendig, wussten, woher die Zutaten der einzelnen Gerichte stammten und wie sie genau zubereitet wurden. Dies ist ein Beispiel dafür, wie das unvernünftige Streben nach Exzellenz uns gastfreundlicher gemacht hatte. Denn wenn ein Kellner ein Gericht serviert, muss er sich nicht erst mühsam daran erinnern, welche Zutaten dafür verwendet wurden; er ist sich seines Wissens so sicher, dass er seine ganze Energie darauf verwenden kann, auf den Gast einzugehen.

Unsere Schulungen gingen weit über die Kenntnis der Speisekarte und der Weine hinaus und umfassten auch das Perfektionieren kleiner wie großer Aspekte der Umgebung. Wir konnten den Abend nicht mit gedimmter Beleuchtung beginnen, weil unsere Fenster so groß waren und der Kontrast eines zu schummrigen Raumes mit der Helligkeit draußen unangenehm wäre. Und weil die Sonne jeden Tag zu einer anderen Zeit untergeht (ganz zu schweigen davon, dass sich das Licht, das durch die riesigen Fenster einfällt, je nach Wetterlage drastisch veränderte), war es weder möglich, die Beleuchtung im Laufe des Abends einfach automatisch zu dimmen, noch eine einfache Regel aufzustellen, wie etwa »Stufe 4 um 19 Uhr«.

Das Personal, das für die Einstellung der Beleuchtung zuständig war, musste geschult werden und aufmerksam bleiben. Noch wichtiger war, zu verstehen, welchen Einfluss die Beleuchtung auf die Atmosphäre des Raumes und auf das gesamte Erlebnis hat. Die Mitarbeiter sollten erkennen, wie wichtig es war, das Licht genau richtig einzustellen.

Ebenso haben wir Stunden damit verbracht, jeden einzelnen Song unserer Playlists auszuwählen. Und wir haben das Personal an der Eingangstür darauf trainiert, zu erkennen, wann es Zeit ist, von der sanfteren Empty-Dining-Room-Playlist auf die etwas flottere Half-Full-Dining-Room-Playlist (und so weiter) umzustellen und die Lautstärke entsprechend zu regeln. Denn wenn die Musik in einem fast leeren Raum zu peppig und laut ist, fühlt man sich wie der erste Gast auf der deprimierendsten Party der Welt.

Beleuchtungsstärken und Musikwiedergabelisten sind Details, mit denen jedes Restaurant zu kämpfen hat. Andere Probleme konnten wir nicht lösen, indem wir exzellenter wurden. Wir mussten innovativ sein.

Es ist zum Beispiel kein Geheimnis, dass die Zeit zu Beginn und am Ende der Mahlzeit langsamer zu vergehen scheint. In diesen Momenten sind die Gäste besonders sensibel für jede Verzögerung – wir alle kennen das Gefühl, stundenlang auf das erste Glas Wasser oder die Rechnung zu warten. Deshalb ist es wichtig, den Gästen so schnell wie möglich etwas – irgendetwas – vorzusetzen.

Ein Glas Wasser ist zum Beispiel eine gute Lösung, aber das EMP war keine Eckkneipe; wir konnten kein Wasser aus einem Edelstahlkrug ausschenken, sobald ein Gast Platz genommen hatte. Das Verfahren, das wir hatten, dauerte zu lange. Der Chef de Rang fragte die Gäste, was für ein Wasser sie gern hätten (eisgekühlt, still, mit Kohlensäure), dann teilte er die Präferenz der jeweiligen Kellnerin mit. Die Kellnerin holte die Flasche und brachte sie zurück an den Tisch, was durch die Größe des Raumes noch zäher wurde.

Wir haben in unseren Manager-Meetings viel Zeit damit verbracht, darüber zu sprechen, wie wir dies effizienter gestalten können. Am Ende haben wir die Lösung aus dem Baseball geklaut, wo der Catcher mit einem sechzig Fuß entfernten Pitcher kommunizieren muss: Zeichensprache.

Nachdem der Host Gäste an den Tisch gebracht hatte, reichte der Chef de Rang ihnen die Speisekarte und fragte, welches Wasser sie gern hätten. Wenige Augenblicke später, und ohne sichtbare Kommunikation, oft schon, bevor der Chef de Rang den Tisch überhaupt verlassen hatte, stand der Kellner bereits am Tisch und schenkte das bevorzugte Wasser ein.

Es war keine Zauberei. Der Chef de Rang hatte einfach einem seiner Kollegen mit einer Handbewegung (wackelnde Finger für Kohlensäure, ein gerader Schlag für stilles Wasser und eine Drehung der Faust für Eis) diskret hinter seinem Rücken signalisiert, was bevorzugt wurde.

Ein weiteres Problem war, dass der Raum sehr voll wirkte. Es braucht eine Menge Personal, um Gastfreundschaft auf hohem Niveau zu betreiben, doch wenn sich zu viele Menschen schnell durch einen Raum bewegen, selbst von der Größe des Speisesaals im EMP, kann das chaotisch wirken. In einer belebten Brasserie sorgen die im Zickzack durch den Raum tänzelnden Kellner für ein tolles Ambiente; in einem Spitzenrestaurant wirkt der Tumult eher störend.

Deshalb haben wir für das Personal eine Art Verkehrsführung eingerichtet, die der auf den Straßen der Stadt gleicht, für unsere Gäste aber nicht wahrnehmbar ist. An den Ecken gab es unsichtbare Stopp- oder Vorfahrtsschilder. Der größte Teil des Raumes bestand aus Einbahnstraßen, und der Verkehr bewegte sich im Uhrzeigersinn. Wenn es Gegenverkehr gab, hielt man sich auf der rechten Spur, so wie man es beim Autofahren tun würde.

Wie wir zu sagen pflegten: »Das Ziel ist Ballett, nicht Fußball.« Diese unsichtbaren Verkehrsregeln ermöglichten es den Mitarbeitern und Mitarbeiterinnen, sich geordnet im Raum zu bewegen, ohne sich gegenseitig auszuweichen oder verbale Hinweise wie »Entschuldigung« oder »Vorsicht« zu benötigen.

Diese Feinheiten blieben den Gästen verborgen, aber jede einzelne von ihnen trug zu dem allgemeinen Gefühl von Komfort und Gelassenheit bei, das die Gäste beim Essen bei uns genossen.

Die Art, wie Sie eine Sache erledigen, ist die Art, wie Sie alles erledigen

Wir mussten die ganze Zeit über mit höchster Präzision arbeiten. Um die Mitarbeiter darauf einzustellen, baten wir sie, in diesem Sinne zu denken, sobald sie zur Tür hereinkamen.

Wir wiesen die Mitarbeiter, die den Speisesaal eindeckten, an, jeden Teller so zu platzieren, dass, wenn ein Gast ihn umdreht, um zu sehen, wer ihn gemacht hat, der Limoges-Stempel mit der richtigen Seite nach oben zu sehen ist.

Lächerlich, oder? Total unvernünftig. Vielleicht drehten ein oder zwei Gäste diesen Teller in einem Monat um. An den meisten Abenden machte das keiner. Und selbst wenn, wäre jemand auf die Idee gekommen, dass die Platzierung Absicht war? Und einige Leute haben den Teller wahrscheinlich unvorhersehbarerweise so umgedreht, dass der Herstellerstempel gar nicht richtig herum zu sehen war.

Das war nicht schlimm, denn egal ob jemand ihn nun umdreht oder nicht, der perfekt platzierte Teller hatte seine Aufgabe bereits erfüllt.

Die Art und Weise, wie man eine Sache macht, ist die Art und Weise, wie man alles macht, und wir haben immer wieder festgestellt, dass Präzision im Kleinen zu Präzision im Großen führt. Indem wir die Person, die den Speisesaal eindeckt, aufforderten, jeden Teller mit voller Hingabe zu platzieren, forderten wir sie automatisch dazu auf, den Ton dafür anzugeben, wie sie alles im Laufe des Abends tun würde, wie sie unsere Gäste begrüßen, durch den Speisesaal gehen, mit ihren Kollegen kommunizieren, den Champagner zu Beginn des Essens einschenken und die Tasse Kaffee zum Abschluss servieren würde.

Es gibt diese Geschichte, in der Walt Disney seine Imagineers auf die Probe stellte, als sie die ersten Animatronics für den Enchanted Tiki Room entwickeln. Die Imagineers waren überzeugt, dass sie den lebensechtesten und detailliertesten animatronischen Vogel geschaffen hatten, aber Disney war nicht zufrieden. Echte Vögel atmeten, erklärte er, der Brustkorb dehne sich aus und ziehe sich zusammen. Dieser Vogel atmete nicht.

Frustriert erinnerten ihn die Imagineers daran, dass es im Tiki Room Hunderte von ablenkenden Elementen geben würde, darunter Wasserfälle, Lichter, Rauch, Totempfähle und singende Blumen, niemand würde diesen einen Vogel bemerken, egal ob er atmete oder nicht. Daraufhin antwortete Disney: »Menschen können Perfektion spüren.«

Vermutlich nehmen die Menschen nicht jede Kleinigkeit wahr, aber in ihrer Gesamtheit haben diese Kleinigkeiten eine mächtige Wirkung. In jedem großen Unternehmen sind die meisten Details, auf die Sie penibel Wert legen, solche, die nur ein winziger Prozentsatz der Menschen überhaupt wahrnimmt. Aber wenn ich etablieren konnte, dass das gesamte Team selbst auf die rudimentärsten Aufgaben sorgfältig achtgab, dann schuf ich eine Welt, in der Zielstrebigkeit der Standard war, und das spürten die Gäste.

Das zielstrebige Eindecken des Speisesaals ermöglichte es uns, alle Kleinigkeiten zu kontrollieren, die man kontrollieren konnte, und ließ uns keine Zeit an das verschwenden, was nicht in unserer Hand lag. An jedem beliebigen Abend konnten eine Million Probleme den reibungslosen Ablauf des Service gefährden. Alle fünf Reservierungen für das erste Zeitfenster könnten sich verspäten, sodass wir die Gäste, die einige Stunden später an denselben Tischen sitzen würden, garantiert nicht mehr bedienen konnten. Ein Gast kommt vielleicht gereizt herein, weil er eine Trennung hinter sich hat oder einen schlechten Tag bei der Arbeit hatte. Die Espressomaschine könnte kaputtgehen.

Aber es gab viele Dinge, die wir kontrollieren konnten. Wir konnten sicherstellen, dass die Tischtücher makellos gebügelt waren, dass das Riedel-Logo auf dem Fuß jedes Weinglases mit der Tischkante übereinstimmte und dass jedes Besteckteil im gleichen Abstand zur Tischkante platziert worden war, nämlich in der Länge des oberen Daumengelenkes.

Wir konzentrierten uns auf diese Details zum Wohle der Gäste, aber die Auswirkungen waren so tiefgreifend, dass auch wir selbst sie spüren konnten.

So wie es einen beruhigt, einen perfekt organisierten Raum zu betreten, kann auch ein perfekt eingedeckter Tisch einen gestressten Kellner daran erinnern, dass die Welt nicht gleich untergeht, egal wie groß der Trubel ist. Vielleicht würde der Anblick unbefleckter weißer Tischdecken, von seinen Kolleginnen und Kollegen sorgfältig mit Gläsern und Besteck eingedeckt, ausreichen, um ihn wieder in die Stimmung zu versetzen, in der er den Tag begonnen hatte. Um einmal tief durchzuatmen, sich zu sammeln und unsere Gäste ruhig und warmherzig zu begrüßen: »Willkommen im Eleven Madison Park.«

•

Ein starker Abgang: Die Ein-Zentimeter-Regel

Angenommen, Sie tragen einen Teller aus der Küche in den Speisesaal, darauf achtend, dass er genauso bleibt, wie der Koch ihn angerichtet hat: Die Sauce sitzt perfekt, die winzige Kerbelspitze balanciert an der richtigen Stelle. Dann stoßen Sie in Ihrer Eile zur nächsten Aufgabe beim Abstellen den Teller leicht an. Vielleicht kippt der Fisch leicht um, oder die Garnierung verrutscht.

Wenn man auf den letzten Zentimetern die Konzentration verliert, ist die Präsentation ruiniert.

Viele Leute würden sagen, dass das kein Weltuntergang ist, und vielleicht haben sie recht. Aber ich glaube, der Fehler ist größer als ein Klecks Sauce, der auf einem ansonsten makellosen Teller an der falschen Stelle sitzt.

Jedes Gericht, das wir im Eleven Madison Park servieren, ist das Ergebnis wochen-, wenn nicht monatelanger Rezeptentwicklung und -prüfung. Die Kellnerin, die es dem Gast beschreibt, hat sich die Details genau eingeprägt und bemüht sich, dem Gast ein Bild zu malen, das das Gericht unwiderstehlich klingen lässt. Die Köche bringen jahrelange Ausbildung und Erfahrung ein, um das Gericht einwandfrei zuzubereiten und anzurichten, und die sechs anderen Komponenten auf dem Teller bedeuten noch mehr Stunden Arbeit und Sorgfalt.

Wenn Ihre Aufgabe darin besteht, das Gericht vor dem Gast zu platzieren, sind Sie das letzte Glied in einer langen Kette von Menschen, die viele Stunden Arbeit in dieses Gericht investiert haben. Wenn auf den letzten Zentimetern eine Zucchiniblüte aufgrund Ihrer Unachtsamkeit umkippt, haben Sie viele Menschen im Stich gelassen, einschließlich der Gäste, die Ihnen ein paar Stunden ihres Lebens anvertraut haben, in der Erwartung, sich von Ihnen umhauen zu lassen.

Leider kommt es häufig vor, dass man auf den letzten Zentimetern die Konzentration schleifen lässt und die ganze Arbeit, die man selbst und sein Team geleistet hat, zunichtemacht. Dies gilt nicht nur für Restaurants, wobei mir viele restaurantbezogene Beispiele dazu einfallen. Also nehmen Sie sich eine Minute Zeit, um sicherzustellen, dass die letzten Einstellungen für die Beleuchtung und die Musik richtig sind, bevor Sie die Pforten öffnen. Und versäumen Sie es nicht, die Gäste nach dem Essen zur Tür zu begleiten, um sich persönlich zu verabschieden.

Für das Team von EMP ist die Ein-Zentimeter-Regel sowohl eine wörtlich zu nehmende Anweisung für das sanfte Abstellen der Teller als auch eine metaphorische, eine Erinnerung daran, präsent zu bleiben und bis zum letzten Zentimeter durchzuhalten, ganz gleich wobei.

Das Konzept der Ein-Zentimeter-Regel ging bei EMP viral. Ich habe oft gehört, wie sich das Team darauf bezog, wenn die Teammitglieder beim Pre-Meal über Service-Erfahrungen sprachen, die sie anderswo gemacht hatten. Das Wichtigste war, dass sie untereinander darüber sprachen.

Ich wusste, dass unsere Kultur der Exzellenz Wurzeln schlug, als die Teammitglieder wuchsen und aufstiegen und die Aufgabe übernahmen, diese Kultur an Neuankömmlinge weiterzugeben. Und die

Ein-Zentimeter-Regel war die Lektion, die ich am häufigsten von einem altgedienten Mitarbeiter hörte, wie er sie an jemanden weitergab, der neu bei uns anfing.

Recht haben ist unwichtig

Es war ein geschäftiger Dienstagabend, als einer unserer Gäste das Rindfleisch mit Knochenmark und Brioche *medium rare* bestellte. Kurz nachdem sein Teller abgestellt worden war, rief er den Kellner zurück an den Tisch. »Ich habe das *medium rare* bestellt«, protestierte er, »das hier ist blutig.«

Ich beobachtete, wie der Kellner ihn korrigierte. »Tatsächlich ist das hier *medium rare*, aber wenn Sie es lieber *medium* hätten, bringe ich es gern zurück in die Küche.«

O je.

Der Kellner hatte technisch gesehen recht, wenn man sich die Gartabelle in einem Lehrbuch der Kochschule ansieht. (Ein echtes *Medium Rare* ist für viele Menschen um einiges blutiger, als sie erwartet hatten.)

Ich wusste ja, dass er nicht unhöflich sein wollte. Doch er war in der Defensive, weil er nicht wollte, dass der Gast denkt, wir hätten einen Fehler gemacht. Er war Teil des Teams, das drei Sterne anstrebte und insgeheim auf einen vierten schielte, und man bekommt keine vier Sterne, wenn man Fehler macht.

Sein Instinkt war es, dem Gast zu geben, was er wollte, und zwar sofort, das war das Gute daran. Aber was die Gastfreundschaft anging, war das nicht von Belang. Denn Stolz war nicht das, was dieser Kellner vermittelte. Er wollte dem Gast mitteilen, dass er im Unrecht war: »Sie, Sir, haben keine Ahnung, wie ein *medium rare* gebratenes Stück Fleisch aussieht.« Natürlich fühlte sich der Gast beschämt und zurechtgewiesen; was auch stimmte, auch wenn das nie die Absicht gewesen war.

Da waren wir also wieder und verhandelten über das heikle Gleichgewicht zwischen Exzellenz und Gastfreundschaft.

Wenn Sie einen Gast korrigieren, weil Sie nicht wollen, dass er denkt, Sie hätten einen Fehler gemacht, haben Sie damit einen viel größeren Fehler gemacht. Bei der Gastfreundschaft geht es darum, eine echte Verbindung herzustellen. Wenn diese Verbindung erst dann entsteht, wenn man den Gast in einem Moment der Unaufmerksamkeit beschämt, dann ist es sehr unwahrscheinlich, dass man diese Verbindung jemals wieder zurechtrücken kann.

Bei unserem Streben nach Exzellenz versuchten wir, so viele Dinge wie möglich richtig zu machen. Gleichzeitig mussten wir uns von der Vorstellung verabschieden, recht zu haben, weil das gegen den Kern dessen verstieß, was wir erreichen wollten: den Menschen während ihres Besuches in unserem Restaurant ein gutes Gefühl zu geben.

Wir mussten sicherstellen, dass wir unsere Gäste bedienten und nicht unser Ego. Oder wie Danny Meyer sagt: »Recht haben ist unwichtig.« Anstatt also zu erklären, wie ein echtes Medium Rare aussieht, sagen wir einfach: »Natürlich, Sir, tut mir leid«, bevor wir dem Gast ein Steak bringen, das genau so gebraten ist, wie er es haben wollte.

Damals wurde ein neues Mantra bei EMP geboren: »**Der Eindruck der Gäste ist unsere Realität.**«

Das heißt: Es ist egal, ob das Steak *rare* ist oder *medium rare.* Wenn der Gast den Eindruck hat, dass es nicht gar genug ist, ist die einzig akzeptable Antwort: »Ich bringe das in Ordnung.« Und wahre

Gastfreundschaft bedeutet, noch einen Schritt weiterzugehen und alles dafür zu tun, dass sich eine solche Situation nicht wiederholt, in diesem Fall zum Beispiel, indem wir intern in unserem Reservierungssystem vermerkten, dass diese Person »Steak medium rare« bestellt, es aber lieber medium gebraten hätte.

Es ist mir wichtig, klarzustellen, dass der Grundsatz »Der Eindruck unserer Gäste ist unsere Realität« nicht gilt, wenn sich ein Gast beleidigend oder respektlos verhält. Der Kunde hat nicht immer recht, und es ist für alle ungesund, wenn Sie für sich selbst und Ihre Mitarbeiter nicht klar abgrenzen, was inakzeptables Verhalten ist. Und die Grenze ist klar: Missbrauch sollte und kann nicht toleriert werden, Punkt.

Dennoch war diese Umstellung für nicht alle im Team einfach. »Wenn ich weiß, dass ich im Recht bin, fühlt es sich erniedrigend an, es runterzuschlucken«, sagte mir eine begabte Kellnerin, und ich wusste, was sie meinte. Aber die Anerkennung, die wir von unseren Gästen dafür bekamen, dass wir sie glücklich machten, überwog bei Weitem den Verlust, den wir durch einen sogenannten Fehler erlitten. Es war nur dann erniedrigend, wenn man es persönlich nahm. »Sich zu entschuldigen«, erinnerte ich das Team, »heißt nicht, dass man im Unrecht ist.«

Die Reise wertschätzen

Im Januar 2007 rief ein Fotograf der *New York Times* im Restaurant an, um einen Fototermin für die Bilder zu vereinbaren, die den in der gleichen Woche erscheinenden Bericht über das Eleven Madison Park begleiten sollten.

Daniel und ich waren aufgeregt – und besorgt, und das aus gutem Grund. Wenn ich jetzt zurückblicke, wird mir klar, was für ein wichtiger Wendepunkt diese Rezension war, sowohl in der Geschichte des Restaurants als auch in unserer Karriere.

Zum Glück erwarteten uns gute Nachrichten. Bruni fragte: »Wann haben Sie sich zuletzt das Eleven Madison Park angesehen? Wenn es länger als ein Jahr her ist, sollten Sie noch einmal nachsehen.«

All das Streben nach Exzellenz hatte sich ausgezahlt. Unser erstes Ziel war erreicht: drei Sterne von der *New York Times*.

Beim ersten Pre-Meal-Meeting nach der Rezension schenkten wir allen in der Küche und im Speisesaal ein Gläschen Champagner ein, um zu feiern, was wir alles erreicht und wie weit wir es schon gebracht hatten.

Und ich riet allen, sich etwas von diesem Gefühl zu bewahren, damit sie es wieder abrufen konnten, wenn es schwierig würde, denn wir hatten noch einen langen Weg vor uns. »Viel Spaß beim Service heute. Und nach Feierabend geht aus und feiert, ihr habt es verdient. Kostet den Moment aus und genießt ihn. Und morgen machen wir uns wieder an die Arbeit.«

(Als Danny – getreu seinem Wort – Richard Coraine zu mir schickte, um mich zu fragen, ob ich immer noch von EMP zu Shake Shack wechseln wolle, sagte ich ihm, dass ich noch ein Weilchen bleiben wolle.)

KAPITEL 12

BEZIEHUNGEN SIND EINFACH. EINFACH IST SCHWER.

Ich liebe jede Ausrede, um einen Smoking zu tragen.

Es war aufregend, bei den James Beard Awards im Mai 2007 im Lincoln Center einen anzuziehen und mit Köchen wie Thomas Keller und Daniel Boulud über den roten Teppich zu schreiten.

Wir waren dort, weil Daniel für den Rising Star Chef of the Year Award nominiert worden war, der nur an Köche unter dreißig Jahren vergeben wird. Er war gerade 29 geworden und – zuvor als Küchenchef im Campton Place schon einmal für diesen Preis nominiert – hatte ihn bisher nicht gewonnen. Das war seine letzte Gelegenheit, und ich war überzeugt, dass er die Auszeichnung mit nach Hause nehmen würde.

Dann öffneten sie den Umschlag: Und der Preis für den »Rising Star Chef 2007« ging an David Chang vom Momofuku!

Daniel war am Boden zerstört. Und obwohl nur sein Name auf der Urkunde gestanden hätte, hatten wir alle das Gefühl einer Niederlage. Changs Restaurants, so könnte man argumentieren, waren eine Reaktion auf die Feinschmeckerrestaurants. Er war der

Meinung, dass man köstlich essen kann, ohne zeremoniell und spießig zu sein. Aber wir doch auch! Daniel und ich hatten alles in unserer Macht Stehende getan, um zu beweisen, dass die gehobene Küche immer noch aktuell ist und dass altehrwürdige Traditionen auf eine Weise neu interpretiert werden können, die zeitgemäß ist und Spaß macht. Der Unterschied war, dass Changs Restaurants eine Absage an die Spitzengastronomie waren, während wir hofften, dass unser Restaurant ihre Weiterentwicklung darstellte.

Nach der *Times*-Kritik hatten wir das Gefühl, dass unser Projekt vielleicht gar nicht so unsinnig war. Aber an diesem Abend hatte Chang gewonnen, und wir hatten verloren.

Es war ein harter Schlag. Unmittelbar nach der Bekanntgabe des Gewinners begann ich also, Freunde zu uns ins Restaurant einzuladen. Obwohl auch ich an der Niederlage zu knabbern hatte, war es an diesem Abend meine Aufgabe, mich um Daniel zu kümmern. Es ist leicht, in guten Zeiten der Partner von jemandem zu sein, aber in schweren Zeiten ist es am wichtigsten, und ich wollte, dass er sich so geliebt und unterstützt fühlt, wie er es getan hätte, wenn er gewonnen hätte.

Später würden wir für unsere legendären Restaurantverwüstungspartys, mit denen wir unsere Siege feierten, berüchtigt sein. Aber die erste Party, die wir uns zu Ehren schmissen, war an einem Tag, an dem wir verloren hatten. Das erinnerte mich an den Rat unseres weisen Gastes: Trinke deine beste Flasche nicht an deinem besten Tag, sondern an deinem schlechtesten.

Ich war noch nie eine Führungspersönlichkeit, die schlechte Gefühle einfach abschüttelt. Nach einem Rückschlag würde ich dem Team sagen, dass es sich einfach nur suhlen soll. »Leute, das ist scheiße. Wir arbeiten so hart und kümmern uns so sehr, und trotzdem … der heutige Tag verlief nicht nach unseren Vorstellungen. Erlauben wir uns, die Enttäuschung zu fühlen; sie ist real, und wir müssen nicht so tun, als wäre sie es nicht. Ich kann eure Enttäuschung gut nachempfinden, aber es gibt keinen Grund, warum ihr dabei schlechten Wein trinken solltet.«

In der Nacht der Beard Awards ging Richard Coraine in unseren Weinkeller und zauberte einige hübsche Flaschen hervor. Wir füllten den Raum mit Menschen, die uns liebten und an uns glaubten. Daniel Boulud kam in die Stadt und machte Rührei für alle, so wie er es zu meiner Studienzeit getan hatte. (Diesmal konnte ich ihm eine etwas bessere Küche anbieten.)

Die Party war vielleicht kein Spektakel, aber es war eine Feier: Kein James-Beard-Komitee konnte Daniel nehmen, was er in die Verfolgung seines Zieles gesteckt und wie viel er erreicht hatte. Und obwohl wir verloren hatten, war die Preisverleihung selbst wie eine Art Ankunft. Es war elektrisierend zu erkennen, dass wir plötzlich auf dem Radar von Leuten waren, deren Arbeit wir unser ganzes Berufsleben lang verfolgt hatten.

Dieser Abend war nicht einfach. Aber auch nicht niederschmetternd, denn die Entscheidung, zusammenzuhalten und sich gegenseitig aufzubauen, brachte uns einander noch näher.

Spannungen nicht scheuen

Die Arbeit in einem Restaurant ist herausfordernd: Es muss viel erledigt werden, und zwar schnell. Es gibt Treppen, heiße Küchen und Gäste mit konkurrierenden Wünschen und Erwartungen. Menschen aus den unterschiedlichsten Welten müssen lernen, miteinander auszukommen.

Wir waren zwar an einem Punkt angelangt, an dem jeder, der bei EMP arbeitete, auf das gleiche Ergebnis hinarbeitete – jeder Einzelne von uns wollte das Restaurant so gut wie möglich machen –, wir waren uns aber nicht immer einig, wie das am besten zu erreichen war.

Und die Reibereien zwischen uns wurden durch unseren Erfolgswahn nur noch verschärft. Ich habe das schon in anderen Unternehmen erlebt, wo sich alle so sehr um die Mission kümmern, dass sie vergessen, sich umeinander zu kümmern. Aus unserer gemeinsamen Leidenschaft, eine unserer größten Stärken, drohte eine gefährliche Schwäche zu werden.

Nach den Anstrengungen, eine Kultur der Zusammenarbeit, der Exzellenz und der Führung aufzubauen, mussten wir lernen, auch mit Spannungen umzugehen, sonst wäre alle Mühe umsonst gewesen.

Geht nicht wütend ins Bett

Wir begannen mit der alten Leier, die man jungen Eheleuten erzählt: Geht nicht wütend ins Bett. (Jetzt, wo ich verheiratet bin, bin ich mir nicht sicher, ob dies der beste Rat für eine Ehe ist, aber ich bleibe dabei, was berufliche Beziehungen betrifft.)

Wir gingen sogar so weit, dass wir eine Regel daraus machten, die immer wieder bei den Pre-Meals wiederholt wurde: Geh nicht von der Arbeit weg, wenn du über einen Kollegen verärgert oder über deine Arbeit frustriert bist; sprich darüber, bevor du nach Hause gehst.

In der Hitze des Gefechtes kann sich eine scheinbar unbedeutende Meinungsverschiedenheit – zum Beispiel, ob es wichtiger ist, Tisch 28 die Rechnung zu bringen, bevor man die Dessertteller von Tisch 24 abräumt – zu einer Situation hochschaukeln, in der zwei hervorragende Menschen überhaupt nicht mehr miteinander kommunizieren. Aber weil wir bei den Pre-Meals so viel darüber gesprochen hatten, war alles, was der Manager am Ende des Abends sagen musste, die folgenden fünf Worte: »Geh nicht wütend ins Bett.«

Dreißig Minuten später sah man die beiden Bedienungen im Flur miteinander reden, und am nächsten Abend sorgten sie gemeinsam für einen fantastischen Service an derselben Station.

Meiner Erfahrung nach wollen die Menschen in der Regel mehr Gehör als Zustimmung. Selbst wenn es keinem von ihnen gelang, die Meinung des anderen zu ändern, hatten sie sich zumindest gegenseitig Respekt gezollt, indem sie sich die Zeit nahmen, einander zuzuhören. Selbst wenn sie keine Lösung fanden, würden beide erleichterter ins Bett gehen.

Finden Sie die dritte Möglichkeit

Ich erinnere mich an einen Streit zwischen Daniel und mir nach unserer ersten großen Renovierung.

Ein Platzteller ist der dekorative Teller, den man bei Ankunft in einem Spitzenrestaurant zunächst am Platz vorfindet. Von diesen Tellern wird nicht gegessen, sondern sie werden in der Regel vor dem ersten Gang abgeräumt.

Ich denke, sie sind dämlich.

Für mich ist das Vorhandensein eines Platztellers auf dem Tisch ein Paradebeispiel für eine dieser ungeprüften Regeln der Spitzengastronomie: Wenn sie nur der Show dienen, absolut nichts zum Erlebnis des Gastes beitragen und sofort wieder entfernt werden, was ist dann ihr Sinn?

Doch Daniel mit seinem klassisch-europäischen Hintergrund war der Meinung, dass selbst ein schön gedeckter Tisch ohne sie nackt aussehe.

So ging es stundenlang hin und her: Ich fand sie nutzlos, er fand sie hübsch.

Um eine Pattsituation zu durchbrechen, versuchten wir manchmal, die Seiten zu wechseln. Leidenschaftliche Menschen verschanzen sich leicht in ihren jeweiligen Ansichten. Aber man kann nicht anders, als sich mit einer Ansicht anzufreunden, wenn man Partei für sie ergreifen muss. Wenn man die Seiten wechselt, wird man aus der sturen Konzentration auf »seine« Idee herausgerissen. Sie können aufhören, sich Gedanken über das Gewinnen des Streites zu machen, und können anfangen, darüber nachzudenken, was für das Unternehmen richtig ist.

In diesem Fall hat es leider nicht funktioniert.

Ich weiß nicht mehr, wer die dritte Möglichkeit vorgeschlagen hat, aber irgendwann wurde sie auf den Tisch gelegt – wörtlich und im übertragenen Sinne: Was wäre, wenn wir den Platzteller beibehalten, ihn aber nützlich machen würden?

Wir baten unseren brillanten Keramikdesigner Jono Pandolfi, einen Freund von mir aus der Highschool, der mit uns zusammenarbeitete, Platzteller mit einem schönen unglasierten Kreis in der Mitte zu entwerfen. Dieser Kreis war genauso groß wie der Boden der Schale für das Amuse-Bouche, den Gruß aus der Küche, mit dem ein Feinschmeckermenü eröffnet wird.

Aus der Auseinandersetzung heraus sind wir beide auf eine elegante und gastfreundliche Lösung gestoßen, auf die keiner von uns allein gekommen wäre.

Für mich war die Symbolik wunderschön. Als erfahrener Gourmet setzen Sie sich in der Erwartung hin, dass die Platzteller weggezaubert werden. Stattdessen blieben sie auf dem Tisch und boten den Gästen eine kleine Überraschung. Daniel deckte die Tische mit wunderschönen, maßgefertigten Keramiktellern ein, und ich konnte mich beruhigt zurücklehnen, da ich wusste, dass der Platzteller nicht überflüssig war, nicht nur eine leere Formalität, sondern anmutig den ersten Gang für den Gast in Szene setzte.

Den Sieg überlassen

In einem Jahr wollte Daniel für das Wintermenü nach dem Käse drei verschiedene Dessertgänge anbieten. Ich war besorgt, dass sich das Essen in die Länge ziehen und die Aufmerksamkeit der Leute schwinden könnte. Das Molkesorbet war absolut köstlich, aber wie hingerissen kann man von einem Sorbetgang schon sein? Könnten wir nicht – und sollten wir nicht – in Bewegung bleiben?

Daniel war unnachgiebig. Er hatte viel Arbeit in jedes dieser Desserts gesteckt und sich ernsthafte Gedanken darüber gemacht, wie die Gäste das Essen erleben würden. Nach einigem Hin und Her sagte er schließlich: »Es ist mir wichtig.« Das war alles, was er zu sagen brauchte. Ich ging zurück zum Team im Speisesaal und sagte ihm, dass wir das Tempo auf unserer Seite kontrollieren müssten, indem wir die Gänge effizienter servierten und abräumten.

Manchmal ist die einzige Möglichkeit, eine gute Partnerschaft zu erreichen, die Entscheidung, dass derjenige seinen Willen durchsetzt, dem eine Sache wichtiger ist. Nicht dass es mir egal gewesen wäre, wie viele Desserts wir servierten – wenn du leidenschaftlich und detailverliebt bist, ist dir alles wichtig. Aber Daniel war es eben wichtiger als mir.

Es gab eine ungeschriebene Konsequenz dieser Regel, nämlich dass keiner von uns die »Es ist mir wichtig«-Karte überstrapazieren und damit missbrauchen durfte. Meist stellten wir jedoch fest, dass die Bereitschaft, die eigene Position aufzugeben, dazu beitrug, Vertrauen zwischen uns aufzubauen.

Manchmal mussten wir es aber auch untereinander ausfechten.

Lernen Sie die Sprache der liebevollen Strenge

Einer meiner besten Freunde ist ein ausgeglichener, ruhiger Typ, den seine Angestellten schätzen und gernhaben. Eines Abends erwähnte er beim Abendessen, dass er sich über einen seiner Mitarbeiter ärgerte, der die unangenehme Angewohnheit hatte, neuen Führungskräften an den Karren zu fahren, indem er mit unerfahrenen Kollegen über sie herzog.

»Ich sage ihm immer wieder, dass das nicht geht«, beschwerte sich mein Freund verzweifelt. »Aber ich habe am Freitag mitbekommen, dass er es wieder getan hat. Ich scheine nicht zu ihm durchzudringen.«

»Hast du es mit Anschreien versucht?«, fragte ich.

Ich habe in meiner Karriere häufig gegen toxische Arbeitsumgebungen ankämpfen müssen. Wenn uns die letzten zehn Jahre etwas gelehrt haben, vor allem im Gaststättengewerbe, dann, dass Unternehmenskulturen, die auf Missbrauch, Belästigung und Manipulation basieren, nicht nur schrecklich und unethisch sind, sondern auch instabil und ineffizient.

Und trotzdem heißt das nicht, dass Ihre Unternehmenskultur zu hundert Prozent aus Milde und Leichtigkeit bestehen sollte.

Bei der Führung von Mitarbeitern kommt es auf zwei Dinge an: wie man sie lobt und wie man sie kritisiert. Das Lob, so möchte ich behaupten, ist das Wichtigere von beiden. **Aber ohne Kritik können keine Spitzenleistungen erbracht werden, also muss auch durchdachtes Vorgehen bei der Korrektur von Mitarbeitern Teil Ihrer Kultur sein.**

Einer der am häufigsten wiederholten Aussprüche von Richard Coraine war »One size fits one«. Er bezog sich dabei auf die Gastfreundschaft: Manche Gäste lieben es, wenn man bei ihnen am Tisch steht und plaudert, während andere wollen, dass man ihre Bestellung aufnimmt und dann verschwindet. Es ist Ihre Aufgabe, den Gast zu lesen und ihn so zu bedienen, wie er bedient werden möchte.

Es gibt keine Einheitsgröße bei den Regeln für den Umgang mit Menschen.

Gary Chapman rettete viele Liebesbeziehungen mit seinem 1992 erschienenen Buch *Die fünf Sprachen der Liebe*, in dem er die fünf allgemeinen Arten beschrieb, wie Menschen Liebe zeigen und erfahren möchten (Hilfsbereitschaft, Geschenkemachen, Zärtlichkeit, Zweisamkeit und Lob).

Chapman stellte fest, dass die Menschen dazu neigen, Liebe so zu zeigen, wie sie sie empfangen wollen. Wenn die Liebessprache Ihrer Partnerin zum Beispiel Hilfsbereitschaft ist, wird es besser ankommen, ihr eine Tasse Kaffee zu bringen, die genau so zubereitet ist, wie sie es mag, als sie mit einem Kuss zu überraschen, auch wenn Sie selbst lieber einen Kuss hätten.

So wie bestimmte Ausdrucksformen der Liebe bei manchen Menschen besser funktionieren als bei anderen, so gibt es auch verschiedene Ausdrucksformen der liebevollen Strenge. Ich bin mir nicht sicher, ob es fünf Sprachen der liebevollen Strenge gibt, aber es gibt Menschen, bei denen eine höfliche Korrektur nicht ankommt; diesen Menschen muss man ein wenig Dampf machen.

Als wir anfingen, zusammenzuarbeiten, wusste ich, dass Daniels Führungsstil anders war als meiner. Wie konnte es auch anders sein! Ich war in der netten, überrespektvollen Welt von Danny Meyers *Enlightened Hospitality* ausgebildet worden. Daniel hingegen hatte seit seinem 14. Lebensjahr in den aggressiven, kämpferischen Küchen europäischer Restaurants mit drei Michelin-Sternen gearbeitet, wo Gebrüll und Demütigungen, wenn nicht sogar Schlimmeres, an der Tagesordnung waren.

Mir gegenüber zeigte er sich immer von seiner besten Seite, aber in der Belegschaft kursierten Geschichten über sein Temperament, und ich hatte mehrmals mit ihm über das gesprochen, was ich mitbekommen hatte. »Komm schon, Alter«, sagte ich für gewöhnlich. »Du willst doch nicht einer dieser irren Köche sein.« Er würde lachen und mir zustimmen, und eine Woche später hörte ich wieder eine Geschichte, dass er bei jemandem ausgerastet sei.

Eines Tages war ich zufällig in der Küche, als ein Koch eine Krabbenroulade mit Avocado falsch anrichtete. Daniel nahm das Essen mit den Händen vom Teller und schleuderte es dem Koch direkt ins Gesicht.

Mir blieb der Mund offen stehen; ich konnte nicht glauben, was ich gerade gesehen hatte.

Das war absolut inakzeptabel.

Ich zerrte ihn den Flur entlang in unser Büro und schrie zum ersten Mal in meiner beruflichen Laufbahn einen Kollegen an.

»Wenn du Leuten Essen ins Gesicht wirfst, will ich nichts mit dir zu tun haben. Du bist wirklich gut, und ich finde es toll, was wir hier aufbauen, aber du musst dich jetzt entscheiden, welche Art von

Führungskraft du sein willst. Denn wenn du deine Küche so leiten willst, dann ohne mich. Du kannst dir jemand anderen suchen, der mit dir das Restaurant führt.«

Ich bin gut darin, mich zu entschuldigen, wenn im Eifer des Gefechtes beim Service mein Tonfall Frustration verrät, und es gibt Leute, die seit 15 Jahren für mich arbeiten und mich noch nie schreien gehört haben. Aber einige schon. Und in diesem Fall war die einzige Möglichkeit, zu Daniel durchzudringen, eine so extreme Konfrontation mit erhobener Stimme und einem Ultimatum, das ich auch durchzuziehen bereit war.

Er hat nie wieder eine Roulade oder etwas anderes geworfen. Tatsächlich erzählt er diese Geschichte selbst in der limitierten Ausgabe unseres Buches *Eleven Madison Park: The Next Chapter*, in dem er diesen Vorfall sowie meine Reaktion darauf als Wendepunkt bezeichnet.

Man muss die Menschen kennen, mit denen man zusammenarbeitet. Manche Menschen gehen ganz pragmatisch mit Kritik um; korrigieren Sie sie unter vier Augen und frei von Emotionen, und sie werden den Vorwurf genau so aufnehmen, wie er gemeint war. Drei Minuten später werden sie sich für den Fehler entschuldigt haben, sich die Sache merken und mit Ihnen über das gestrige Mets-Spiel plaudern.

Andere Leute sind empfindlich gegenüber Kritik. Das ist nicht unbedingt eine negative Eigenschaft, sondern in der Regel ein Zeichen dafür, dass sie gute Arbeit leisten wollen und sich zutiefst verletzt fühlen, wenn man ihnen unterstellt, einen Fehler gemacht zu haben. Aber diese Leute werden reagieren, egal was Sie sagen oder wie sanft und diplomatisch Sie es sagen, also sollten Sie besser einige Zeit damit verbringen, genau zu planen, wie Sie das Feedback verpacken. Und Sie tun gut daran, danach Zeit für sie einzuplanen, um sich mit ihnen zusammenzusetzen und sie wissen zu lassen, dass sie immer noch geschätzt werden.

Dann gibt es die Leute, die nicht hören können oder wollen, was Sie sagen, wenn es nicht mit einem kleinen Donnerwetter einhergeht. Wenn Ihr Verweis im Plauderton geschieht, wird man Ihnen nicht abnehmen, dass Sie es ernst meinen. Bei diesen Leuten müssen Sie sich ein bisschen echauffieren, auch wenn das nicht Ihr üblicher Führungsstil sein mag.

Mein ausgeglichener Freund berichtete, dass es ihm unangenehm gewesen sei, seine Stimme gegenüber dem problematischen Mitarbeiter zu erheben. Aber er hatte es getan, und ich war erfreut und nicht überrascht, als ich hörte, dass er bei dem Kerl endlich einen echten Fortschritt erzielt hatte.

Es ist wichtig zu beachten, dass selbst diese Art von Vorwürfen nach Ken Blanchard unter zwei Augen und ohne Emotionen vorgetragen werden muss. Als ich Daniel ins Büro schleppte, war meine Stimme zwar laut, aber meine Worte waren wohlüberlegt; ich war wegen der Situation aufgewühlt, ließ es mir aber nicht anmerken. Man kritisiert immer noch das Verhalten, nicht die Person, und eine erhobene Stimme bedeutet nicht, dass man die Kontrolle verloren hat und wütend ist. (Sie dürfen auf keinen Fall die Kontrolle verlieren und wütend werden.) Es ist einfach eine andere Sprache der liebevollen Strenge, nur etwas härter und lauter.

Ich sollte hier erwähnen, dass es eine Sprache der liebevollen Strenge gibt, die niemals funktionieren wird, und das ist Sarkasmus. Manager, vor allem junge, versuchen manchmal, Kritik in Humor zu hüllen, weil sie unsicher sind, wenn sie eine Rüge erteilen. Aber Sarkasmus ist immer das falsche Medium für eine ernsthafte Kommunikation. Es erniedrigt die Person, die kritisiert wird, die Botschaft, die Sie übermitteln, und, offen gesagt, auch Sie selbst.

Den meisten von uns fällt es nicht schwer, Lob auszusprechen; das ist der angenehme Part des Chefseins. Aber es ist schwer, jemanden zu kritisieren. Ich verbringe also viel Zeit mit meinen Managern, um über Kritik zu sprechen: wie man sie äußert, wie man sie empfängt und, was vielleicht am wichtigsten ist, wie man über sie denkt. Wir alle wollen gemocht werden, und wenn Sie jemandem einen Hinweis geben, was er anders und besser machen könnte, laufen Sie Gefahr, dass er demotiviert wird. Deshalb bin ich der Meinung, dass Korrektur anzubieten einer der besten Wege ist, jemandem zu zeigen, dass man sich um ihn kümmert. Es ist der reinste Ausdruck dafür, dass man die Bedürfnisse eines anderen über seine eigenen stellt, und das ist es, worum es bei der Gastfreundschaft geht. Lob ist Bestätigung, aber Kritik ist Investition.

Deshalb ist es so wichtig, unabhängig von der eigenen Position in der Hierarchie, in der Lage zu sein, Kritik dankbar anzunehmen. Es ist ganz normal, dass man sich ein wenig ärgert, wenn man nicht gut abschneidet, vor allem als Einserschüler, der stolz auf seine Arbeit ist. Wenn Sie aber ständig defensiv reagieren, wenn Sie immer zurückschlagen oder darauf bestehen, Ihre Fehler zu rechtfertigen, werden die Leute irgendwann aufhören, sie auf diese hinzuweisen. Sie haben es ihnen zu schwer gemacht, weiterhin in Sie zu investieren – und Sie werden infolgedessen aufhören zu wachsen.

Langsam einstellen, schnell entlassen – aber nicht zu schnell

Eines Abends berichtete ein Manager, er habe einen unserer besten Chefs de Rang – nennen wir ihn Ben – beim Trinken während der Arbeit erwischt. Wenn in einem Restaurant das Trinken am Arbeitsplatz nicht erlaubt ist (wie bei uns der Fall; in vielen anderen Restaurants ist es erlaubt), ist dies ein Grund für eine fristlose Entlassung. Aber anstatt ihm sofort zu sagen, er solle seine Koffer packen, bat ich ihn, sich zu setzen und mit mir zu reden.

»Ich bitte dich, mich nicht anzulügen: Hast du gestern Abend während der Schicht getrunken?«

Er ließ den Kopf hängen. »Ja. Es tut mir leid, und ich verstehe vollkommen, wenn du mich jetzt entlassen musst.«

Ich sagte: »Ich werde dich nicht gleich entlassen, aber ich bin mit diesem Verhalten nicht einverstanden. Du hast nicht nur mich enttäuscht, sondern das gesamte Team. Du solltest ein Anführer sein, aber statt zu führen, hast du dich betrunken.

Wir haben also zwei Möglichkeiten: Entweder du gehst gleich, wir geben uns die Hand, ich danke dir für all die Zeit, die du uns geschenkt hast, dafür, dass du Menschen glücklich gemacht hast, und dafür, wie viel du getan hast, um dieses Restaurant besser zu machen. Dann kannst du deinen Spind ausräumen und nach Hause gehen.

Aber wenn du bleiben willst, dann nimm dir morgen frei, komm übermorgen wieder und entschuldige dich bei allen, mit denen du gestern Abend gearbeitet hast. Sag ihnen, was du getan hast, warum du einsiehst, dass es ein Fehler war, und warum es dir leidtut. Und versprich mir, dass du das nie wieder machen wirst, und falls doch, dann sei dir sicher, dass ich dich auf der Stelle entlassen werde.«

Es war nicht leicht für Ben, diese Gespräche mit seinen Kollegen zu führen. Es war schwer, für ihn zu arbeiten, denn seine Ansprüche waren hoch; wer an seiner Station arbeitete, wurde von ihm zur Verantwortung gezogen. Aber in der Verletzlichkeit liegt eine enorme Kraft. Weil Ben die Verantwortung übernahm, vergaben ihm alle, die wütend auf ihn gewesen waren.

Ein paar Monate später trank Ben wieder während einer Schicht, und ich entließ ihn, wie ich es angekündigt hatte. (Ich freue mich, berichten zu können, dass dies als Weckruf diente; er ist jetzt auf dem Weg der Besserung und hat eine bemerkenswerte Karriere im Gastgewerbe hingelegt.) Aber ich habe es nicht bereut, ihm eine zweite Chance gegeben zu haben.

Die Menschen, mit denen Sie arbeiten, werden nie Ihre richtige Familie sein. Das heißt aber nicht, dass Sie nicht versuchen sollten, sie wie Familienmitglieder zu behandeln, was auch bedeuten kann, dass Sie eine der großen Managementweisheiten etwas abwandeln müssen: »Langsam einstellen und schnell entlassen.«

Ich glaube, wie ich bereits gesagt habe, an eine langsame Einstellung. Sie müssen sich in den ersten Monaten darüber im Klaren sein, ob jemand, der neu zum Team stößt, nicht der Richtige ist oder ob er einfach ein wenig zusätzliche Unterstützung braucht, um erfolgreich zu sein. Und Sie sollten es nicht unnötig hinauszögern, einen Störenfried zu entlassen; Sie müssen ihn loswerden, bevor er das Team aus dem Gleichgewicht bringt.

Gleichzeitig würden Sie aber auch nie ein Familienmitglied wegen eines einzigen Fehlers aus dem Haus werfen, oder? Vielleicht sollten wir das Sprichwort also ändern in »Langsam einstellen, schnell entlassen. Aber nicht zu schnell.«

Schaffen Sie Ihre eigenen Traditionen

Im Jahr 2007 öffneten wir zum ersten Mal zu Thanksgiving.

Dannys Restaurants hatten bis dato noch nie an einem der großen Feiertage geöffnet: Thanksgiving, Heiligabend, Weihnachten oder Neujahr. Es war ein Geschenk von ihm an seine Mitarbeiter, ein finanzielles Opfer, damit die Menschen, die für ihn arbeiteten, Zeit mit ihren Lieben verbringen konnten.

Aber ich wollte das Eleven Madison Park geöffnet haben.

Ich redete mit Paul Bolles-Beaven, einem von Dannys Partnern, bevor ich mich an Danny selbst wandte. »Er wird niemals darauf eingehen«, sagte er mir. »Dies ist ein wichtiger, fester Bestandteil unserer Unternehmenskultur.«

Aber Danny lässt sich immer gern herausfordern, und wenn man mit einem vernünftigen, durchdachten Argument auf ihn zugeht, wird er einen auch anhören. Also trug ich mein Anliegen vor. Einerseits ja: Es ist schön, an Thanksgiving frei zu haben, um sich auszuruhen und mit der Familie zu feiern. Aber die meisten Menschen, die in New Yorker Restaurants arbeiten, sind nicht aus New York City, sodass die meisten von ihnen diesen freien Tag gar nicht nutzen konnten, um nach Hause zu fahren.

Andererseits könnten wir es uns mit dem Geld, das wir durch die ganztägige Bewirtung verdienen würden, leisten, das Restaurant in den ersten Januartagen zu schließen, sodass die Leute genug Zeit hätten, nach Hause zu fahren. Wir konnten dem Personal immer noch ein Geschenk machen, aber eines, das sie auch wirklich gebrauchen könnten.

Danny gab mir recht.

Seine Bereitschaft, seine Urlaubspolitik zu überdenken, erinnerte mich daran, dass kein Aspekt eines Unternehmens für eine

Neubewertung tabu sein sollte. Ich habe den Mitarbeitern diese Geschichte immer dann erzählt, wenn ich sie dazu ermutigen wollte, Ideen einzubringen. »Seid nicht schüchtern. Selbst wenn wir stolz auf die Art und Weise sind, wie wir etwas Bestimmtes handhaben, auch wenn es sich wie ein fester Teil des Restaurants anfühlt, heißt das nicht, dass wir es nicht besser machen könnten: eleganter, effizienter, kreativer. Nichts ist heilig.«

Im ersten Jahr waren die Tische für Thanksgiving sofort nach ihrer Freigabe ausgebucht. Es war hilfreich, dass es in New York nicht so viele gute Restaurants gab, die an diesem Feiertag geöffnet hatten. Dieser Tag entwickelte sich am Ende für uns zu einem der geschäftigsten Tage des Jahres, und zwar jedes Jahr.

Es war auch einer der besten Arbeitstage, sodass das Team sich um diese Schicht sogar stritt. Auch ich mochte Thanksgiving gern und arbeitete jedes Jahr selbst; erst als ich verheiratet war, blieb ich nicht mehr bis ganz zum Schluss.

Daniel hatte wenig Erfahrung mit diesem sehr amerikanischen Feiertag, also arbeiteten wir mit seinen Sous-Chefs am Menü. Die Schicht an diesem Tag war immer lang, und wenn wir mit dem Bedienen der letzten Gäste fertig waren, setzte sich das gesamte Personal zu unserem eigenen Thanksgiving-Dinner zusammen.

Für das Team war es ein echtes Thanksgiving, wie ich es aus meiner Kindheit kenne, mit köstlichem Essen, einer Familie, die sich um einen Tisch versammelt, und Worten des Dankes. Wir schoben die Tische in der Mitte des prächtigen Speisesaals zusammen, schaufelten unsere Teller voll, öffneten den Wein und sagten reihum, wofür wir dankbar waren.

Die Verpflegung des Personals wurde bei den Vorbereitungen der Küche für den Tag berücksichtigt. Unser Abendessen war kein nachträglich aufgewärmtes Essen, das es nicht auf die Teller der Gäste geschafft hatte. Wir genossen genau das gleiche Essen, das wir den ganzen Tag über anderen serviert hatten, als Bufett. Unser Sommelier John Ragan hatte viele der Flaschen aufbewahrt, die Weinvertreter zur Verkostung ausgegeben hatten, sodass es einige gute Tropfen für den Abend gab.

Immer am Labor Day (Tag der Arbeit) schmissen Floyd Cardoz und seine brillante Frau Barkha in ihrem Haus in New Jersey ein Grillfest für die Mitarbeiter des Tabla. Dort tauschte Floyd sein schickes weißes Koch-Outfit gegen eine ausgesprochen uncoole Vorstadt-Grillmeisterkluft (ihn so zu sehen, flößte uns nur noch mehr Respekt vor ihm ein). Er hatte mir vorgelebt, dass ich bedenkenlos ich selbst sein kann, ohne meine Glaubwürdigkeit als Autoritätsperson und Chef zu verlieren, und dass ich das auch tun sollte.

An diesem ersten Erntedankfest und an allen folgenden hielt ich den ersten Trinkspruch und sprach dabei aus tiefstem Herzen. Ich sagte dem Team, dass ich dankbar sei, endlich einen Ort gefunden zu haben, an dem ich meine Neurosen nicht verstecken oder mich für sie schämen müsse. Das erntete Lacher, nicht nur weil alle Anwesenden von meinem Perfektionismus betroffen waren, sondern auch weil alle an diesem Tisch einen Teil ihres Arbeitslebens damit verbracht hatten, so zu tun, als kümmerten sie bestimmte Dinge nicht – aus Angst, verspottet zu werden. Bei EMP fühlten wir uns alle zugehörig. Jeden Tag forderten wir uns gegenseitig dazu heraus, immer besser zu werden, anstatt – wie es sonst üblich ist – uns auszubremsen.

Dann kam jeder der Reihe nach dran. Dabei war kein Nachteil, dass der Wein in Strömen floss; selbst diejenigen, die sich sonst nie in die Karten schauen ließen, begannen plötzlich zu erzählen. Es war unglaublich zu beobachten, wie die Menschen die Gelegenheit nutzten, offen und emotional miteinander zu sprechen.

Menschen, die eine besondere Begabung für Gastfreundschaft haben, sind in der Regel sehr sensibel. Sie nehmen alles wahr, sind empfindsam und kümmern sich. Das sind Superkräfte, aber diese Sensibilität kann auch dazu führen, dass sie nicht leicht im Umgang sind. Ich habe schon viele frustrierte Manager gehört, die sich über diese Art von Mitarbeiter beschwert haben: »Die sind so empfindlich! Ständig brauchen sie Zuspruch! Ich muss sie bei jeder Entscheidung unterstützen; ich muss sie bei jeder Veränderung an die Hand nehmen!«

Andererseits sind es gerade solche Eigenschaften, die diese Menschen so gut in ihrer Arbeit machen; sie brauchen diese feinen Antennen. Es braucht Mitgefühl, um zu erkennen, wenn ein Gast durch einen Raum eingeschüchtert ist – und eine sanfte Geste, um die Förmlichkeit zurückzuschrauben, damit niemand sich herablassend behandelt fühlt. Wenn der Spürsinn einer Kellnerin ihr sagt, dass an einem Tisch Frust aufkommt, weil das Essen so lang dauert, kann sie nach der Vorspeise sehen und sich entschuldigen, noch bevor sich der Gast beschwert hat. Und ein Kellner, der überdurchschnittlich aufmerksam auf andere achtet, erkennt Spannungen an einem Tisch, sobald er sich nähert; er kann dann die Gänge so takten, dass die Gäste ihr Problem lösen können, bevor ihnen der Rest des Menüs serviert wird.

Ich wusste, dass sensible Menschen besonders viel Zeit und Liebe brauchen. Diese Thanksgiving-Toasts schufen einen Raum dafür, in dem alle gemeinsam verletzlich sein konnten, und das tat gut. **Wenn Sie den Menschen, die für Sie arbeiten, das Gefühl geben, dass sie in einem Team gesehen und gehört werden, schafft das einen Raum, in dem sich alle besser kennenlernen können.**

Die Etablierung eigener Traditionen, wie wir sie mit Thanksgiving eingeführt haben, ist Teil einer vielschichtigen, facettenreichen Kultur. Eines meiner Lieblingszitate meines Vaters lautet: »Das Geheimnis des Glückes ist, immer etwas zu haben, auf das man sich freuen kann.« Dies war neben der Angst und der Trauer einer der Gründe, warum die Menschen es während der COVID-Lockdowns so schwer hatten. Ohne Theater, Sportveranstaltungen oder gar eine Verabredung zum Abendessen, auf die man sich freuen konnte, war es schwer, bei Laune zu bleiben.

Das gilt auch innerhalb von Organisationen, vor allem wenn man Stress hat. Wir hatten hart für die drei Sterne gearbeitet, aber das war nichts im Vergleich zu dem, was noch kommen sollte. Jedes Jahr brauchten wir etwas, worauf wir uns freuen konnten, und Thanksgiving wurde zu einer der schönsten Traditionen, auf die wir zählen konnten.

Eigene Traditionen sind wichtig für eine gesunde Kultur, aber – pfui, Geburtstagskuchen im Aufenthaltsraum – sie haben nur dann Bestand, wenn die Menschen sie wirklich mögen und sich darauf freuen. Neue Traditionen funktionieren nur, wenn sie authentisch sind, wenn sie einen echten Zweck erfüllen und ein echtes Bedürfnis befriedigen. Dies war definitiv der Schlüssel zu unserem Erfolg an Thanksgiving, da sich Restaurantangestellte an wichtigen Feiertagen oft ein wenig wie die verlorenen Jungs aus *Peter Pan* fühlen: hungrig und ungeliebt.

Die Mahlzeiten, die das Restaurantpersonal vor dem Service gemeinsam einnimmt, werden Familienessen genannt. Was sich sonst eher als ein Haufen Kollegen erwies, die vor dem Eindecken des Speisesaals eilig Kalorien in sich hineinstopften, wurde an diesem Thanksgiving zum ersten Mal eine Familie, die sich zum Essen zusammensetzt.

KAPITEL 13

BESTÄTIGUNG WIRKSAM EINSETZEN

Relais & Châteaux wurde 1954 gegründet und ist ein Zusammenschluss einiger der besten unabhängigen Restaurants und Hotels der Welt.

Man zahlt, um Mitglied zu sein, aber man muss auch akzeptiert werden, und die Richtlinien sind bekanntlich sehr streng. Die meisten Relais-Besitztümer sind historische Denkmäler, die dazugehörigen Restaurants exzellent. Um Ihnen eine Vorstellung von der Gesellschaft zu geben, in die wir aufgenommen zu werden hofften: Als wir uns bewarben, standen auf der Liste der amerikanischen Restaurants das French Laundry, das Daniel, das Le Bernardin, das Inn at Little Washington, das Jean-Georges und das Per Se.

Michelin-Sterne und Kritiken der *New York Times* sind keine Ehrungen, um die man bitten kann; man arbeitet hart, versucht, sein Bestes zu geben, und hofft, dass sie auftauchen, um einen zu bewerten. Aber man bewirbt sich bei Relais, wenn man denkt, dass man bereit ist, und 2008 dachten Daniel und ich, wir seien es.

Unsere Dreisternebewertung der *New York Times* war gut fürs Geschäft und für unsere Moral. Und obwohl wir keinen Hehl daraus machten, auf die vier Sterne zu schielen, vergehen normalerweise mindestens fünf Jahre zwischen den Bewertungen. Um unseren Schwung aufrechtzuerhalten, wollten wir eine weitere angesehene externe Instanz, die sagt: »Dies ist eines der großartigsten Restaurants in Amerika«, und es gab nicht viele Stellen, die dazu in der Lage waren.

Aber als wir Danny fragten, ob wir uns bewerben könnten, sagte er Nein. »Tut mir leid, Leute, aber wir sind noch nicht so weit; ich glaube, wir müssen noch ein Jahr warten.« Niedergeschlagen gingen wir weg; Danny hatte gesagt, wir seien noch nicht so weit, und wer wüsste das besser als er?

Aber ich konnte mich nicht damit abfinden. Jeden Abend sah ich während des Service, was für großartige Arbeit das Team leistete, und ich war überzeugt, dass er sich irrte.

Also ging ich wieder hin und fragte erneut: »Denkst du also ernsthaft, wir seien noch nicht so weit, uns zu bewerben?«

Es hat mich viel Überwindung gekostet zu fragen, und entgegen meiner Absichten klangen die Worte provokant. Aber ich vertraute darauf, dass Danny mich nicht missverstehen würde, dass er wusste, dass wir stolz auf unsere Arbeit im Eleven Madison Park waren und ehrgeizig genug, das auch dem Rest der Welt zu zeigen.

Und er verstand. Danny vertraute uns, und so auch jetzt: »Du siehst das Ganze mit anderen Augen, und die Tatsache, dass du wieder hier auftauchst und es versuchst, zeigt mir, dass du etwas weißt, was ich nicht weiß. Wenn ihr denkt, dass ihr bereit seid und es versuchen wollt, dann macht das.«

Also bewarben wir uns, nur um dann eine E-Mail zu erhalten, in der stand, dass wir die Frist verpasst hatten. Es würde ein ganzes Jahr dauern, bis wir uns wieder bewerben konnten.

Einige Tage später traf ich mich mit Daniel Boulud, der uns ursprünglich zur Bewerbung ermutigt hatte. »Wir haben die Bewerbungsfrist um eine Woche verpasst«, erzählte ich ihm. »Wir müssen bis zum nächsten Jahr warten.«

»Nein, nein, nein«, sagte er. »Das stimmt nicht. Mal sehen, ob ich helfen kann.«

Ein paar Tage später rief er mich an und bot mir in einem Akt großer Freundlichkeit an, sich mit Relais & Châteaux in Verbindung zu setzen, um ihnen zu sagen, dass wir seiner Meinung nach bereit seien. Er sagte, um eine Wirkung zu erzielen, bräuchte er die Unterstützung von weiteren Köchen, und – das bemerkte er in aller Höflichkeit – diese Köche müssten bei uns gespeist haben, um sich ihrer Empfehlung wirklich sicher sein zu können.

So kam es, dass Daniel Boulud, Thomas Keller von der French Laundry und Patrick O'Connell vom Inn at Little Washington eine Woche später zu uns zum Essen kamen.

Man kann gar nicht hoch genug einschätzen, welchen Eindruck dieses Trio, das an Tisch 74 saß, bei der Belegschaft machte. Stellen Sie sich vor, David Bowie, Mick Jagger und Paul McCartney hängen an Ihrem Arbeitsplatz ab und trinken Wein – für uns war das sogar noch eine Nummer größer.

Sie dort sitzen zu sehen, war für mich und Daniel sehr wichtig, aber die Mitarbeiter schwebten regelrecht auf Wolke sieben. Mir wurde klar, warum: Daniel und ich nahmen an Wohltätigkeitsdinners und Veranstaltungen mit anderen Gastronomen teil; wir gingen zu den James Beard Awards mit Köchen und Sommeliers aus dem ganzen Land. Wir waren immer öfter unterwegs und hörten direkt von Leuten, die wir bewunderten, dass sie sich auch von unserer Arbeit inspirieren ließen.

Wir beide hatten uns Mühe gegeben, dem Team diese Begeisterung zu vermitteln. Wenn in der Presse gut von uns gesprochen wurde, las ich die Artikel beim Pre-Meal laut vor, wenn ein Gast eine überschwängliche Mail schickte oder wenn ein anderer Gastronom uns ein Kompliment machte, las ich die E-Mails vor. Als Daniel Boulud das erste Mal erwähnte, wir sollten uns seiner Meinung nach bei Relais bewerben, war ich so aufgeregt, dass ich es kaum erwarten konnte, dem Team beim Pre-Meal zu sagen, wie stolz ich auf alles war, was sie erreicht hatten.

Aber als diese drei Koryphäen in unserem Restaurant saßen und dem Team direkt Komplimente machten, wurde mir klar, wie wichtig es für sie war, dieses Lob direkt von der Quelle zu hören. Nach diesem Abend begann ich, so viel externe Bestätigung für das Team zu bekommen, wie ich konnte.

Teilen Sie das Rampenlicht

Als ich im MoMA arbeitete, wurde ich in einem kleinen Bericht über das Café in *Time Out New York* namentlich erwähnt.

Im Großen und Ganzen ist eine viertel Seite in einer Wochenzeitschrift kein großes Medienecho, aber es war das erste Mal, dass mein Name in der Presse erwähnt wurde, und ich war wirklich stolz. Ich ging zum Kiosk und kaufte mehrere Exemplare, darunter eines, das ich meinem Vater schicken wollte.

Als EMP immer mehr Presse bekam, achtete ich darauf, dass diejenigen, die es verdient hatten, im Rampenlicht standen und die Stars der Show waren. Wenn sich ein PR-Mensch wegen unseres Bierangebots meldete, stellte ich den Kontakt zu Kirk Kelewae her, der dafür verantwortlich war, und sorgte dafür, dass Kirks Name in dem nachfolgenden Artikel erschien.

Dadurch wurde nicht nur sichergestellt, dass Kirk die Anerkennung erhielt, die er so sehr verdiente, sondern es brachte auch alle anderen im Team zum Nachdenken: Hey! Ich möchte auch diese Art von Anerkennung.

Leider tritt das gegenteilige Problem so häufig auf, dass es direkt angesprochen werden muss: Lassen Sie sich nicht für die Arbeit anderer loben.

Ich kann gar nicht zählen, wie oft ich *Bon Appétit* oder *Food & Wine* aufgeschlagen habe, um einen Koch zu sehen, der ein Rezept preisgab, das einer seiner talentierten Sous-Chefs entwickelt hatte, oder einen Besitzer, der sich damit brüstete, eine Weinkarte entwickelt zu haben, die eigentlich die Handschrift seines Sommeliers trug.

Ein besonders dreistes Beispiel: Eines Nachmittags scrollte ich durch Instagram und stolperte über den Beitrag eines berühmten Koches: ein Foto seiner »Inspiration« für eines der Vorzeigegerichte seines Restaurants. Es überraschte niemanden, als kurze Zeit später der brillante Sous-Chef, der wirklich jeden Aspekt des Gerichtes entwickelt hatte, einschließlich seiner unverwechselbaren Präsentation, für eine Stelle in einem anderen Restaurant kündigte.

Ich bekomme viel Medienaufmerksamkeit und habe es nicht nötig, dass die Welt mich für ein Biergenie hält, wenn ich im Grunde genommen nicht einmal den Unterschied zwischen einem Pils und einem Dr. Pepper hätte nennen können, bevor Kirk mich unter seine Fittiche nahm. Als Führungskraft würde ich sowieso lieber die Anerkennung dafür bekommen, dass ich die Bedingungen dafür geschaffen habe, dass Kirk eine preisgekrönte Bierauswahl kreieren konnte.

Freunde in Führungspositionen in anderen Restaurants hielten meine Strategie für einen Irrweg. »Sie werden abgeworben«, warnten sie mich jedes Mal, wenn jemand aus meinem Team lobend erwähnt wurde.

In gewisser Weise hatten sie recht: Je mehr Aufmerksamkeit die Leute bekamen, desto mehr Jobangebote bekamen sie auch. Aber ich ziehe es vor, Entscheidungen auf der Grundlage von Hoffnung und nicht von Angst zu treffen. Es war meine Aufgabe, mich so gut um meine Leute zu kümmern, dass sie gar nicht mehr gehen wollten. Im Allgemeinen funktionierte das, wahrscheinlich weil klar war, dass wir uns auf Großes vorbereiteten, und die Talente, die wir eingestellt hatten, witterten das.

Manchmal verließen uns auch Leute, denen wir viel Aufmerksamkeit geschenkt hatten. Meine Philosophie war: Dann soll es so sein. Die Menschen werden weiterziehen, und mir ist es lieber, wenn sie mit einem heldenhaften Gefühl gehen. Schüler unseres Restaurants, die da draußen außergewöhnlich gute Arbeit leisten? Auch das war für uns gut.

Das Risiko war es wert, denn je mehr Mini-Celebrities ich im Team hatte, desto länger war die Schlange der Leute, die draußen an die Tür klopften, um mit uns zu arbeiten. Und es entlastete auch mich und Daniel, denn mit jedem Artikel stieg die Wahrscheinlichkeit, dass ein Gast, der das Restaurant besuchte, Kontakt zu einem Mitarbeiter hatte, von dem er schon mal gehört oder über den er gelesen hatte.

Es ist mir nicht entgangen, dass nicht alle Unternehmen ein so gutes Verhältnis zu den Medien haben wie Restaurants. Aber jedes Unternehmen hat externe Stakeholder, seien es Vorstandsmitglieder, Follower in den sozialen Medien oder Mitglieder der Gemeinschaft, der Sie angehören. Wenn jemand da draußen Ihr Unternehmen dabei erwischt, wie es etwas richtig macht, setzen Sie es wirksam ein, und wenn diese Bestätigung von außen kommt, leiten Sie sie an die betreffenden Personen weiter.

Wenn ein Vertriebshändler Sie dafür lobt, dass Sie Ihre Bestellungen immer pünktlich einreichen, bitten Sie ihn, dies zu wiederholen, sobald Sie ihn mit der dafür zuständigen Person verbunden haben. Wenn ein Investor feststellt, dass Ihre Berichte immer pünktlich, detailliert und klar sind, schnappen Sie sich die Buchhalterin, die diese Berichte erstellt, und nehmen Sie sie mit in die Besprechung, damit sie sich in Lob sonnen kann.

Verwenden Sie jedes Werkzeug aus Ihrem Werkzeugkasten

Wenn ein Kellner oder eine der Managerinnen einen erstaunlichen Akt der Gastfreundschaft vollbrachten, sorgte ich dafür, dass die hohen Tiere bei Union Square Hospitality Group alles darüber erfuhren.

Ja, es war ein Mittel, um den Kontakt zu halten, sie wissen zu lassen, dass wir alles im Griff hatten; und ich genoss es, zu berichten, dass mein Team Spitzenleistungen brachte. Außerdem ging es bei der Weiterleitung einer E-Mail, die wir von einem begeisterten Kunden erhalten hatten, nicht darum, mich gut aussehen zu lassen, sondern darum, Danny mit Informationen zu versorgen, die er bei seinem nächsten Besuch gebrauchen konnte.

Wenn ich einen Bericht eines Gastes über den charmanten, aufmerksamen Service weitergeleitet hatte, konnte Danny den zuständigen Chef de Rang zur Seite nehmen, um sich zu bedanken. Wenn er Bescheid darüber wusste, dass eine Reservierungsleiterin alles gegeben hatte, für einen besonderen Jahrestag einen Tisch zu reservieren, konnte er ihr direkt ein Kompliment für die geleistete Arbeit machen.

Als Führungskraft müssen Sie alle Instrumente einsetzen, um die Arbeitsmoral aufzubauen und hochzuhalten. Dies ist eine ständige Aufgabe für einen Manager, ein tägliches Streben – und es ist keine leichte Aufgabe. Ich glaube durchaus, dass mein Team mich respektierte und sich von mir inspirieren ließ und dass ein Wort der Bestätigung von mir viel bewirkte. Aber Realität war, dass wir jeden Tag den ganzen Tag zusammen verbrachten, und kein Lob, das ich aussprach, hatte dieselbe Wirkung wie ein Lob von jemandem mit einer höheren Position. Vor allem wenn der Chef des Unternehmens Danny Meyer hieß, den alle so sehr liebten und respektierten.

Klar, eine Führungskraft möchte, dass die Mitarbeiter in ihrem Team sie als ultimative Autoritätsperson sehen. Doch deshalb die eigenen Vorgesetzten auszugrenzen, ist ein Mangel an Selbstvertrauen, und es ist kurzsichtig. Randy Garutti, mein alter Chef beim Tabla, hatte nie Angst, dass ich weniger Respekt vor ihm hätte, weil Danny Meyer mich lobte; im Gegenteil, er konnte beobachten, dass ich dadurch härter arbeitete.

Ich wusste besser als jeder andere, dass ein Wort des Dankes von Danny wie ein Turboantrieb wirkte. Warum sollten wir das nicht zu unserem gemeinsamen Vorteil nutzen, anstatt uns davon verunsichern zu lassen? Also leitete ich diese E-Mails weiter und sorgte dafür, dass unsere Mitarbeiter reichlich mit diesem Treibstoff versorgt wurden.

Hartnäckigkeit und Entschlossenheit allein sind allmächtig

Daniel Boulud, Thomas Keller und Patrick O'Connell als Gäste zu begrüßen, sorgte dafür, dass alle ein wenig aufrechter gingen. Die Unvernunft hat gewirkt, und das Team konnte es spüren.

Auch diese drei Köche konnten es spüren. Alle drei schickten Briefe an Relais & Châteaux, in denen sie schrieben, wir seien eines der besten Restaurants in New York, und es wäre ein Fehler, noch ein Jahr mit der Bewertung zu warten.

(Erfreulicherweise hatte unsere Bewerbung als Nachzügler mit den persönlichen Empfehlungsschreiben von drei der renommiertesten Köche Amerikas eine viel stärkere Wirkung, als sie es gehabt hätte, wenn wir die Frist eingehalten hätten.)

Relais schickte uns einen anonymen Gutachter, wir wussten weder, wer er war, noch wann er uns besucht hatte. Offenbar hat er den Besuch bei uns genossen, denn ein paar Monate später erfuhren wir, dass wir in den Verband aufgenommen worden waren.

Es war mir eine große Ehre, die Plakette vor dem Restaurant aufzuhängen – und es bedeutete auch Daniel unheimlich viel, der aus Europa kam, wo dieser Preis noch mehr Ansehen genießt. Es war auch das erste Mal, dass wir von einer bedeutenden Organisation auf eine Stufe mit Restaurants wie Daniel, Le Bernardin, Jean-Georges und Per Se gestellt wurden.

Zuvor war eine andere Plakette in mein Leben getreten. Als ich noch klein war, schenkte mir mein Vater eine mit einer Gravur seines Lieblingszitats von Calvin Coolidge. Sie hing in meinem Kinderzimmer, dann in meinem Studentenwohnheim, und jetzt hängt sie immer noch hier über meinem Schreibtisch.

Das Zitat lautet:

> *Nichts auf dieser Welt kann Hartnäckigkeit ersetzen. Talent nicht; nichts ist häufiger als erfolglose Menschen mit Talent. Genialität nicht, Genialität, die nicht anerkannt wird, ist fast schon Gemeinplatz. Bildung nicht; die Welt ist voll von gebildeten Versagern. Nur Hartnäckigkeit und Entschlossenheit sind allmächtig.*

Es wäre leicht gewesen, Relais & Châteaux zu vergessen, nachdem Danny gesagt hatte, wir seien noch nicht so weit. Und ja, es wäre absolut beschämend gewesen, wenn wir abgelehnt worden wären, nachdem ich ihn gedrängt hatte, es uns versuchen zu lassen. Aber man kommt nicht an die Spitze, wenn man ein Nein als Antwort akzeptiert, vor allem nicht das erste Nein. Wir mussten bereit sein zu scheitern.

Unsere Aufnahme in Relais & Châteaux beflügelte uns ungemein; die Bestätigung ermutigte viele dazu, noch einmal einen neuen Blick auf uns zu werfen. Wir setzten die Auszeichnung wirksam ein, und sie brachte uns auf unserem Weg weiter. Zu beobachten, welche Wirkung diese drei Köche in unserem Speisesaal auf das Team hatten, zeigte mir, wie wertvoll Bestätigung für eine Kultur sein kann, wenn wir sie wirksam einsetzen. Sicherlich fühlt sich Lob gut an, aber der Dopaminschub hält nur eine gewisse Zeit an. Wenn wir dieses Lob aber bewusst einsetzen, um unser Team zu ermutigen, zu inspirieren und aufzurichten, schafft dies dauerhaften Aufwind.

KAPITEL 14

DAS GLEICHGEWICHT WIEDERHERSTELLEN

Ehrgeiz ist etwas Aussergewöhnliches: ein Kernreaktor, der unbegrenzte Energiemengen liefert. Die Aufnahme in Relais & Châteaux gab uns einen Vorgeschmack auf den Erfolg, und wir waren hungrig nach mehr … viel mehr.

Das war 2008. Ich war 28 Jahre alt. Ich war weder verheiratet, noch hatte ich Kinder. Eleven Madison Park war mein Ein und Alles.

Ich war nicht allein; das gesamte Führungsteam hatte der Ehrgeiz gepackt. Wir arbeiteten die ganze Zeit, angetrieben von der Kraft all der unvernünftigen Ziele, die wir uns selbst und dem Restaurant gesetzt hatten.

Wir wollten, dass aus EMP ein Viersternerestaurant wird – nicht nur ein sehr gutes Dreisternerestaurant.

Und weil wir dieses Ziel unbedingt erreichen wollten und jeden Tag leidenschaftlich daran arbeiteten, war auch das Team angesteckt und stürzte sich voll und ganz in die Arbeit. Das gesamte Team im

Speisesaal war so routiniert und eifrig, dass wir fast ein Spiel daraus machten, bei dem es darum ging, welches winzige Service-Detail wir verbessern konnten, indem wir es verkomplizierten. In der Küche fügten Daniel und sein Team den Gerichten immer kompliziertere Komponenten hinzu. Die Vorbereitungslisten wurden immer länger, die Techniken immer komplexer. Wir alle taten alles, was nötig war, um die Sache auf die nächste Stufe zu heben.

Wir waren Feuer und Flamme.

Dann, eines Abends um 23 Uhr, rannte eine Köchin, die in der Frühschicht arbeitete, panisch durch die Tür. In ihrer Schlaflosigkeit, ihrem Stress und ihrer Orientierungslosigkeit dachte sie, sie käme zwei Stunden zu spät zu ihrer Neun-Uhr-Schicht; in Wirklichkeit war sie zehn Stunden zu früh dran.

Wahrscheinlich gab es noch andere Anzeichen dafür, dass wir zu viel Gas gaben, aber dieses Mal mussten wir kurz anhalten und uns die Augen reiben. In diesem Moment wurde uns klar: Unser Ehrgeiz hatte uns überrollt. Der Kernreaktor schmolz.

Es wird viel darüber geschrieben, dass Führungskräfte die Vision haben müssen, nach vorn zu schauen; meiner Meinung nach wird nicht genug darüber geschrieben, dass Führungskräfte auch nach unten schauen müssen, um zu sehen, was wirklich unter ihren Füßen ist. Wie Wile E. Coyote waren wir so sehr darauf konzentriert, den Road Runner zu fangen, dass wir, ohne es zu merken, über die Klippe gerannt sind. Wir hatten uns so sehr auf die Gestaltung des Gästeerlebnisses konzentriert, dass wir vergessen hatten, auf unsere eigene Kultur zu achten.

Wir hatten unser Gleichgewicht verloren, und das mussten wir wiederfinden.

Runterschalten, um zu beschleunigen

Kevin Boehm, der CEO und Mitbegründer der Boka-Restaurantgruppe in Chicago, sprach auf der Welcome Conference auf bewegende Weise über eine schwierige Phase, die er genau zu dem Zeitpunkt durchlebte, als alles in seinem Leben wunderbar zu laufen schien.

Er erzählte den Zuhörern, wie er sein ganzes Leben lang zu allem übermütig Ja gesagt hatte und wie er fälschlicherweise geglaubt hatte, dies sei der Grund für seine Depressionen und Ängste. Was er jedoch erkannte, war Folgendes:

> Ich kann nur dann authentisch,
> inspirierend und aufbauend sein, wenn ich
> mir die Zeit nehme, mich selbst zu
> erholen … Dies ist kein passives Streben,
> sondern ein aktives. Die Dinge, die ich
> kontrollieren kann –
>
> Achtsamkeit, Ernährung, Bewegung,
> Einstellung und mit wem ich meine Zeit
> verbringe –, diese Dinge haben Vorrang
> vor allem anderen. Wenn ich mich also auf
> etwas stürze, bin ich mit der mentalen
> Stärke ausgestattet, um sicherzustellen,
> dass mein Ehrgeiz nicht die Klarheit
> untergräbt, die mir all diese großartigen
> Chancen überhaupt erst ermöglicht hat.

Das öffnete mir die Augen. Die Sicherheitsanweisungen, die die Flugbegleiterinnen vor dem Start geben, sind eindeutig: »Setzen Sie zuerst Ihre eigene Sauerstoffmaske auf, bevor Sie anderen helfen.« Aber wenn man im Gastgewerbe tätig ist, kann sich diese Anweisung falsch anfühlen. Sollten wir nicht andere an die erste Stelle setzen und uns um sie kümmern, bevor wir uns um uns selbst kümmern?

Die Antwort ist nein. Wenn man sich nicht um seine eigenen Bedürfnisse kümmert, kann man den Menschen um sich herum nicht helfen. Stolz und Ehrgeiz haben uns dazu motiviert, nach vorn zu preschen, zu optimieren, härter zu arbeiten und jeden Tag mehr von uns und unserem Umfeld zu verlangen. Aber man kann nicht endlos aus seinen Reserven schöpfen, ohne sie jemals aufzufüllen.

Also, nach reiflicher Überlegung, und nicht ohne Bedauern, beschlossen Daniel und ich, dass wir es langsamer angehen lassen sollten.

Wir änderten die Speisekarte nicht mehr so häufig, sodass alle mehr Zeit hatten, auf dem Laufenden zu bleiben. Wir stellten mehr Leute ein, um nicht mehr so schwach besetzt zu sein. Wir strichen viele der Schnörkel, die wir dem Service hinzugefügt hatten. Um nur ein kleines Beispiel zu nennen: Wir servierten viele der Saucen und zusätzlichen Komponenten der Gerichte direkt am Tisch. Da diese auf einem separaten Tablett an den Tisch gebracht werden mussten, benötigten wir doppelt so viele Runner. Aber wir hatten nicht doppelt so viele Runner, also war es meistens einer der Manager, der mit dem Tablett nachkam. Um den Druck abzubauen, richteten wir die Saucen wieder in der Küche an. Auch wenn das Servieren der Gerichte so etwas weniger effektvoll war, bedeutete die Änderung doch, dass sich die Manager wieder der Unterstützung der Mannschaft auf dem Spielfeld widmen konnten.

Es war schade, diese Extras zu verlieren; vielen unserer Gäste ist ihr Fehlen aufgefallen. Aber sie zu bewahren, war den Aufwand nicht wert, wenn dadurch das Personal in Mitleidenschaft gezogen wurde. Ich rief mir ins Gedächtnis: Wenn das Hinzufügen eines weiteren Elementes bedeutet, dass alles andere etwas weniger glattläuft, dann schaff es wieder ab. **Weniger machen, aber gut.**

Der kulturelle Neustart wurde wahrscheinlich am deutlichsten bei den Themen, die wir bei den Pre-Meal-Meetings behandelten. Monatelang hatten wir uns darauf konzentriert, wie wir über uns hinauswachsen und etwas erreichen konnten. Nun war es an der Zeit, dieselbe Kreativität und Innovation auf unsere Belegschaft zu richten und auf nachhaltigere Art erfolgreich zu sein.

Jeder Mensch hat einen anderen Sauerstoffbedarf, und wir müssen selbst herausfinden, wie viel wir zum Atmen brauchen. Für mich bedeutet Entspannung einen Abend allein auf der Couch, chinesisches Essen zum Mitnehmen und Fernsehprogramme, die zu schlecht sind, um sie hier zu nennen. Der Sauerstoff für meine Frau ist eine Wanderung oder eine Joggingrunde.

Vielleicht ist es CrossFit, Yoga, eine lange Radtour, Kochen, Malen, ein Konzertbesuch oder mit Freunden auf einer Decke im Park liegen. Bewegung, Natur, Gemeinschaft und kreatives Schaffen sind beliebte Möglichkeiten, um abzuschalten, aber auch hier gibt es keine allgemeingültigen Regeln. Jeder muss für sich selbst herausfinden, was ihm guttut.

Und daran arbeiteten wir mit dem Team. Wir ermutigten sie, ihren Sauerstoff zu finden und sich die Zeit zum Atmen zu nehmen. Die Entschleunigung sollte nicht nur ein Trostpflaster sein. Es ging darum, eine solide Grundlage für die Zukunft zu schaffen, damit wir, sobald wir wieder schneller werden mussten (und das würden wir sehr bald), zu geistiger und körperlicher Hochform auflaufen konnten.

Der Klub des Tiefdurchatmens

Mein guter Freund Andrew Tepper arbeitete jahrelang in einer psychiatrischen Klinik für Kinder und Jugendliche. Als er dort anfing, war er schockiert, wie viele Kinder regelmäßig ausrasteten und drohten, sich selbst und andere zu verletzen. Er war auch besorgt, wie viele Beruhigungsmittel das Personal verordnete.

Er begann, den Kindern beruhigende Atemtechniken beizubringen, die sie anwenden konnten, wenn sie sich aufregten. Obwohl die Techniken unglaublich effektiv waren, fiel es ihm schwer, die Kinder dazu zu bringen, sie konsequent anzuwenden. (Eine gute Idee ist eine Sache, sie zu verwirklichen eine andere.) Einige Monate später stieß er beim Durchstöbern des Kellers seiner Eltern auf eine Siebdruckausrüstung, die er noch aus der Schulzeit besaß.

Er benutzte sie, um eine Reihe von wirklich coolen T-Shirts vorn mit den Blockbuchstaben DBC (Deep Breathing Club) zu bedrucken. Wenn ein Kind drei potenzielle Zwischenfälle durch tiefes Atmen überstand, anstatt zu schreien oder gewalttätig zu werden, verdiente es sich ein T-Shirt. Er bestärkte damit gleichzeitig gutes Verhalten und machte tief durchatmen cool.

Fünf Monate später trug die Hälfte der Kinder im Krankenhaus ein DBC-Shirt. Die Anzahl der Zusammenbrüche und die Menge der verschriebenen Beruhigungsmittel gingen deutlich zurück.

Wir hatten unsere eigene Version eines kollektiven Zusammenbruches im EMP. Sauerstoffmasken waren eine Sache, eine notwendige Lösung auf lange Sicht. Aber wir brauchten auch ein sofort wirksames Mittel.

Kennen Sie das, wenn Sie in der Klemme sitzen, völlig am Ende sind und nicht mehr weiterwissen? Solche Krisenmomente gibt es oft in Restaurants und in den meisten Situationen, bei denen Menschen hohem Druck ausgesetzt sind. Wenn Sie auch nur über einen Hauch emotionale Intelligenz verfügen, wissen Sie, dass die Worte »Beruhig dich« oder »Komm runter« zu einer Person, die gerade ausflippt, wie Feuerzeugbenzin auf ein Lagerfeuer wirkt, das bereits kurz davor ist, außer Kontrolle zu geraten.

Aber dennoch: Es muss einen Satz geben, einen Rettungsanker, der die andere Person zu sich selbst zurückbringt, um die Hilfe zu bitten, die sie braucht. Denn in den meisten Fällen ist es eine einfache Handlung, wie etwa den Manager bitten, einem Tisch das Besteck für den nächsten Gang zu bringen, um der in Panik geratenen Person etwas Luft zu verschaffen.

Ich lud Andrew zu einem Pre-Meal-Meeting ein, um dem Team von DBC zu erzählen, von der Idee, dass ein paar tiefe Atemzüge alles sein können, was man braucht, um eine scheinbar unmögliche Situation zu bewältigen. (Er brachte T-Shirts mit.) Das Konzept wurde zu einem der beständigsten Elemente unserer Kultur. In Krisenmomenten brauchten wir nur auf einen überforderten Kollegen zuzugehen und zu sagen: »DBC.« Sie hielten inne und atmeten ein paarmal tief durch. Die eigentliche Botschaft war: »Ich sehe, was du durchmachst. Wir stehen das gemeinsam durch, also was kann ich jetzt tun, um dir zu helfen?«

Das Revers berühren

Bei unseren Managersitzungen ging es seither weniger um die Verbesserung des Gästeerlebnisses als vielmehr darum, wie wir das Restaurant für uns alle nachhaltiger gestalten konnten. Unsere Pre-Meal-Meetings folgten diesem Beispiel und drehten sich fast nur noch darum, wie das Gleichgewicht wiederhergestellt werden konnte.

Da die Kultur der Zusammenarbeit im Eleven Madison Park bereits fest verankert war, war es nur eine Frage der Zeit, bis sich das Team einbringen würde. Von der Vorbereitung bis zur Zeitplanung wurde alles überarbeitet.

Eine scheinbar kleine, aber außerordentlich wichtige Idee kam von einem langjährigen Chef de Rang, Kevin Browne.

Die vom Baseball inspirierte Zeichensprache, mit der wir die Wasserpräferenz eines Tisches kommunizierten, hatte sich als so effektiv erwiesen, dass wir ständig auf der Suche nach neuen Zeichen waren, um uns das Leben einfacher und den Service für die Gäste besser zu machen. Kevin hatte eine Idee, die unsere Kultur veränderte: Wenn man mit einem Kollegen Blickkontakt aufnahm und sein Revers berührte, bedeutete das: »Ich brauche Hilfe.«

Es konnte oft schwierig sein, mitten im Betrieb um Hilfe zu bitten. Ein Kellner musste seinem Manager unter Umständen durch den ganzen riesigen Speisesaal verfolgen; oft blieb dieser dann genau in dem Moment an einem Tisch stehen, als er ihn fast eingeholt hatte. Das bedeutete, dass der Kellner warten musste, während sich seine Aufgaben weiter auftürmten. Wenn sie so viel zu tun hatten, dass sie Hilfe brauchten, waren sie durch den hohen Zeitaufwand für die Suche nach Hilfe nur noch mehr überfordert. Oftmals gaben sie auf und landeten wieder an ihrer Station, und die Lage war dann meist noch schlimmer als vor dem Versuch, Hilfe zu bekommen.

Nachdem wir Kevins Signal eingeführt hatten, konnte ein Kellner Blickkontakt mit seinem Manager oder einem seiner Kollegen aufnehmen und sein Revers berühren, woraufhin die andere Person so schnell wie möglich zu Hilfe kam.

Es war eine kleine Geste, aber die Wirkung, die sie auf das Restaurant hatte, war enorm. DBC erleichterte es uns, Hilfe zu leisten; Kevins Idee erleichterte es uns, um Hilfe zu bitten.

Ich glaube, dieses Zeichen wurde zu einem der wichtigsten und langlebigsten, denn immer wieder sah ich danach in Restaurants im ganzen Land dieses Zeichen – unsere Ehemaligen reichten es auch in ihren nachfolgenden Jobs immer weiter.

Seien wir ehrlich: Um Hilfe zu bitten, ist schwer, besonders für die Leute, die damals bei EMP arbeiteten: Vollblüter, die daran gewöhnt waren, die Besten zu sein, und die es nicht gut ertrugen, dass jemand dachte, sie könnten ihr Arbeitspensum nicht bewältigen. Tatsächlich waren es oft unsere besten Mitarbeiter, die in Schwierigkeiten gerieten, weil sie am seltensten um Hilfe baten.

Die Fähigkeit, um Hilfe zu bitten, zeugt von Stärke und Selbstbewusstsein. Es zeigt, dass Sie Ihre Fähigkeiten kennen und wissen, was um Sie herum geschieht. Menschen, die sich weigern, um Hilfe zu bitten, die glauben, alles allein bewältigen zu können, betrügen sich selbst und erweisen ihren Mitmenschen einen schlechten Dienst. Wie Danny Meyer zu sagen pflegte, ist Gastfreundschaft ein Mannschaftssport. Wenn Ihr Ego Sie daran hindert, um das zu bitten, was Sie brauchen, werden Sie das ganze Team damit beeinträchtigen, und die Gastfreundschaft wird darunter leiden.

Das Zeichen machte es einfacher und effizienter, um Hilfe zu bitten, und die Systematisierung nahm dem Ganzen das Stigma.

Zwischen Entschleunigung, dem Erlernen einiger tiefer Atemzüge und der Suche nach einfachen Möglichkeiten, Hilfe anzubieten und um Hilfe zu bitten, war diese Rückbesinnung auf das Gleichgewicht entscheidend. Ich bin der festen Überzeugung, dass keiner der späteren Erfolge ohne die 2008 vorgenommene Kurskorrektur möglich gewesen wäre.

Und dann, fast als Belohnung dafür, dass wir uns die Zeit genommen hatten, in unser Fundament zu investieren, hat das Universum (na ja, eigentlich Frank Bruni) uns ein kleines Geschenk gemacht.

Im Dezember 2008 vergab Bruni in der *New York Times* drei Sterne an das Corton, ein Restaurant, das Drew Nieporent zusammen mit dem Chefkoch Paul Liebrandt in Tribeca eröffnet hatte. In seiner Rezension schrieb Bruni: »Das Corton ist größtenteils hervorragend und gesellt sich zu dem sich ständig verbessernden Eleven Madison Park als ein Restaurant, das nur knapp unter dem Gipfel der Spitze in New York schwebt.«

Wir waren außer uns vor Freude. In der Bewertung dieses anderen Restaurants, das nichts mit uns zu tun hatte, war eine geheime Botschaft an uns versteckt: Ich sehe, was ihr seit meinem letzten Besuch erreicht habt, und ich weiß, dass ihr immer besser werdet.

Weiter so!

KAPITEL 15

DIE BESTE OFFENSIVE IST DIE OFFENSIVE

Der Michelin-Führer wurde zu Beginn des 20. Jahrhunderts als genialer Marketingtrick entwickelt. Die Brüder mit dem Reifenhandel, die das Projekt ins Leben gerufen hatten, dachten sich, dass es den Verschleiß und damit den Absatz von Reifen steigern würde, wenn man durch ganz Frankreich führe, um verschiedene Restaurants auszuprobieren. Also stellten sie einen kostenlosen Restaurantführer für Frankreich zusammen.

Ihr Sternesystem zeigte an, ob ein Restaurant eine Reise wert war. Ein Stern bedeutete, dass es sich um ein sehr gutes Restaurant in seiner Kategorie handelte, das einen Besuch wert war. Zwei bedeutete hervorragende Küche, die sogar einen Umweg wert war, und drei stand für außergewöhnliche Küche, die so wichtig war, dass sie eine ganze Reise wert war.

Im Laufe des folgenden Jahrhunderts entwickelte sich der Michelin mit seinem geheimnisvollen Team anonymer Inspektoren zum angesehensten und prestigeträchtigsten Restaurant-Ranking Europas.

In Frankreich kann der Gewinn eines zusätzlichen Sternes das Glück eines Restaurants besiegeln, während der Verlust eines Sternes den Ruin bedeuten kann: Der Koch Bernard Loiseau nahm sich das Leben, als das Gerücht aufkam, dass sein Restaurant La Côte d'Or einen seiner drei Sterne verlieren würde. (Einer der erschütterndsten Teile der Geschichte ist, dass das Restaurant den Stern am Ende doch nicht verloren hat.) Für einen Amerikaner mag es übertrieben klingen, aber in Frankreich kann ein Michelin-Stern eine Frage von Leben und Tod sein.

Der Michelin-Führer hatte 2005 begonnen, auch New Yorker Restaurants zu bewerten. Das Eleven Madison Park stand damals und auch 2006 nicht auf der Liste, was niemanden überraschte. Als wir es 2007 wieder nicht auf die Liste schafften, machte sich in einigen Blogs Unmut breit, aber das störte Daniel und mich nicht. Der Michelin ist für seine Langsamkeit bekannt, und wir waren noch dabei, uns selbst zu finden.

Aber im Jahr 2008 war die Spannung kaum auszuhalten. Wir hatten drei Sterne von der *Times* und waren in Relais & Châteaux aufgenommen worden, eine bedeutende europäische Auszeichnung, von der wir annahmen, dass sie uns in den Radar des Michelin bringen würde. Das Team gab an jedem Tisch 110 Prozent. Als also die New Yorker Liste veröffentlicht wurde, drängten wir uns im Büro, um die Ankündigung zu lesen.

Das Le Bernardin hatte drei Sterne. Das Jean-Georges hatte drei Sterne. Das Masa hatte drei Sterne. Sogar das Spotted Pig, April Bloomfields und Ken Friedmans Promi-Gastropub hatten einen.

Wir standen nicht einmal auf der Liste.

Der Schlag war umso verheerender, weil ein Restaurant jedes Jahr nur um einen Stern aufsteigen kann. Nicht nur dass wir ein weiteres Jahr warten müssten, um überhaupt in die Liste aufgenommen zu werden, es würde auch drei Jahre dauern, bis wir auf den begehrten dritten Stern hoffen konnten.

Das Team war niedergeschmettert und verwirrt, und ich merkte, dass es keinen schwierigeren Moment für eine Führungskraft gibt als kurz nach einer großen Enttäuschung.

Aufgrund der täglichen Pre-Meal-Meetings konnten wir das Unangenehme nicht umgehen. Ich stand in der Mitte dieses Kreises, umgeben von meinen entmutigten Freunden und Kollegen. Sie warteten auf Erklärungen und Trost, aber ich hatte keinen Zauberstab, den ich schwenken konnte, um ihnen die Enttäuschung wegzuzaubern. Ich konnte nur meine eigene Traurigkeit und Verwirrung zum Ausdruck bringen, in der Hoffnung, dass der geteilte Schmerz uns dabei helfen würde, weiterzumachen. **Die Aufgabe einer Führungskraft besteht nicht nur darin, zu motivieren und zu ermutigen; manchmal muss man sich das Vertrauen seines Teams verdienen, indem man menschlich zu ihm ist.**

Aber auch ich ärgerte mich über die Abfuhr, weil ich wusste, dass wir schon jetzt verdammt gut waren und jeden Tag besser wurden. Nachdem wir uns also ein paar Tage lang in unserem Leid gesuhlt hatten, ermutigte ich das Team, wütend zu werden.

»Wir waren immer dann am besten, wenn wir die Außenseiter waren«, rief ich beim Pre-Meal, »und das ist, wo wir jetzt wieder sind. Nehmt es als Zündstoff und nutzt es.«

Es war an der Zeit, zum Angriff überzugehen. Leider hatte die Wirtschaft andere Pläne.

Regentropfen machen Ozeane

Im November 2008 wurde die Welt von einer globalen Rezession heimgesucht, die der Internationale Währungsfonds später als den »schwersten wirtschaftlichen und finanziellen Zusammenbruch seit der Großen Depression« bezeichnete.

Um es vorsichtig auszudrücken: Es war keine gute Zeit, um teure Speisen zu verkaufen.

Wir überstanden die Weihnachtsfeiertage einigermaßen, aber nach dem Jahreswechsel brach das Geschäft rapide ein. Die Schlagzeilen waren erschreckend, und die Zahl der Stornierungen nahm zu. Wir hatten den Ruf eines Restaurants für besondere Anlässe, dessen Essen es wert war, eine Menge Geld dafür zu verprassen – den meisten Menschen erschien es jedoch nicht mehr vernünftig, so viel für ein einziges Abendessen auszugeben. Besser war es, das Geld in einen Notfallfonds zu stecken, um sich gegen das Schlimmste abzusichern.

Paare, die sich im EMP verlobt hatten und jedes Jahr zu uns zurückkamen, fanden sparsamere Möglichkeiten, ihren Jahrestag zu feiern. Ein Paar brachte eine Flasche Champagner in den Madison Square Park und prostete unseren großen Fenstern von der anderen Straßenseite aus zu, mit einer Portion Käsepommes von Shake Shack.

Unser Geschäft mit den Privatpartys kam zum Erliegen. Die Hochzeitsgesellschaften verkleinerten sich, indem sie entweder die Gästeliste kürzten oder auf bescheidenere Lokalitäten auswichen. Und Unternehmen, deren verschwenderische Privatveranstaltungen und üppige Spesenkonten das tägliche Brot von Spitzenrestaurants waren, schalteten ebenfalls auf Sparflamme. Da es weniger Geschäftsabschlüsse gab, wurden auch weniger Geschäftsabschlüsse gefeiert, und auch wenn es nach wie vor extravagante Jahresendprämien gab, wurden sie nicht mehr zur Schau gestellt und gefeiert. Plötzlich waren angeberische, überzogene Dinnerpartys nicht mehr gern gesehen.

An den meisten Abenden hatten wir nicht genügend Reservierungen, um den gesamten Speisesaal zu bestuhlen, also schlossen wir den Bereich des Restaurants ab, den wir Uptown nannten (ein durch ein paar Stufen von den Tischen auf der unteren Ebene getrennter Bereich), um den Raum weniger leer wirken zu lassen. Es war eine Verbesserung, und die Bankreihen bildeten eine natürliche Barriere, aber man merkte immer noch, dass das Restaurant nur halb besetzt war.

Wir machten vor unseren Gästen gute Miene zum bösen Spiel, doch ich verbrachte meine Nächte mit der Nase in den Büchern. Es führte kein Weg daran vorbei: Die finanzielle Lage des Restaurants war verzweifelt und wurde von Tag zu Tag schlechter. Wir hatten alle Kosten, die mit dem Betrieb eines Viersternerestaurants verbunden waren, allerdings ohne den Ansturm, der mit dieser Ehre einhergeht, geschweige denn der Möglichkeit, Viersternepreise zu verlangen. Kurz gesagt, wir machten Miese. Der einzige Grund, warum wir im Geschäft blieben, war, dass Eleven Madison Park zu diesem Zeitpunkt Eigentümer von Shake Shack war.

Shake Shack wurde im Jahr 2004 gegründet. Ursprünglich war es ein Hotdog-Wagen als Teil einer Kunstinstallation im Madison Square Park. (Als ich das EMP zum ersten Mal betrat, wurden die Shack Burger in unserem privaten Speisesaal zubereitet; während des Mittagsbetriebs wurden blecheweise rohe Burger durch die Vordertür des Restaurants getragen.) Alle liebten den Hotdog-Stand, und er wurde im nächsten und übernächsten Sommer wieder in Betrieb genommen. Schließlich wurde daraus Shake Shack, eine Imbissbude, die, nach dem Vorbild der klassischen Straßenbuden des Mittleren Westens aus Danny Meyers Jugend, Burger und Softeis verkaufte.

Zu dem Zeitpunkt, als die Rezession zuschlug, war Shake Shack mehr als nur profitabel; es begann, nun ja, Shake Shack zu werden. Die Schlange, die sich durch den Park bildete, war geradezu eine New Yorker Institution, und Danny brachte eine Webcam an – die Shack Cam – damit man zu Hause oder vom Büro aus die Wartezeit abschätzen konnte, bevor man abwog, ob es sich lohnte, vorbeizukommen.

Die Rezession beflügelte das Geschäft sogar noch. Wie immer in schwierigen Zeiten strömten die Menschen zu erschwinglichen Unternehmungen, die trotzdem etwas Besonderes waren. Für uns hatte das zur Folge, dass EMP dieses nette kleine Kunstprojekt nicht mehr sponserte. Stattdessen wurden wir von den Gewinnen von Shake Shack gesponsert.

Danny war geduldig; er glaubte an uns. Aber man kann mit den Gewinnen eines Restaurants nicht zu lange die Verluste eines anderen ausgleichen. Das ist einfach ein schlechtes Geschäft. Jeden Monat ging ich in die Gewinn-Verlust-Besprechung und versuchte, unsere Verluste wegzuerklären und etwas Hoffnung zu machen, in dem Wissen, dass das große Experiment Eleven Madison Park zum Stillstand kommen würde, wenn ich es nicht schaffte, das Ruder herumzureißen.

Ich suchte damals viel Rat bei meinem Vater, und wir führten einige schwierige Gespräche. Er ist ein knallharter Überlebenskünstler und schert sich wenig um die Feinheiten der Restaurants im Allgemeinen und der gehobenen Küche im Besonderen. Aber wie immer hat er mich aus dem Wald herausgeholt, damit ich die Bäume wieder sehen konnte. »Widrigkeiten«, sagte er mir, »sollte man auf keinen Fall verschwenden.«

Bei einer weltweiten Rezession (oder auch einer weltweiten Pandemie) geraten viele Unternehmer und Unternehmerinnen in Panik. Und das aus gutem Grund! Alle ihre gut durchdachten Pläne werden über den Haufen geworfen, alle ihre vorsichtigen Prognosen gelten nicht mehr. Ungewissheit ist beängstigend. Doch obwohl es naheliegt, angesichts von Widrigkeiten in Panik zu geraten, ist Kreativität die bessere Lösung.

Glücklicherweise ermöglichte es uns die Arbeit, die wir in die Festigung unserer Kultur gesteckt hatten, kreativ zu sein.

Wir begannen damit, die Ausgaben zu senken. Leichter gesagt als getan, denn es war wichtig, dass sich keine dieser Kürzungen nachteilig auf unsere Gäste auswirkte.

Wir fingen in der Küche an, allerdings nicht beim Essen. Es ist schwieriger, ein halb volles Restaurant mit Vorräten zu versorgen als ein volles, vor allem wenn fast alle Zutaten frisch sind. Wenn man viel Betrieb hat, bekommt man ein besseres Gespür für die Zutaten, die man brauchen wird. Und unabhängig von unserer finanziellen Situation mussten wir das gesamte Menü anbieten; wenn die Leute wegen der Ente kamen, einem unserer Klassiker, mussten wir sie da haben. Während Daniel und sein Team also hart daran arbeiteten, die Lebensmittelkosten zu senken, warfen wir jeden Abend tonnenweise Zutaten weg.

Diese Verschwendung war unvermeidlich. Wir mussten andere Stellen finden, an denen wir kürzen konnten.

Bei jeder Gewinn-Verlust-Besprechung damals erinnerte uns Dannys Partner Paul Bolles-Beaven daran, dass »Regentropfen Ozeane machen«. Mit diesem Gedanken im Hinterkopf drehte ich jeden Cent zweimal um. Wir hatten die Angewohnheit, den Pass mit Leinentüchern zu bedecken, die Arbeitsfläche, auf der die Köche die Teller mit dem Essen abstellten, die die Runner dann abholten.

Wir hatten immer zwei benutzt, damit wir das obere Tuch nach der Hälfte des Abends abziehen und den Service mit einem sauberen Tuch beenden konnten. Das war ein Luxus, auf den man leicht verzichten konnte.

Wir sparten Tausende von Dollar für Reinigungsmittel, indem wir die Einstellungen des Geschirrspülers überprüften und sicherstellten, dass er nicht mehr Spülmittel als nötig verbrauchte. Die Papiertücher, die wir in Essigwasser tauchten, um Tropfen oder Fingerabdrücke vom Rand eines Tellers zu entfernen, bevor er in den Speisesaal kam, wurden um die Hälfte reduziert.

Unsere Köche trugen hohe Papiermützen, weil sie schön und klassisch waren und eine Verbindung zu Daniels europäischen Wurzeln herstellten. Es waren Wegwerfartikel; die Köche konnten sie austauschen, wenn sie verschwitzt oder verschmutzt waren.

Eines Abends rechnete ich nach. Wenn ein Koch im Laufe einer anstrengenden Schicht zwei oder drei Kochmützen verbraucht und in der Küche dreißig Köche und Köchinnen in zwei Schichten pro Tag arbeiten, bedeutete das, dass wir Tausende von Dollar pro Jahr für diese Kochmützen ausgaben, während eine Schachtel der robusten, waschbaren Baumwoll-Schutzkappen, mit denen die meisten Restaurants ihre Köche ausstatteten, ein paar Hundert kosteten und wir mindestens ein Jahr lang Freude daran haben würden.

Dieser Schnitt war schwierig: Wir hatten die Kochmützen ausgewählt, weil wir wollten, dass die Köche jedes Mal, wenn sie sie aufsetzten, Stolz und ein Gefühl der Verbundenheit mit der kulinarischen Tradition spürten. Aber Führung in einer Krise bedeutet, zu erkennen, dass es mehr als nur die Kochmützen sind, die die Köche mit Stolz erfüllen.

Im Speisesaal war es schwieriger, Kürzungen vorzunehmen, ohne die Gäste zu beeinträchtigen. Ein Gourmetrestaurant zu führen, ist teuer. Die Lohnkosten sind hoch, jedes glänzende Messer und jedes makellose Glas wird von Hand poliert. Und am teuersten ist es, wenn man versucht, die nächste Stufe zu erreichen, weil man im Grunde zu viel Geld ausgeben und zu niedrige Preise verlangen muss, um dorthin zu gelangen.

Dennoch haben wir so viele clevere Wege gefunden, die Kosten zu senken, wie wir konnten. Wir waren stolz darauf, zwanzig einzigartige Sorten auf unserer Käsekarte präsentieren zu können – aber wir konnten eine schöne Käseplatte mit nur zehn Stück machen, denn weniger Auswahl bedeutet weniger Abfall. Ich beobachtete den Wagen mit Adleraugen und schnitt den Käse an manchen Abenden selbst, um sicherzustellen, dass wir jedes vorzeigbare Stück nutzten.

Mehr als alles andere war es das, was sich veränderte: Wir wurden hypersensibel gegenüber allen Kosten, überwachten jeden Cent, den wir ausgaben, und wurden disziplinierter als jemals zuvor. Paul hatte recht. All diese Einschnitte, all diese Regentropfen addierten sich langsam. Und die Einsparungen, die wir dadurch erzielen konnten, erlaubten es uns, einen weiteren Tag zu kämpfen.

Als ich meine Karriere begann, riet mir mein Vater, Tagebuch zu führen. Das Ziel war damals, die Perspektive zu wahren. Wenn man als Kellner arbeitet, ist das der einzige Blick, den man auf die Welt hat. Und obwohl man meint, dass man diese Sichtweise für immer beibehalten wird, ist es in Wahrheit so, dass sich die Prioritäten nach einer Beförderung zur Führungskraft irgendwann verschieben. Wie mein Vater zu sagen pflegte: »Sichtweisen haben ein Verfallsdatum, egal wie sehr man versucht, an ihnen festzuhalten.«

Wenn man den Blickwinkel der Menschen verliert, für die man verantwortlich ist, verliert man leider auch sein Einfühlungsvermögen. Wir wären alle bessere Führungskräfte, wenn wir uns darauf rückbesinnen könnten, wie es sich anfühlt, geführt zu werden. Aber irgendwann wird es schwer, sich wieder in diese Situation zu versetzen, und das Tagebuchschreiben war eine gute Möglichkeit, gewisse Ansichten festzuhalten.

Während wir also all diese kleinen Einschnitte vornahmen, ermutigte mich mein Vater, wieder mit dem Tagebuchschreiben zu beginnen. Er sagte, ich solle jede Sparmaßnahme notieren, und sei sie noch so winzig. Er glaubte, dass wir es schaffen würden und dass wir, sobald wir es geschafft hätten, alles abschaffen würden, was wir uns in den harten Zeiten ausgedacht hatten. Die Maßnahmen zu dokumentieren, erlaubte uns, an den besten festzuhalten, sodass diese Zeit der Widrigkeiten uns letztlich in der Zukunft nutzen würde.

So viele Kürzungen wir auch vornahmen, es gab ebenso viele, gegen die wir uns entschieden. Schließlich hatten wir immer noch große Ziele, waren wir immer noch in der Offensive. Also standen alle Maßnahmen, die das Gästeerlebnis potenziell beeinträchtigen konnten, außer Frage, und das war vieles. Aber es gab unzählige Extras, die wir streichen konnten, bevor wir in den Knochen schnitten und unsere Marke beschädigten.

Selbst mit besseren Geschirrständern und einem gepolsterten Geschirrwagen gehen teure Riedel-Gläser zu Bruch; handgetöpfertes Keramikgeschirr zerspringt und muss ersetzt werden. Am Ende einer Mahlzeit von Weltklasse kann man den Gast nicht bitten, den Kreditkartenbeleg mit einem Billigkuli zu unterschreiben. Aber jeder der silbernen Kugelschreiber, die in einer Handtasche oder einer Jacketttasche verschwanden, stand später auf der GuV.

Wenn wir den Kurs halten wollten, reichte es nicht aus, die Ausgaben zu kürzen. Wir mussten auch unsere Einnahmen im Blick behalten.

Widrigkeiten dürfen nicht verschwendet werden

Wir waren kreativ, wenn es darum ging, Geld zu sparen, und wir wurden auch kreativ, wenn es darum ging, Geld zu verdienen. (Das hat übrigens sehr viel mehr Spaß gemacht.) Man kann es noch so sehr beschönigen, Ausgabenmanagement ist defensives Spiel – wir hatten aber beschlossen, die Krise offensiv zu überstehen.

Fast alle Mittagessen wurden über Spesenkonten abgerechnet, und da diese Konten in der ganzen Stadt versiegten, gab es Tage, an denen zur Mittagszeit gähnende Leere herrschte. Wir sahen uns den leeren Speisesaal an und erkannten eine Gelegenheit.

Der Durchschnittspreis für eine Vorspeise am Mittag lag bei EMP damals bei etwa 35 Dollar. Also haben wir angefangen, ein zweigängiges Mittagsmenü für 29 Dollar anzubieten. Der Rechnungsdurchschnitt war im EMP noch nie so niedrig gewesen, nicht einmal, als es noch eine Brasserie war, aber wenn dies dazu beitrug, die Plätze zu besetzen und dem Speisesaal wieder Leben einzuhauchen, war es das wert.

Plötzlich konnte es sich eine ganz neue Bevölkerungsgruppe leisten, bei uns zu essen. Das zahlte sich unerwartet aus. Wie es unser Ziel war, das Viersternerestaurant für die nächste Generation zu sein, konnte der Assistent von heute durchaus der CEO von morgen sein. Uns gab es die Möglichkeit, Beziehungen zu Leuten aufzubauen und zu pflegen, die selbst gerade dabei waren, sich hochzuarbeiten.

Wir stellten sicher, dass die Gäste für ihre 29 Dollar unverschämt viel bekamen (wenn man schon ein Geschenk macht, dann richtig). Und in den folgenden Jahren begegnete ich unzähligen Menschen, die das Restaurant zum ersten Mal durch diese günstigen Mittagessen kennengelernt hatten und von denen einige zu unseren größten Fans wurden.

Die Rezession wirkte sich auch sehr negativ auf die durchschnittlichen Rechnungsbeträge aus. Die Leute bestellten einfach weniger und günstigere Speisen. Wir konnten die Preise natürlich nicht erhöhen, also mussten wir uns etwas einfallen lassen, um den Rückgang auszugleichen. Jetzt wurde es erst richtig lustig.

Als ich Kellner im Tribeca Grill war, lautete die Regel für das Ausliefern von Desserts »low and slow«: Beim Servieren der Desserts sollten wir langsamer als sonst durch den Saal gehen und an den anderen Tischen vorbei. Und wir sollten den Apfelkuchen in Augenhöhe der Gäste tragen, sodass ihn alle schon im Kopf hatten, wenn wir später die Dessertkarte an den Tisch brachten. (Aus diesem Grund sind zuckerhaltige Snacks im Supermarkt immer in den unteren Regalen zu finden – auf Augenhöhe der Kinder.)

Im EMP führten wir einen Dessertwagen ein, einen Wagen voll köstlicher Kuchen und Torten, den wir direkt an den Tisch schieben konnten. Wenn man den Leuten nach dem Mittagessen die Dessertkarte anbietet, schauen sie einen meist an, als sei man ein Außerirdischer. Das hat zum Teil mit den Kalorien zu tun, aber vor allem hat niemand mittags die Zeit, ein Dessert zu bestellen und dann darauf zu warten, dass es angerichtet, serviert, gegessen und abgeräumt wird, bevor man die Rechnung bekommt. Das Dessert verlängert die Mahlzeit um eine halbe Stunde, und in der Mittagspause, vor allem in New York, haben es die Leute eilig, zur Arbeit zurückzukommen.

Aber wenn man einen Dessertwagen an ihren Tisch schiebt, verwandeln sie sich in kleine Kinder, die mit großen Augen ihre Süßigkeit aussuchen, erst recht wenn sie wissen, dass sie das, worauf sie zeigen, sofort haben können. Der Wagen war wunderschön und fantasievoll, und die Leute liebten ihn. Der Umsatz mit Süßspeisen stieg um 300 Prozent.

Das 29-Dollar-Mittagsmenü brachte wieder Schwung in den Laden, auch wenn die Gewinnspanne nicht so hoch war wie gewohnt. Außerdem gab ein voller Speisesaal dem Team das Gefühl, dass alles gut werden würde – auch wenn ich mir da noch nicht ganz so sicher war.

Noch wichtiger war, dass wir durch das zusätzliche Geschäft dem Team mehr Stunden geben konnten. Wir hatten in den letzten Jahren eine fantastische Gruppe von Mitarbeitern eingestellt; wir konnten es uns nicht leisten, sie zu verlieren, wenn wir den Kurs beibehalten wollten. So sehr sie das Restaurant und unsere Mission auch liebten, sie alle mussten ihre Rechnungen bezahlen. Ich kann mit Stolz sagen, dass wir in dieser Zeit kein einziges Teammitglied entlassen mussten.

Halten Sie das Team um jeden Preis bei der Stange

Alle Kürzungen, die wir vorgenommen hatten, zahlten sich aus, und alle kreativen Ideen, die wir zur Steigerung der Einnahmen entwickelten, ebenfalls. Aber wie man es auch dreht und wendet, die Arbeit in schwierigen Zeiten ist hart. Wir mussten unsere kreativen Muskeln spielen lassen – wir mussten etwas Spaß haben. Es war Zeit für 95/5.

Auftritt beim Kentucky Derby.

Im Jahr zuvor hatte mich ein Freund eingeladen, seine Band bei einer Kentucky-Derby-Party spielen zu sehen. Die Party selbst ging zwar eher in Richtung East-Village-Spelunke und war nicht die anmutige Südstaaten-Gartenparty, die der Anlass verdient hätte. Aber ich hatte einen Heidenspaß.

Und ich fand die Idee toll. Das Kentucky Derby! Bei welcher Gelegenheit trinken Sie sonst noch einen Cocktail-Klassiker in Ihrem besten Anzug? Bei welcher anderen Veranstaltung ist es Pflicht, einen abgefahrenen Hut zu tragen? Das war eine Party, die wir mit Bravour im Restaurant ausrichten konnten. Also stürzten wir uns im nächsten Frühjahr darauf, die prächtigste Kentucky-Derby-Party aller Zeiten im Eleven Madison Park zu schmeißen.

Wir dekorierten den Saal mit in Pferdeform gestutzten Buchsbäumen, mit Rosen bekränzt, als hätten sie es in den Kreis der Gewinner geschafft. Das reichhaltige Buffet enthielt traditionelle Südstaatengerichte: Teesandwiches mit Benedictine-Aufstrich, gebratenes Hähnchen, Waffeln und das Schmorgericht Kentucky Burgoo. Wir hatten eine Bar und dank den Crooners eine Liveband, amerikanischer Roots-Bluegrass mit sehr hoher Drehzahl. Und unsere Barkeeper sorgten für kühle Mint Juleps in klassischen Zinnbechern.

Die Leute lieben es, sich zu verkleiden, wenn sie es nicht müssen, und unsere Gäste enttäuschten uns nicht. (Wir veranstalteten einen inoffiziellen Best-Dressed-Wettbewerb mit dem untechnologischsten Applausometer der Geschichte: meinen eigenen Ohren.) All das, um die »Greatest Two Minutes in Sports« zu feiern, die wir atemlos auf einer riesigen Kinoleinwand verfolgten, die wir im hinteren Teil des Restaurants aufgestellt hatten, nachdem ein Trompeter in Reithosen und roter Jacke das Signal zum Aufbruch gegeben hatte.

Die Party war ein großes Risiko. Wer schmeißt schon eine Nobel-Party mitten in der Rezession? Aber das Risiko lohnte sich: Die Kosten wurden gedeckt. Wir machten zwar keinen Gewinn (oder Verlust) – aber es gab dem Team Kraft. Und wir hatten uns mit Maker's Mark, Nat-Sherman-Zigarren und dem Esquire-Magazin zusammengetan, die die Veranstaltung in ihren eigenen lebhaften Kreisen bewarben, wodurch sich auch unser Publikum erweiterte. Viele Südstaatler mit Heimweh, Pferdefreunde, Hutliebhaber und Zigarrenfans waren plötzlich in das EMP verliebt.

Das Personal hatte auf dieser Party genauso viel Spaß wie die Gäste, und ich gab mir ein Versprechen: Wenn das Restaurant überleben sollte, wollte ich diesen Sinn für Verspieltheit nicht verlieren.

Wir leisteten großartige Arbeit; das Erlebnis, das wir unseren Gästen boten, war einzigartig. Und wir sparten an jedem erdenklichen Cent. Wir hatten tolle Ideen zum Aufbau der Marke, und einige davon funktionierten gut – aber auch die beste Party der Welt konnte eine globale Rezession nicht abfedern. Danny drückte uns die Daumen, aber unterm Strich sah es düster aus, und die Zeit lief uns davon.

Dann, eines Tages zur Mittagszeit, kam Frank Bruni durch die Tür.

Es muss nicht echt sein, um zu funktionieren

Der Anblick von Frank Bruni, der während eines ansonsten gemächlich-ruhigen Mittagessens hereinschlenderte, löste eine seltene Kombination aus Panik und Aufregung aus: Offensichtlich war er da, um zu sehen, ob wir einen weiteren Blick verdienten. Wir waren alle viel zu abergläubisch, um das laut auszusprechen, aber wir konnten die Tatsache nicht ignorieren: Bruni würde sich nur dann die Mühe machen, uns erneut zu bewerten, wenn er erwog, uns vier Sterne zu geben.

Um ehrlich zu sein, herrschte in den ersten Momenten nach seiner Ankunft ein stilles Chaos. Niemand brach in Tränen aus oder ergriff die Flucht, aber es gab einige panische Szenen, manche erstarrten wie Rehe im Fernlicht und vergaßen kurzzeitig, wie man geht und spricht. Wir bekamen unsere Nervosität jedoch recht schnell wieder in den Griff. Und als er ging, klatschten alle ab: Wir waren sicher, dass er seine Mahlzeit sehr genossen hatte.

Dann passierte erst mal nichts.

Grillenzirpen.

Es ist verrückt, bewertet zu werden. In den Wochen nach dem Besuch eines Kritikers oder einer Kritikerin ist man in Alarmbereitschaft. Alles schaltet auf Hochtouren. Dein ganzes Leben steht still. Der Chefkoch, der General Manager und der leitende Sommelier nehmen keinen Tag mehr frei; man kann nicht riskieren, dass man nicht da ist, wenn er zurückkommt.

Das ist immer anstrengend, aber erträglich, weil der Zeitraum begrenzt ist. Die Kritiker kommen in der Regel dreimal innerhalb von ein paar Wochen. Dann kommt der Anruf, dass die Zeitung bereit ist, Fotos zu machen, und dann war's das, zum Guten oder zum Schlechten.

Nur, dass unser Prüfungsprozess Monate dauerte.

Auch hier gilt: So wie ein mittelmäßiges Team am Tag des Superbowls nicht plötzlich großartig wird, kann ein mittelmäßiges Restaurant nicht an dem Tag großartig werden, an dem der Kritiker durch die Tür kommt. Das Restaurant, das Sie sind, ist das Restaurant, das bewertet wird, und das kann ich unterschreiben.

Aber wenn man vier Sterne anstrebt, will man Perfektion, also taten wir alles in unserer Macht Stehende, um ihn perfekt zu bedienen – selbst wenn er gar nicht da war. Denn an jedem Abend, an dem Bruni nicht im Restaurant war, was in diesem Jahr meistens so war, haben wir einen beliebigen Tisch zum Kritiker des Abends ernannt und diesen Tisch dann als Generalprobe benutzt.

Diese Scheinkritiker bekamen unseren besten Tisch. Sie wurden von unserem besten Team bedient und von unserem leitenden Sommelier persönlich bei der Auswahl der Weine beraten. Wenn es an der Zeit war, den Tisch für den nächsten Gang einzudecken, zogen wir keine Gabeln aus einer Schublade, egal wie sorgfältig diese vor dem Service poliert worden waren. Nein, es gab einen separaten Kasten mit Silberbesteck, das von einem Manager kontrolliert und poliert worden war. Die frisch polierten Gläser standen auf einem separaten Tablett, und jeder Teller für diesen Tisch wurde auf Absplitterungen und Schmutz untersucht.

Die Küche bereitete jedes Gericht, das der Kritiker der Nacht bestellte, doppelt zu, so wie sie es auch tun würde, wenn der echte Kritiker im Haus wäre, damit Daniel dasjenige, das ein klein wenig perfekter war, an den Tisch schicken konnte. Wir beauftragten unsere zwei besten Runner damit, das Essen an den Tisch zu bringen – zwei, weil man nicht will, dass ein Kritiker immer wieder dieselbe Person sieht und den Verdacht bekommt, die Runner seien handverlesen (was sie natürlich waren).

Es war Fake, und doch wurde kein Detail dem Zufall überlassen.

Daran dachte ich, als ich den Dokumentarfilm *The Last Dance* über Michael Jordan und die Chicago Bulls sah, das Team, das er zu sechs NBA-Meisterschaften führte. Jordans Konkurrenzdenken war legendär, es war sein Treibstoff. Wenn ein anderer Spieler es wagte, ihn auf dem Spielfeld blöd anzuquatschen oder die Bulls in den Medien schlecht dastehen ließ, dann aufgepasst. Und wenn es niemand wagte, schürte Jordan eben selbst die Flammen, erfand Beleidigungen und interpretierte zufällige Stöße als persönliche Angriffe. Jede Andeutung von Respektlosigkeit, auch wenn sie nur vorgetäuscht war, reichte aus, um ihn auf die Palme zu bringen. Er suchte Konfrontation, wo es überhaupt keine gab.

In den meisten Nächten war der Kritiker in unserem Restaurant nicht real, genauso wie die Rivalität in Michael Jordans Kopf nicht real war. Aber beides funktionierte trotzdem. Die List war von Erfolg gekrönt.

Wurden andere Personen im Restaurant schlechter bedient als der falsche Kritiker? Nein. Tatsächlich war der Unterschied zwischen diesem Tisch und dem daneben völlig unmerklich, selbst wenn man gewusst hätte, worauf man achten muss; wenn überhaupt, hat uns die erhöhte Konzentration geholfen, unser Spiel an jedem anderen Tisch zu verbessern. Denn der Kritiker des Abends war für uns. Es ermöglichte uns, in einem Rollenspiel jeden einzelnen Handgriff einzustudieren und zu perfektionieren. Als Bruni schließlich durch die Tür kam, waren wir so geübt, dass nicht nur keine Panik aufkam, sondern dass wir auf ihn vorbereitet waren, egal an welchem Tisch er saß und welches Team ihn schließlich bediente. Der Host nimmt Augenkontakt auf und nickt, und die Choreografie nimmt ihren Lauf. Er ist da, und los geht's.

Weil es so lang dauerte, bis er zurückkam, und wegen dieser unvernünftigen Routine, die wir jede Nacht abspulten, glaube ich ehrlich gesagt, dass wir in diesem Jahr endlich anfingen, auf Viersterneniveau zu arbeiten. Nicht nur für Frank Bruni, sondern für alle.

Es verging am Ende fast ein Jahr zwischen diesem ersten Mittagessen und der tatsächlichen Rezension. Und trotz unserer Zuversicht und all der Übung war das Warten emotional doch belastend. Ich glaube ehrlich gesagt, dass der einzige Grund, warum wir einem so langen Überprüfungsprozess standhalten konnten, insbesondere in Verbindung mit unserer finanziellen Verzweiflung, der kulturelle Neustart war, den wir vollzogen hatten. Kurzum, es war gut, dass wir herausgefunden hatten, wie wir unsere eigenen Sauerstoffmasken aufsetzen konnten, denn in diesem Jahr war von Entspannung keine Rede.

Ich zwang mich schließlich dazu, einen Tag freizunehmen, um De La Guarda zu besuchen, eine zirkusartige Kunstperformance, damals eine der angesagtesten Shows in New York City. Berüchtigt war sie für ihr Finale: Nach der letzten, wunderschönen Szene wird die Musik lauter, Wasser fällt von der Decke, eine Konfettikanone geht los, und alle tanzen. Sie verlassen das Theater beschwingt, pitschnass und mit buntem Papier bedeckt.

Und siehe da: Kaum hatte ich mein Telefon draußen wieder eingeschaltet, klingelte es mit einer verpassten Nachricht: »ER IST HIER!« Ich ließ meine Freundin an der Ecke stehen, sprintete zurück in meine Wohnung, sprang unter die Dusche, zog mir einen Anzug an und war innerhalb von dreißig Minuten im Restaurant. Ich rannte in die Küche, meldete mich bei Daniel und stürzte mich sofort in den Service.

Das ganze Training hatte sich ausgezahlt. Das Personal war tadellos und zuvorkommend, einige von ihnen machten sogar den Eindruck, Spaß zu haben. Das war es, wofür wir trainiert hatten. Es war an der Zeit, ihm zu zeigen, wozu wir in der Lage waren.

Alle 15 Minuten schlich ich mich in eine versteckte Ecke neben der Barista-Station mit direktem Blick auf seinen Tisch, um mich zu quälen.

Die Psychospielchen, die ich mit mir selbst spielte, waren furchtbar. Ich war besessen von jeder Kleinigkeit, obwohl ich intellektuell verstand, dass Kritiker auch Menschen sind und normale Freundschaften pflegen. Ich versuchte, mich daran zu erinnern: Wenn er lachte, machte er sich nicht über das Essen lustig. Ein übrig gebliebenes Stück Gänsestopfleber auf dem Teller bedeutete nicht, dass er sie nicht mochte, sondern dass er in dieser Woche schon sechsmal essen war und nicht einen ganzen Teller Entenleber allein verschlingen wollte. Vielleicht bedeutete es aber auch, dass er die Leber und alles andere, was wir taten, verabscheute. Es war anstrengend.

Aber Bruni schien auch dieses Mal gut gegessen zu haben. Also gingen wir direkt wieder dazu über, zu warten, zu üben, zu hoffen und die Tür zu beobachten.

Wir saßen den Rest des Jahres und den Anfang des nächsten wie auf Kohlen. Er kam und aß das Herbstmenü und das Wintermenü. Im Sommer kam er zurück – wieder und wieder und wieder. Dann endlich, in der ersten Augustwoche, erhielten wir den Anruf der *New York Times*, um einen Fototermin für die Bilder zu machen, die unseren Bericht begleiten würden.

Bei der *Times* werden die Rezensionen am Abend vor Erscheinen der gedruckten Zeitung online gestellt. Am 11. August 2009 traten wir also unseren Dienst an und warteten gespannt auf die Nachricht.

Im Büro war eine Gruppe, die die Seite immer wieder aktualisierte, aber ich war zu nervös, um dort zu bleiben, also ging ich zurück in den Speisesaal und versuchte, mich nützlich zu machen. Ich träufelte gerade Olivenöl über eine Vorspeise aus Ricotta-Gnocchi mit Artischocken, als ein einzelner Gast, einer unserer Stammgäste, die Rezension auf seinem Handy aufrief. Er sprang von seinem Stuhl auf, streckte den Arm in die Luft und schrie: »Vier Sterne!« Der ganze Raum brach in Jubel aus.

Ich eilte zurück ins Büro. Daniel und der Großteil des Teams waren bereits um den Computer versammelt und lasen die Rezension mit einem breiten Grinsen.

Die Schlagzeile lautete: »Ein gewagter Aufstieg an die Spitze«. Bruni beschrieb unseren Aufstieg von zwei auf drei und dann auf vier Sterne und sagte, er habe sich »langsam verliebt, nicht Hals über

Kopf«. Er beschrieb, wie er »ein hervorragendes Restaurant, das sich bereits verbessert hatte«, dabei beobachtete, »noch einen unnötigen Fortschritt zu machen«. Ich konnte nicht umhin zu erkennen, wie außerordentlich treffend diese Worte nicht nur die Entwicklung des Gästeerlebnisses, sondern auch die Entwicklung unserer Kultur auf den Punkt brachten.

Diese Rezension war seine vorletzte als Kritiker bei der *New York Times*. In seinem Abschiedsartikel sprach er ein letztes Mal über uns. Über das »wunderbare, wunderbare Essen«, das er bei uns genossen hatte, schrieb er: »Was ich im Eleven Madison Park aß und was ich in diesem prachtvollen Raum fühlte, erreichte ein Ausmaß an Zauber, der weit darüber hinausging, was ich in anderen Dreisternerestaurants erlebt hatte.«

»Ein Ausmaß an Zauber!« Wir hatten es geschafft. Wir hatten unsere vier Sterne. Und wir hatten sie erarbeitet, indem wir uns darauf konzentriert hatten, hervorragende Leistungen zu erbringen, aber vor allem weil wir uns auf die Gastfreundschaft konzentriert hatten … und konsequent wir selbst blieben.

Nicht viel später tauchte Danny auf und strahlte vor Stolz. Ich sah ihn, noch bevor er zur Tür hereinkam, und rannte hinaus, um ihn zu drücken. Das Erste, was er tat, war, mein Handy zu verlangen. Er rief sofort meinen Vater an, um den Moment mit ihm zu teilen und ihm zu seinem Beitrag zu gratulieren. Zu sehen, wie sich meine beiden Mentoren gegenseitig beglückwünschten und diesen Moment feierten, werde ich nie vergessen.

Die Party, die wir an diesem Abend schmissen, war größer als alle bisherigen. Ich hatte mich an unseren Vertreter bei Dom Pérignon gewandt und ihn gebeten, zwei Kisten zu spenden, für den Fall, dass es gute Nachrichten gäbe; aus demselben Grund hatte ich einen DJ auf Abruf. Ich hatte auch T-Shirts anfertigen lassen: die vier Blätter unseres Logos, mit vier Sternen darunter, und es machte mir große Freude, sie auf der Party zu verteilen. (Danny war wütend auf mich wegen dieser T-Shirts. Man solle den Tag nicht vor dem Abend loben, meinte er, das würde Unglück bringen. Rückblickend stimme ich ihm zu, aber damals fühlte es sich richtig an.)

Wir feierten wild bis in die Nacht hinein. Und am nächsten Tag, als wir zum Mittagstisch öffneten, lagen auf der Madison Avenue umgefallene Riedel-Champagnerflöten, und ein Obdachloser im Park trug eines unserer Viersterneshirts.

Der Speisesaal war jedoch tadellos, bereit für unser erstes Viersternemittagessen.

In der nächsten Woche kamen jeden Tag Flaschen mit Champagner und riesige Blumensträuße an. Jedes der fünf anderen Viersternerestaurants in New York schickte uns ein Geschenk, um uns im Club willkommen zu heißen, und unsere Stammgäste kamen, um zu feiern, was wir mit ihrer Unterstützung erreicht hatten.

Auch in schlechten Zeiten hatten wir offensiv gespielt, und es hatte sich ausgezahlt. Wir hatten die Rezession nicht nur überlebt, sondern waren sogar gestärkt aus ihr hervorgegangen.

KAPITEL 16

ZWANGLOSIGKEIT VERDIENEN

Die Viersternebewertung veränderte alles.

Unser Speisesaal war jeden Abend voll. Das Team schien zu schweben. Ich hörte zwar nie damit auf, die Ausgaben im Blick zu behalten, aber wir hörten auf, die Papiertücher in der Küche zu halbieren, und die Köche trugen wieder Papiermützen.

Das wachsende Geschäft brachte eine Reihe neuer Herausforderungen mit sich. Wir mussten für Küche und Service insgesamt 25 neue Leute einstellen und ausbilden. Wir mussten sogar unser Telefonsystem umprogrammieren, um die vielen Anrufe zu bewältigen.

Die größte Herausforderung bestand in der veränderten Erwartungshaltung. Gäste, die in einem Dreisternerestaurant speisen, haben ganz andere Erwartungen an das Essen als die Gäste eines Lokals, das erst kürzlich seinen vierten Stern erhalten hat.

Einige Mitglieder unseres Teams verinnerlichten diese Veränderung und überzeugten sich selbst davon, dass wir uns ernster nehmen mussten. Es ist wie beim ersten Kauf eines teuren Anzugs: Man hat das Gefühl, sich für den Anzug herausputzen zu müssen, anstatt sich daran zu erinnern, dass der Anzug dazu da ist, einen herauszuputzen.

Wir waren überglücklich über den vierten Stern, aber wir durften nicht zulassen, dass die Auszeichnung das untergrub, was uns überhaupt erst dahin gebracht hatte: eine echte Verbindung zu unseren Gästen herzustellen. Wir gaben unsere Vorstellung, das erste Viersternerestaurant für unsere Generation zu sein, nicht auf. Wir wollten immer noch Komfort, Ungezwungenheit und Spaß in die gehobene Küche bringen. Bruni selbst hatte das unterstützt. Im *Diner's Journal* schrieb er: »Mir wurde klar, dass ich das Eleven Madison häufiger weiterempfohlen hatte als seine Viersternevorgänger (damals), weil es deren Verwöhnungsintensität nahekam, ohne dass die Preise so hoch waren, der Verhaltenskodex so rigide und das Ambiente so einschüchternd war. In dieser Hinsicht hat es einen sehr ansprechenden Kompromiss gefunden.«

Bruni hatte erkannt, dass wir Zwanglosigkeit in die gehobene Küche bringen wollten – exquisit, aber ohne unangenehme Steifheit. Unsere Ungezwungenheit hatte uns geholfen, den vierten Stern zu verdienen. Nun reservierten die Leute schon Monate im Voraus Tische; für viele würde diese Mahlzeit eine der teuersten ihres Lebens sein. Angesichts des Hypes und des Preises wollten sie eine kleine Zeremonie.

Wir standen also vor einem Dilemma: Genau der Aspekt, der uns diese Auszeichnung eingebracht hatte, also unsere Lockerheit und Ungezwungenheit im Speisesaal, war in ihrer Konsequenz plötzlich weniger angemessen.

Das galt besonders deshalb, weil wir alle so jung aussahen. Damals lag das Durchschnittsalter eines Mitarbeiters im Speisesaal der EMP bei 26. Daniel war ein milchgesichtiger 32-Jähriger, als er den vierten Stern erhielt, ich war 29 und musste in Bars immer noch den

Ausweis vorzeigen. Selbst vor unserer Viersternebewertung (und auf jeden Fall danach) war dies ein Schock für die Gäste: Sie hatten nicht erwartet, dass ein Restaurant wie EMP von einem Haufen Kids geführt wurde. Aber wir wollten unser Wesen nicht ändern, vor allem weil ein allzu formelles Umfeld der Verbindung, die wir herzustellen versuchten, entgegenwirken würde.

Den Ansatz, mit dem wir dagegen vorgingen, nannten wir Zwanglosigkeit verdienen. Als ich anfing, mit meiner Frau auszugehen, nannte ich ihren Vater Mr Tosi; ich wusste, dass ich sein Vertrauen gewonnen hatte, als er mir schließlich sagte, ich solle ihn Gino nennen. Zwanglosigkeit ist etwas, das man sich verdienen muss.

Ebenso mussten wir uns den Respekt der Gäste verdienen, die über unsere Jugend beunruhigt waren, indem wir die Förmlichkeit zu Beginn des Essens verstärkten. Im Laufe des Abends konnten wir jedoch ihr Vertrauen gewinnen und sie ermutigen, sich auf die Reise einzulassen. Unser Service-Konzept war nichts, dem die Gäste ausgesetzt sein würden, sondern etwas, auf das sie sich einlassen wollten. Wir mussten sie einladen, nicht zwingen.

Gegenwärtigkeit

Im Sommer nach meinem ersten Jahr an der Cornell hatte ich einen Job im Tribeca Grill. Ich war als Management-Praktikant eingestellt worden, aber als einige Kellnerinnen und Kellner kündigten, musste ich zum ersten Mal selbst in den Service – eine Feuertaufe in einem der meistbesuchten Restaurants in New York City. Ich hatte keine Ahnung vom Service.

Meine Strategie in solchen Situationen ist immer, herauszufinden, wer die Besten sind, ihre Vorgehensweise zu studieren und zu versuchen, sie nachzuahmen. Ich interessierte mich zunächst für eine Gruppe von Kellnern, die wie Keanu Reeves die Matrix manipulierten; sie sahen alles und waren immer einen Schritt voraus. Diese Leute wussten immer genau, wer noch eine Flasche Wein wollte und wer die Rechnung verlangte, und arbeiteten die Tische mit energischer Effizienz ab.

Aber irgendetwas stimmte nicht. Jeden Abend rechnete ich die Trinkgelder aus und stellte fest, dass eine andere Gruppe von Kellnern, die viel weniger Tische bedienten, im Durchschnitt höhere Rechnungen ausstellte und mehr Trinkgeld bekam. Lassen Sie es mich noch einmal sagen: Sie bedienten weniger Menschen, machten aber mehr Umsatz, was ein guter Indikator für die Zufriedenheit der Gäste ist, also begann ich, diese zweite Gruppe zu untersuchen.

Mir wurde schnell klar, dass dies das wahre A-Team war. In vielerlei Hinsicht waren diese Kellner weniger exzellent als ihre erfahreneren Kollegen, ihre Tische warteten länger auf die Bestellung, auf die Dessertkarte und auf die Rechnung. Aber wenn sich diese weniger effizienten Kellner an den Tischen mit ihren Gästen unterhielten, waren sie so sehr auf die Interaktion konzentriert, dass die Verbindung, die sie schufen, viel stärker war. Auch wenn der Service nicht ganz so perfekt war, gefiel den Gästen das Erlebnis besser.

Die erste Gruppe war effizient, die zweite war aufmerksam.

Ich beschreibe »Gegenwärtigkeit« oft so: Man kümmert sich so sehr um das, was man im Moment gerade tut, dass man aufhört, sich um das zu kümmern, was als Nächstes dran ist. Diese zweite Gruppe von Kellnern und Kellnerinnen hat das wunderbar verkörpert. Wenn sie mit ihren Gästen sprachen, waren sie ganz bei ihnen. Sie wurden für ihre Gastfreundschaft belohnt, nicht für hervorragende Leistungen.

Nachdem das EMP vier Sterne erhalten hatte, verlagerte sich mein ganzer Schwerpunkt auf die Gastfreundschaft. Die Performance saß; es war an der Zeit, an der persönlichen Ebene zu feilen. Im nächsten Jahr lag unser Hauptaugenmerk also auf der Gegenwärtigkeit. Wenn wir bei einem Gast waren, waren wir bei diesem Gast. Wir hatten jahrelang trainiert, um all die formellen Rituale zu bieten, die man von einem Restaurant unseres Kalibers erwartet. Jetzt ging es uns darum, den Menschen mehr Wärme und Nähe zu vermitteln, als sie von einem Spitzenrestaurant erwarten – also nicht mehr nur ein exzellentes Restaurant zu betreiben, sondern eine menschliche Verbindung herzustellen.

Und die Welt hatte es offenbar bemerkt. Eines Morgens, Anfang 2010, nachdem ich mich beim Morgenteam gemeldet und mir einen Milchkaffee gemacht hatte, öffnete ich meine Post. Rechnung, Werbung, Rechnung, Rechnung, Rechnung. Ein Umschlag weckte jedoch mein Interesse, und als ich ihn aufriss, entdeckte ich, dass das EMP als eines der 50 besten Restaurants der Welt für 2010 nominiert worden war.

KAPITEL 17

LERNEN, UNVERNÜNFTIG ZU SEIN

Ich spüre immer noch die Welle der Verlegenheit und Enttäuschung, die mich überrollte, als sie verkündeten, dass Eleven Madison Park auf Platz fünfzig – auf dem letzten Platz – der Liste der besten Restaurants der Welt für 2010 gelandet war. Der Knoten im Hals ist mir heute noch so gegenwärtig wie an jenem Abend.

Ich verbrachte den gesamten Rückflug von London damit, nach Worten zu suchen, mit denen ich die schlechte Nachricht dem Team überbringen konnte; wir wussten, dass alle am Boden zerstört sein würden. Nach unserer Rückkehr organisierten Daniel und ich ein Meeting für die gesamte Belegschaft, und ich eröffnete es mit dem Lieblingszitat meines Vaters:

»Was würdest du versuchen, wenn du wüsstest, dass du nicht scheitern kannst?«

Nach einem Rückschlag ist es die Aufgabe einer Führungskraft, ihr Team durch die Phasen der emotionalen Verarbeitung zu führen, von der Enttäuschung zur Motivation, und die Weichen für die Zukunft zu stellen. Denn alle müssen sich einig sein, was als Nächstes zu tun ist.

Das Restaurant war voll, dafür hatten unsere vier Sterne gesorgt, und eine Woche zuvor war das noch genug gewesen. Aber Daniel und ich waren aus London mit einer zerknitterten Papierserviette und einem neuen Ziel nach Hause gekommen: Wir wollten das beste Restaurant der Welt werden.

»Wir hörten unsere Namen nicht gern auf dem letzten Platz; wir werden diese Demütigung nutzen, um uns zu pushen«, sagten wir. »So toll die Restaurants in den Top Ten auch sind, wir können genauso gut sein, wenn nicht sogar besser. Wir wollen die Nummer eins sein.«

Es war ein enormes Risiko, diesen Traum laut auszusprechen. Wenn Sie Ihrem Team ein Ziel setzen und es nicht erreichen, besteht die Gefahr, dass die Moral leidet – und dies war ein besonders gewagter Maßstab, da in dem Moment ein Abrutschen um einen einzigen Platz gleich das Ausscheiden aus der Liste bedeutet hätte. Aber der Motor hinter dieser kühnen Aussage war ein anderes Zitat, diesmal von Jay-Z: »Ich glaube, dass man Dinge wahrreden kann.« Ich weiß eines ganz sicher: Wenn man nicht den Mut hat, ein Ziel laut auszusprechen, wird man es nie erreichen.

Bei diesem Treffen luden wir das Team ein, sich mit uns zusammen für die Sache zu entscheiden. Wenn man sich mit talentierten Leuten umgeben hat, gibt es nichts Stärkeres als eine gemeinsame Entscheidung. Wenn diese Powergruppe beschloss, dieses Ziel zu erreichen, dann würde sie das auch, egal wie hochgegriffen oder schwer erreichbar es auch sein mochte.

Es überrascht nicht, dass sie sich dafür entschieden. Wir mussten keine weitere Minute mit Überlegungen vergeuden. Wir mussten jetzt einfach nur handeln.

Vernünftig vs. unvernünftig

Als ich die Worte »Unvernünftige Gastfreundschaft« auf die Serviette gekritzelt hatte, hatte ich nicht die geringste Ahnung, wie wir diese Worte in die Praxis umsetzen würden. Aber Sie müssen nicht genau wissen, was eine Idee bedeutet, um sie zu verfolgen; oft reicht es, wenn Sie eine Vorstellung davon haben, was Sie erreichen wollen. Fangen Sie an, verschiedene Dinge auszuprobieren, und die Idee wird beginnen, Form anzunehmen.

Der Verhaltenswissenschaftler Rory Sutherland sagt, dass das Gegenteil einer guten Idee ebenfalls eine gute Idee sein sollte. Deshalb war die Idee von unvernünftiger Gastfreundschaft so überzeugend. Das Gegenteil von unvernünftiger Gastfreundschaft ist nicht, Menschen schlecht zu behandeln, sondern vernünftige Gastfreundschaft – also eine ganz normale Art, Gastronomie zu betreiben. Aber vernünftig war nicht der Weg, um das beste Restaurant der Welt zu werden.

Also begannen wir, unser Konzept der Gastfreundschaft radikal zu ändern. Die Worte »unvernünftige Gastfreundschaft« aufzuschreiben, war die Geburtsstunde eines Gedankens, der für alles Weitere zentrale Bedeutung bekam: die Gäste so zu empfangen, dass sie spürten, dass wir die Sache anders angingen.

Wir hatten bereits das Gästeerlebnis und viele der luxuriösen Details verbessert: die cremefarbene Tischwäsche, der dicke Ledereinband der Weinkarte, das Gewicht des Silberbesteckes waren dazu da, Exzellenz zu vermitteln. Aber wir versuchten, eine andere Art Viersternerestaurant zu sein, eines, in dem jedes Detail des Komforts vorausgesehen und beachtet wird, in dem man sich wirklich wohlfühlt. Und hier hatte ich das Gefühl, dass ich mir einen Namen machen konnte. Was uns an die Spitze gebracht hatte, war von grundlegender Bedeutung: hingebungsvolle Raffinesse, eine ausgefeilte Technik und Schliff. Aber das, was unsere Gastfreundschaft ausmachte, sollte unvernünftig sein.

Als wir im Saal saßen und auf den Beginn der Verleihung der Auszeichnung für die fünfzig besten Restaurants warteten, war mir bewusst, dass jede Person im Raum – Daniel und ich eingeschlossen – sich zu einem unvernünftigen Streben nach Exzellenz verpflichtet hatte. Aber für fast alle lag der Schwerpunkt dieses unvernünftigen Strebens auf den Tellern. Ein Klassiker: Der Zauber findet in der Küche statt, und der Speisesaal dient diesem Zauber.

Ein Gericht, für das wir damals bekannt waren, war ein Steinbuttfilet, das sorgfältig mit hauchdünnen Zucchinischeiben belegt war, die überlappend angeordnet wurden, um die Schuppen eines Fisches zu imitieren. Der Fisch wurde mit Olivenöl und Kräutern vakuumverpackt und bei genau 54,2 Grad Celsius 18 Minuten lang *sous vide* gegart, dann auf einem Safranfond mit einer frittierten gefüllten Zucchiniblüte serviert.

Jedes einzelne Element des Gerichtes war das Ergebnis wochenlanger Recherche, Entwicklung und Probierens; jeder Bestandteil erforderte stundenlanges Training zur Vorbereitung und Zubereitung. Und das alles für zwei Bissen, vielleicht drei Minuten im Leben eines Gastes!

Das ist nicht vernünftig, aber es ist herrlich. Ich konnte sehen, wie wirkungsvoll unser Fokus auf Eleganz bei EMP war, also fragte ich mich: Was würde passieren, wenn wir die gleiche unvernünftige Herangehensweise von der Zubereitung dieses Gerichtes auf die Gastfreundschaft übertragen würden?

Gastfreundschaft ist keine Transaktion

Wir sprachen oft über die Blase, die wir um jeden Tisch herum zu schaffen versuchten.

Wird das Essen zum richtigen Zeitpunkt serviert, stimmen Licht und Musik, und unser Service agiert so exakt und unaufdringlich, dass wir immer dann da sind, wenn die Gäste es wünschten, und nie, wenn sie es nicht wünschen, dann existiert eine Blase an jedem Tisch. Die Gäste lenken sich nicht gegenseitig ab, sondern können sich voll und ganz auf das Erlebnis einlassen. Die Zeit hört auf zu existieren.

Aber wenn das Essen zu lange dauerte, wenn jemand ein Tablett mit Gläsern fallen ließ oder wenn ein Computer ein paar Meter vom Tisch entfernt druckte, dann platzte die Blase. Der Zauber war gebrochen.

Wir hatten hart daran gearbeitet, unseren Service einwandfrei zu gestalten, sodass das Essen in einem perfekten Rhythmus serviert wurde und niemand die Tabletts fallen ließ. Aber solang der Drucker im Speisesaal stand, platzte die Blase ständig – es war die ewige Erinnerung daran, dass die Gäste in unserem Geschäft und nicht bei uns zu Hause saßen.

Ich habe ein Audit durchgeführt, um alles, was sich nach Transaktion anfühlte, aus unserem Speisesaal zu entfernen. Wir begannen damit, die Micros-Terminals, die Computer, mit denen Restaurants Bestellungen eingeben und Rechnungen drucken, aus dem Speisesaal zu verbannen. Das war relativ einfach, obwohl wir an die Küche anbauen mussten, um einen Raum zu schaffen, in dem wir sie zusammen mit dem Tafelsilber, den Gläsern und all den anderen Dingen, die wir für den Service brauchten, aufstellen konnten.

Unsere beste Chance, das Konzept der unvernünftigen Gastfreundschaft zu testen, war allerdings an der Eingangstür, wo wir unsere Gäste willkommen hießen.

Normalerweise betritt man ein Restaurant und geht auf den Maître zu, der hinter einem Pult steht und dessen Gesicht in das hässliche Licht eines iPad-Bildschirmes getaucht ist. Sie sagen: »Hallo, ich habe für heute Abend eine Reservierung«, und nennen Ihren Namen. Der Maître schaut nach unten, wischt ein wenig auf dem Bildschirm herum. Dann wendet er sich an den Host und sagt: »Sie dürfen sie an Tisch 23 begleiten.« Alles daran ist geschäftsmäßig: der Bildschirm, die Tatsache, dass man wie eine Fracht durch das Restaurant transportiert wird, die Tischnummer.

Vielleicht übertreibe ich ein wenig. Natürlich gibt es viele ausgezeichnete Restaurants, die die Übergabe elegant, warmherzig und liebenswürdig gestalten. Aber solang der Maître hinter einem Pult steht, einer buchstäblichen Barriere zwischen ihm und der Person, die er empfängt, kann die Gastfreundschaft in diesem Moment nie mehr als vernünftig sein. Vergleichen Sie das mit dem, was passiert, wenn Sie bei Freunden zum Essen eingeladen sind. Sie öffnen die Tür, schauen einem direkt in die Augen und begrüßen einen mit Namen.

Ich konnte nicht umhin, darin eine Gelegenheit zu sehen.

Es gab einige Skepsis, als ich mich das erste Mal mit dem Team für Gästebetreuung zusammensetzte und vorschlug, das Stehpult im EMP abzuschaffen. Aber wenn Sie neben dem Was auch das Warum erklären, werden Sie überrascht sein, wie viele unmögliche Ideen Ihr Team verwirklichen kann.

Es dauerte nicht lange, bis die Gäste, wenn sie durch die Tür kamen, mit Namen begrüßt wurden, anstatt auf jemanden zugehen zu müssen, der auf einen Bildschirm starrte: »Guten Abend, Ms Sun, und willkommen im Eleven Madison Park.« Ich wurde nicht müde, die Reaktionen der Menschen zu beobachten, die dies zum ersten Mal erlebten.

Jeden Abend nahm der Maître die Liste der Reservierungen und googelte die Namen darauf, um einen Spickzettel mit Fotos für jeden Platz zu erstellen. Wenn es von Ihnen ein Foto im Internet gab, würden wir es finden, und wenn Sie der Person auf dem Foto immer noch auch nur im Entferntesten ähnelten, würden wir Sie mit Namen begrüßen. Nachdem die Reservierungen für sieben Uhr dreißig platziert waren, begann der Maître, den Spickzettel für die Reservierungen für acht Uhr zu studieren.

Um es ganz offen zu sagen: Es gab immer noch ein Pult. Es war gleich um die Ecke vom Eingang, sodass man es nicht sehen konnte, wenn man hereinkam. Hinter diesem Pult saß der »Moderator«, ein weiterer Angestellter, der mit dem Speisesaal in Verbindung stand und wusste, ob der jeweilige Tisch fertig war oder nicht. Der Moderator kommunizierte in Gebärdensprache mit dem Maître, der mühelos mit Ihnen plauderte, während er auf Anweisungen wartete; wenn er das Signal bekam, dass Ihr Tisch fertig war, kam ein Host und brachte Sie in den Speisesaal. Wenn der Tisch noch nicht ganz fertig war, gab der Moderator ein anderes Signal, und der Maître führte Sie in die Bar, wo Sie etwas trinken konnten, während Sie warteten.

Das alles war keine Raketenwissenschaft, aber es erforderte die Bereitschaft, einiges in Bewegung zu setzen, um es zu verwirklichen. Was sich allerdings tatsächlich wie Raketenwissenschaft anfühlte (zumindest für uns, wenn man bedenkt, wie kompliziert die Ausführung war), war, dass der Maître, der Sie begrüßte, auch die Person war, die Ihre Reservierung zwei Tage zuvor aufgenommen hatte.

In den meisten Restaurants wird Ihr Tisch von einem Reservierungsleiter in einem Büro aufgenommen, der längst Feierabend hat, wenn die Gäste eintreffen. Aber wir ließen unsere Maîtres die Reservierungen aufnehmen, damit sie bereits eine Beziehung zu den Gästen aufbauen konnten, bevor diese das Restaurant überhaupt betreten hatten. Der Maître konnte also sagen: »Ms Sun, mein Name ist Justin, wir haben neulich miteinander telefoniert. Wir freuen uns sehr, dass Sie heute Abend bei uns sind.«

Ein Spitzenrestaurant wie das EMP zu betreten, kann einschüchternd sein – außer man wird gleich von jemandem begrüßt, mit dem man ein paar Tage zuvor telefoniert hat. Und da der eigentliche Sinn dieser Bestätigungsanrufe darin bestand, im Vorfeld etwas über die Gäste zu erfahren, etwa zu fragen, ob ein besonderer Anlass gefeiert wurde, konnte Justin auch sagen: »Herzlichen Glückwunsch zum Geburtstag, schön, dass Sie ihn mit uns feiern!«

Die Abschaffung des Stehpultes machte natürlich zusätzliche Service-Schritte erforderlich. Und neben dem Googeln und der ganzen nonverbalen Kommunikation brauchte es einen Strategen, der sich um den Dienstplan kümmerte, um sicherzustellen, dass der Maître, der Ihre Reservierung aufnahm, an dem betreffenden Abend der Reservierung auch tatsächlich Dienst hatte. Für viele Unternehmen wäre dieser zusätzliche Aufwand ein guter Grund gewesen, auf die ganzen Schnörkel zu verzichten, aber ich hatte einen Slogan der Avis-Autovermietung aus einer alten Werbung im Kopf: »Wir geben uns mehr Mühe.«

Ich habe keine Ahnung, ob sich in dieser Werbung tatsächlich die Unternehmenskultur von Avis widerspiegelte, oder ob es der Einfall von irgendeinem Genie der Madison Avenue war, um einen fast identischen Autovermietungsdienst von einem anderen zu unterscheiden, jedenfalls ging mir dieser Satz nicht mehr aus dem Kopf. Ist es nicht das, was die Guten von den Großen unterscheidet? So sehr von einer Idee überzeugt zu sein, dass man bereit ist, sich mehr Mühe zu geben, gar unvernünftige Anstrengungen für sie zu unternehmen?

Die Beseitigung von allem geschäftsmäßig Wirkenden zu Beginn des Essens veränderte das Erlebnis dermaßen, dass ich einen Schritt weiter gehen und es auch vom Ende der Mahlzeit verbannen wolle. Wenn wir die Menschen jetzt herzlicher denn je empfingen, sollte unser Abschied ebenso persönlich sein.

»Ich möchte eine Garderobe ohne Marken«, sagte ich zu JP Pullos, dem damaligen Leiter unseres Empfangsbereiches.

»Okay. Wie?«

»Keine Ahnung! Aber dir wird bestimmt etwas Geniales einfallen.« Eine Führungskraft muss nicht alle Details eines Planes kennen, wenn sie den Menschen, die für sie arbeiten, vertraut.

JP fiel tatsächlich etwas ein – und es war genial. Er gestaltete die reguläre Garderobe neu, um die Mäntel nach Tischnummern zu sortieren, und fügte eine zusätzliche, kleinere Garderobe – die »On-Deck«-Garderobe – an der Tür hinzu.

Während des Service ging ein Host regelmäßig durch den Speisesaal und notierte, wie weit die Gäste mit ihrer Mahlzeit waren, damit sie planen konnten, wo sie die nächste Gruppe von Reservierungen platzieren würden. Mit unserem neuen System schickte der Host, wenn er sah, dass ein Tisch seine Rechnung bezahlte, jemanden, der die Mäntel von der großen Garderobe in die On-Deck-Garderobe brachte. Wenn der Tisch mit dem Bezahlen fertig war und sich auf den Weg zum Ausgang des Restaurants machte, standen wir schon mit den Mänteln an der Tür.

Damals machte das niemand, und auch heute machen es nur sehr wenige Restaurants. Was schade ist, denn das war einer meiner Lieblingsmomente des Abends. Man konnte beobachten, wie Gäste, die sich der Tür näherten, in ihren Taschen nach Garderobenmarken suchten (wo hab ich die nur hingesteckt?). Dann würden sie aufschauen und ihren eigenen Mantel erkennen. Es war fantastisch, ganz zum Schluss noch ein Ass aus dem Ärmel zu ziehen und die Gäste ein letztes Mal zu verblüffen; ich konnte gar nicht genug davon bekommen.

Gastfreundschaft ist ein Dialog, kein Monolog

Es ist unmöglich, bei Rao's eine Reservierung zu bekommen.

Das Rao's, das 1896 eröffnet wurde und in Harlem italienisch-amerikanische Hausmannskost serviert, ist eine New Yorker Institution. Und wenn ich sage, dass es unmöglich ist, dort eine Reservierung zu bekommen, dann meine ich das auch so: Sie nehmen keine Reservierungen an. Einige wenige Leute »besitzen« Tische, und man kann dort nicht essen, es sei denn, man wird von jemandem eingeladen, dem der Tisch gehört.

Nachdem ich jahrelang jeden, den ich kannte, gefragt hatte, gelang es mir schließlich, eine Einladung zu ergattern. Das Essen war fantastisch (die Fleischbällchen gehören zu den besten, die ich je gegessen habe). Und obwohl das Esserlebnis ziemlich weit von dem entfernt war, was wir zu bieten versuchten, beeindruckte es mich schwer.

Im Rao's gab es keine Speisekarten; stattdessen zog ein Typ namens Nicky the Vest einen Barhocker an unseren Tisch und erzählte, was es gab. Die Nudelgerichte nannte er erst, nachdem wir unsere Antipasti ausgewählt hatten; die Fleischgerichte hörten wir erst, nachdem wir unsere Pasta ausgewählt hatten. Es war ein Gespräch, zumindest fühlte es sich so an, obwohl man irgendwie am Ende immer das gegessen hat, was Nicky meinte, das man essen sollte.

Ich fand es großartig. Es war, als würde ich bei meiner Großmutter zu Abend essen, und ich ging mit der Überzeugung nach Hause, dass wir unsere Speisekarten ganz abschaffen sollten.

Nachdem der Wein des Abends aus meinem Blutkreislauf verschwunden war, wurde mir klar, dass wir für einen so radikalen Schritt noch nicht bereit waren. (Später würden wir es aber sein.) Doch die Idee, dass die Bestellung einer Mahlzeit die Form eines Austausches zwischen dem Restaurant und dem Gast annehmen könnte, faszinierte mich. Danny Meyer sagt, dass Gastfreundschaft ein Dialog ist, kein Monolog. Er meinte es metaphorisch, ich wollte den Dialog wörtlich nehmen.

Jahrelang hatten wir sowohl ein Pauschalmenü als auch ein Degustationsmenü angeboten. Das Prix Fixe gab dem Gast die Kontrolle, das Degustationsmenü sorgte für Überraschungen.

Ich wollte eine weniger binäre Option. Das Unerwartete und Fließende eines Degustationsmenüs, das Narrative, hat durchaus seinen Reiz, aber es setzte den Gast in gewisser Weise einem Monolog der Küche aus: »Das ist, was heute Abend gegessen wird.«

Wie Sie vielleicht schon mitbekommen haben, habe ich gern die Kontrolle. Das gilt vor allem für das Essen, denn ich bin ein etwas wählerischer Esser: Ich mag weder fischigen Fisch noch Innereien. Und als jemand, der sehr gern isst, möchte ich nicht nur bestimmen, was ich an einem bestimmten Abend nicht essen möchte, sondern auch, was ich essen möchte.

Wir dachten uns also eine neue Menüidee aus, die das Beste aus beiden Welten in sich vereinte. Auf einer normalen Speisekarte sind alle Gerichte vollständig aufgeführt: Das Rindfleisch wird mit Kartoffelpüree und Pfifferlingen serviert. Sie entscheiden, was Sie wollen, und Sie bekommen genau das, was Sie bestellen. Bei vielen Degustationsmenüs hingegen gibt es überhaupt keine Speisekarte; Sie erfahren erst, was Sie essen werden, wenn der Teller vor Ihnen steht.

Bei der ersten Variante liegt der Reiz in der Kontrolle, bei der zweiten in der Überraschung. In unserer neuen Speisekarte war beides vereint, denn es stand immer nur die Hauptzutat da; man konnte also zum Beispiel zwischen Rind, Ente, Hummer oder Blumenkohl wählen. Sie entschieden also, was die Hauptzutat sein sollte, aber Sie durften sich davon überraschen lassen, wie sie zubereitet und serviert wurde.

Daniel liebte das neue Menüformat, weil es ihm Flexibilität bot: Wenn ein Lieferant ihn mit ein paar Kisten prächtigen Sauerampfers oder besonderen Sommerbohnen überraschte, konnte er diese einbauen, ohne hundert Speisekarten neu zu drucken. Ich fand es toll, weil es ein Gespräch erforderte. Oliver Strand schrieb in seinem treffend betitelten Artikel in der *New York Times* über die Menüänderung: »Im Eleven Madison Park wird repariert, was nicht kaputt war: Die Speisekarte ist fast abstrakt. Anstatt mit üppigen Beschreibungen verführen zu wollen, ist sie eher Anlass oder gar Provokation, mit den Kellnern darüber zu reden, was Sie gern essen möchten.«

Einige Monate nach der Einführung der neuen Speisekarte aß ich in der Momofuku Ssäm Bar, was mich darin bestärkte, in dieser Idee des Dialogs und der Entscheidungsmacht noch einen Schritt weiterzugehen. In der rechten unteren Ecke der Karte in der Ssäm Bar war ein Kästchen, in dem zu lesen war: »Keine Ersatz- oder Sonderwünsche. Wir servieren keine vegetarischen Gerichte.«

Moment, wie bitte? Ich habe nichts als Bewunderung für die Arbeit von Köchen, und ich weiß, dass, wenn man gewisse Zutaten austauscht, das gesamte Gericht dadurch ruiniert werden kann.

Aber aus der Perspektive der Gastfreundschaft war diese pauschale Aussage – keine Anpassung, unter keinen Umständen – schockierend und ging gegen alles, woran ich glaubte. (Es ist erwähnenswert, dass der Besitzer von Momofuku, David Chang, in den letzten Jahren flexibler geworden ist und zu den gastfreundlichsten Köchen gehört, die ich kenne.)

Aber an diesem Abend konnte ich die Augen nicht von dem Kästchen lassen und habe bei meinem abendlichen Glas Rotwein darüber geschrieben. Wie kann ein Restaurant jemandem, der kein Fleisch möchte, vorschreiben, dass er es nehmen muss, wenn er dort essen möchte? Was wir mit der neuen Speisekarte gemacht hatten, war schön und gut, wenn es darum ging, was die Gäste wollten – aber taten wir auch genug, um den Gästen eine Stimme zu geben, wenn sie etwas nicht wollten?

Damals fragten wir, wie jedes andere Restaurant auch, die Gäste zu Beginn des Essens, ob sie Allergien hätten. Deine Gäste nicht umzubringen, ist eine Selbstverständlichkeit; konnten wir das nicht noch besser machen? Was, wenn wir sie auch fragen würden, ob es Zutaten gab, die sie nicht mochten? Oder ob es etwas gab, worauf sie an diesem Abend einfach keine Lust hatten? Das wäre doch mal ein richtiger Dialog.

Es bedurfte einiger Überzeugungsarbeit, um Daniel und das Küchenteam für diese Idee zu gewinnen, denn sie mussten die meiste Arbeit leisten und sich endlose Variationen von Gerichten einfallen lassen, die sie bereits perfektioniert hatten. Wenn das Hähnchen mit Spargel und Morcheln serviert wird, der Gast aber keine Pilze mag, muss die Küche für den Fall der Fälle eine andere, ebenso köstliche Zubereitung des Hähnchens bereithalten. Das war der Inbegriff der Unvernunft. Aber Daniel erkannte das revolutionäre Potenzial dieser Idee, wenn wir es schafften, sie zu verwirklichen. (Ich zog sogar die »Es ist mir wichtig«-Karte.)

Wir beschlossen, es zu versuchen. Und fast hätte es nicht funktioniert.

Einige Wochen, nachdem wir begonnen hatten, die Gäste nach ihren Vorlieben zu fragen, hatte uns nicht ein einziger Tisch eine Zutat genannt, die jemand nicht mochte. Ich übernahm schließlich eine Station, um herauszufinden, warum.

Es gibt übrigens keine bessere Methode für eine Führungskraft, um herauszufinden, warum eine Idee nicht funktioniert oder wie sie besser funktionieren könnte, als eine Meile in den Schuhen der Menschen zu laufen, die mit der Umsetzung dieser Idee beauftragt wurden. Im Allgemeinen hat sich das bewährt. Wenn Sie CEO einer Hotelkette sind, arbeiten Sie ein paarmal im Jahr an der Rezeption eines Ihrer Hotels; wenn Sie eine Fluggesellschaft leiten, übernehmen Sie eine Schicht am Ticketschalter oder servieren Getränke und Brezeln in der Economy Class. Machen Sie nichts Feierliches daraus, erledigen Sie einfach nur die Arbeit. Ich wette, Sie werden überrascht sein, wie viel Sie lernen; ich war es immer.

Meine Service-Fähigkeiten waren etwas eingerostet, und die Leute an meiner Station mussten härter arbeiten, als wenn sie von einem kompetenten Chef de Rang angeführt worden wären. Aber es dauerte nur ein paar Tische, bis ich wusste, wo das Problem lag.

Zu dieser Zeit waren Andrew Zimmern und Anthony Bourdain überall im Fernsehen zu sehen, wie sie noch schlagende Cobra-Herzen, Enten-Föten aus ungeschlüpften Eiern und Suppen aus Seidenraupenlarven aßen. Kein Gourmetmenü kam ohne Zutaten aus – Treviso! *'nduja*! Kardone! –, die so mysteriös waren, dass selbst erfahrene Gourmets sie unter dem Tisch googeln mussten.

Wenn man sich für Essen interessierte, was bei den meisten unserer Gäste der Fall war, ging der Trend dahin, wahllos alles Mögliche zu essen. Es war also nicht cool, zuzugeben, dass man sich vor der Konsistenz von Auberginen oder Kaviar ekelte oder dass man rote Bete hasste, weil es bei Mutter immer die schleimige aus der Dose gab. Und wenn Sie diese Abneigungen selbst vor Ihren Liebsten nicht zugeben, dann werden Sie sie garantiert nicht dem Chef de Rang eines Viersternerestaurants gestehen.

Als ich die Frage das nächste Mal stellte, legte ich also ein (wahres) Geständnis ab: Ich sagte den Gästen, was ich von Seeigeln halte. Seeigel ist selten und schwer zu beschaffen. Es ist eine Delikatesse, die viele anspruchsvolle Gourmets lieben: cremig und dekadent, von Köchen begehrt. Und allein beim Gedanken daran wird mir übel.

Nachdem ich die Wahrheit gesagt hatte, sagte der Mann auf Platz zwei: »Eigentlich bin ich nicht besonders scharf auf Austern«, und seine Frau sagte: »Ja, ich kann Sellerie nicht ausstehen.«

Erst nachdem ich mich selbst verletzlich gezeigt hatte, erlaubten mir die Menschen, denen ich diente, ihre Verletzlichkeit zu sehen. Ist es ein Ausdruck von Verletzlichkeit, wenn man sagt, dass man eine Zutat nicht mag? Ich glaube schon – und je offener Sie sich zeigen, desto wahrscheinlicher ist es, dass die Menschen Ihnen gegenüber offen sind.

In diesem Moment wurde das neue Menüformat für mich zum echten Erfolg. Wir hatten ein einseitiges Gespräch in einen echten Austausch verwandelt.

Behandeln Sie alle wie VIPs

Persönliche Trainingseinheiten mit einem Promi-Trainer. Drei Übernachtungen in einem Leuchtturm an der Küste Schwedens. Behandlungen im Wert von 25.000 Dollar bei einem Dermatologen in der Park Avenue. Eine lebenslange Versorgung mit luxuriöser Gesichtscreme. Ein mit Kristallen besetztes Katzenhalsband von Tiffany. Ein Jahr lang kostenlos eine Limousine mieten. Eine zehntägige Wandertour durch Japan.

Wir waren nicht die Ersten, die in Bezug auf Gastfreundschaft unvernünftig waren, aber diese Art von protzigem Service war immer nur wenigen vorbehalten: Prominenten, Politikern, Wohlhabenden und Eliten. Denken Sie an die exorbitanten Geschenktüten, die die Oscar-Nominierten jedes Jahr erhalten. (Siehe unvollständige Liste oben.)

Unvernünftige Gastfreundschaft bedeutete für uns, dass wir jedem Gast Aufmerksamkeit und luxuriöse Details widmeten.

Unser erster Versuch, das Spielfeld zu ebnen, bestand in der Neugestaltung der Küchenbesichtigungen. Viele Feinschmeckerrestaurants verfügen über einen Chef's Table, aber es hat mich immer gestört, dass ein Essen dort nur einem Tisch pro Abend vorbehalten ist. Und selbst im EMP waren Besuche in der Küche nur den größten VIPs möglich. Aber wenn wir an das Konzept der unvernünftigen Gastfreundschaft glaubten, mussten ihre besten Elemente allen zugänglich sein.

Wir richteten in unserer Küche eine Nische ein, von der aus man einen guten Blick auf die dreißig auf Präzision geschulten Köche und Köchinnen hatte, die in unserer riesigen, makellosen Küche konzentriert und nahezu geräuschlos arbeiteten. In dieser Nische stand der Chef's Table. Aber an unserem Chef's Table gab es keine Stühle; unsere Gäste standen, um einen einzigen Gang zu probieren.

Da es nur ein einziger Gang war, konnten wir dieses besondere Erlebnis vielen Menschen bieten, und zwar allen, die Interesse daran hatten. (Dieser Gang war neutral, nie ein Dessert, man konnte also zu jedem beliebigen Zeitpunkt während des Menüs diesen Gang kosten; der erste, den wir auf die Art anboten, war ein Cocktail mit flüssigem Stickstoff.) Wir stellten sogar jemanden ein, dessen einzige Aufgabe es war, diese Führungen zu machen. Nicht alle wollten die Küche sehen; einige waren ins Restaurant gekommen, um ein Geschäft abzuschließen, sich leidenschaftlich in die Augen zu schauen oder einfach, um zu essen. Und das Personal war sensibel genug, um diese Leute in Ruhe zu lassen. Aber allen anderen – ob man nun Jay-Z und Beyoncé war oder ein Paar, das lange darauf gespart hatte, um zum ersten Mal in einem Viersternerestaurant zu speisen – stand es frei, diese Erfahrung zu machen.

Welche Lösung bietet die Gastfreundschaft?

Das Ende der Mahlzeit ist aus Sicht der Gastfreundschaft immer heikel. Zunächst einmal ist es an der Zeit zu bezahlen, und das macht nie Spaß. Die kalte, harte Realität dieser Zahlen auf einer Rechnung kann die magische Stimmung, die Sie im Laufe des Abends aufgebaut haben, in kurzer Zeit zunichtemachen.

Und das richtige Timing zu finden, ist schwer. Wenn einige Gäste bereit sind zu gehen, sind sie bereit zu gehen. Die Leute werden ungeduldig (ich werde ungeduldig!), wenn es zu lange dauert, auf die Rechnung zu warten, zu bezahlen und hinauszukommen. Gleichzeitig dürfen Sie die Rechnung aber auch nie an den Tisch bringen, bevor ein Gast darum gebeten hat, denn das gibt ihm das Gefühl, dass Sie ihn hinausdrängen wollen.

Bei EMP nutzten wir die Gastfreundschaft, um beide potenzielle Probleme zu lösen. Wir warteten nicht, bis Gäste die Rechnung bestellten. Stattdessen brachten wir ihnen am Ende der Mahlzeit die Rechnung – zusammen mit einer ganzen Flasche Cognac.

Wir schenkten jedem am Tisch einen Schluck ein und ließen die volle Flasche auf dem Tisch stehen: »Bitte, bedienen Sie sich nach Belieben, das geht aufs Haus. Und wenn Sie fertig sind, ist Ihre Rechnung gleich hier.«

Die Menschen waren begeistert. Die Möglichkeit, sich selbst nachzuschenken, erschien ihnen umso luxuriöser und überraschender, da sie während des dreistündigen Menüs keinen Finger rühren mussten. Genau das war das Gefühl, das ich erreichen wollte: der Moment am Ende einer Dinnerparty, wenn sich ein Gast nach vorn beugt, eine Weinflasche in die Hand nimmt und die Gläser aller Gäste auffüllt.

Wichtig daran ist, dass eine Person, die gerade eine volle Flasche Cognac geschenkt bekommen hat, nicht das Gefühl haben wird, zum Gehen genötigt zu werden. Und doch war die Rechnung immer zur Hand, sobald sie dazu bereit waren. Wir mussten nie wieder einem Gast die Rechnung »aufdrängen«, und kein Gast musste je wieder danach fragen.

Dies ist eine Lösung, die die Gastfreundschaft bietet: ein Problem, das wir nicht dadurch lösten, den Service zurückzuschrauben, sondern indem wir mehr gaben, nicht weniger.

Wenn wir in unseren Unternehmen mit einem schwerwiegenden Problem konfrontiert werden, greifen wir allzu oft auf die altbewährten Methoden zurück: härter arbeiten, effizienter sein, Einsparungen vornehmen. Vor allem wenn es sich um Probleme handelt, die den Gewinn schmälern, oder um solche, die fortbestehen, weil unsere Organisationen auf Menschen und ihre wunderbare, fehlbare Natur angewiesen sind.

Stellen Sie sich jedoch vor, dass Sie, anstatt auf eine dieser Möglichkeiten zurückzugreifen, sich fragen: Welche Lösung bietet die Gastfreundschaft? Was wäre, wenn Sie sich dazu zwingen würden, kreativ zu sein und eine Lösung zu entwickeln, die funktioniert, und zwar gerade wegen – nicht trotz – Ihres Engagements für Großzügigkeit und außergewöhnlichen Service?

Diese Lösungen sind fast immer schwieriger umzusetzen, und um sie zu finden, ist auf jeden Fall Kreativität gefragt. Aber sie sind fast immer ein Gewinn. Wenn ein Stolpern am Ende eines Essens den in den drei Stunden zuvor aufgebauten guten Ruf eines Restaurants zunichtemachen kann, dann kann eine große, herzliche Geste am Ende den gegenteiligen Effekt haben. (Das gilt für jede Dienstleistungsbranche.)

Und obwohl es wie eine unangemessen extravagante Geste erschien, eine volle Flasche teuren Alkohols an jeden Tisch zu stellen, war es tatsächlich eine rentable Angelegenheit. Nach einem aufwendigen mehrgängigen Abendessen (und in der Regel reichlich Wein) waren nur wenige Menschen daran interessiert, mehr als einen Schluck Cognac zu trinken. Doch das Gefühl des Überflusses blieb.

KAPITEL 18

IMPROVISIERTE GASTFREUNDSCHAFT

EINES NACHMITTAGS RÄUMTE ICH DIE Vorspeisenteller am Tisch einer vierköpfigen Gruppe von Europäern ab, die nach dem Essen direkt zum Flughafen mussten.

Eine kurze Anmerkung am Rande: Es gibt nichts Schmeichelhafteres als Gäste, die mit Gepäck zum Essen kommen. Denn offensichtlich haben sie das Restaurant gewählt, um entweder die erste oder die letzte Mahlzeit in New York einzunehmen – also für ihre erste oder letzte Erinnerung an die Stadt. Das ist ein großes Kompliment und eine Verantwortung, die ich nicht auf die leichte Schulter nehme.

Noch eine Anmerkung: Als General Manager habe ich viele Tische abgeräumt. Zu diesem Zeitpunkt machte es keinen Sinn, dass ich eine Bestellung aufnahm; die Chefs de Rang und Sommeliers waren besser qualifiziert, die Gäste durch das Menü zu geleiten und Weinempfehlungen zu geben. Dass ich Tische abräumte, zeigte dem Team, dass ich da war, um zu helfen, und gab mir die Möglichkeit, mich bei den Tischen zu zeigen, ohne Fragen befürchten zu müssen, auf die ich keine gute Antwort hatte.

Wie auch immer! Als ich diesen Tisch abräumte, hörte ich, wie sich die vier Gäste über ihre kulinarischen Abenteuer in New York unterhielten: »Wir waren überall! Daniel, Per Se, Momofuku und jetzt Eleven Madison Park. Das Einzige, was wir nicht gegessen haben, ist ein Straßen-Hotdog.«

Wenn Sie an diesem Tag im Speisesaal gewesen wären, hätten Sie eine animierte Glühbirne über meinem Kopf aufleuchten sehen, wie in einem Zeichentrickfilm. Ich stellte das schmutzige Geschirr in der Küche ab und rannte los, um einen Hotdog bei Abraham zu holen, der den Sabrett-Wagen an unserer Ecke führte.

Dann der schwierige Teil: Ich brachte den Hotdog zurück in die Küche und bat Daniel, ihn anzurichten.

Er sah mich an, als ob ich den Verstand verloren hätte. Ich habe immer versucht, Grenzen zu überschreiten, aber in einem Viersternerestaurant das zu servieren, was die New Yorker einen Dirty Water Dog, einen Dreckwasser-Hotdog, nannten? Ich ließ nicht locker und sagte, er solle mir vertrauen – dass es mir wichtig sei –, und schließlich willigte er ein, den Hotdog in vier exakte Stücke zu schneiden und auf jeden Teller einen Klecks Senf, einen Klecks Ketchup und perfekte Häufchen Sauerkraut und Relish zu geben.

Bevor wir den letzten herzhaften Gang servierten, gestand ich den Gästen, dass ich sie belauscht hatte: »Wir freuen uns, dass Sie uns für Ihre letzte Mahlzeit in New York ausgewählt haben, aber wir wollten nicht, dass Sie mit einem kulinarischen Bedauern nach Hause gehen«, sagte ich, als die Kellner den kunstvoll angerichteten Hotdog an jedem Platz abstellten.

Sie flippten aus.

Zu diesem Zeitpunkt hatte ich mit Sicherheit bereits Tausende von Gerichten und Lebensmittel im Wert von vielen, vielen (vielen) Tausenden von Dollar serviert, und nie hatte jemand je so reagiert, wie diese Gäste auf den Hotdog. Bevor sie gingen, sagte mir jeder am Tisch, dass dies nicht nur der Höhepunkt des Essens war, sondern auch der Höhepunkt ihrer Reise nach New York. Sie würden die Geschichte für den Rest ihres Lebens erzählen.

Sportler sehen sich das Video eines schlechten Spieles an, um zu sehen, was sie verbessern können. Wenn sie ein tolles Spiel hatten, schauen sie sich hingegen selten ein Video davon an. Aber nur so feiert man und hält an dem fest, was man gut gemacht hat. Also begann ich, mit den Mitarbeitern und Mitarbeiterinnen beim Pre-Meal über den Hotdog zu reden: Was hatte das Geschenk so gut gemacht? Und was davon könnten wir systematisieren?

Eine Legende finden

Einer der treusten Stammgäste des Spago aß dort fünfmal in der Woche zu Mittag. Er war ein massiger Mann, und die Stühle in einem normalen Restaurant können für einen so großen Menschen unbequem sein. Als das neue Spago in Beverly Hills eröffnet wurde, bat Barbara Lazaroff, die damalige Ehefrau von Wolfgang Puck und eine enorme kreative Kraft im Unternehmen, die Frau des Stammgastes, heimlich seinen Lieblingsstuhl zu Hause zu fotografieren und auszumessen. Dann ließ sie ihn von einem Möbelhersteller nachbauen und den neuen Stuhl mit dem Stoff des Hauses beziehen.

Diese Geste hinterließ großen Eindruck bei mir, und nicht nur weil es in dem Sommer, in dem ich dort arbeitete, meine Aufgabe war, diesen riesigen maßgefertigten Stuhl jeden Morgen vom hinteren Teil des Restaurants zum Stammtisch zu schleppen. Obwohl ich es damals anders formuliert hätte, kann ich heute sagen, dass ich diese Geste liebte, weil sie unvernünftig war. Es macht mir immer noch Spaß, mir den Gesichtsausdruck des Stammkunden vorzustellen, als er seinen Stuhl zum ersten Mal sah.

Ein Möbelstück nach Maß für einen Stammkunden geht weit über einen gewöhnlichen Service hinaus; es zeugt von einem Höchstmaß an Rücksichtnahme, Einbeziehung und Großzügigkeit. Noch wichtiger ist jedoch, dass es sich um eine einmalige Geste der Gastfreundschaft handelte und damit aus demselben Grund ein Hit war, wie der Hotdog.

Es macht Spaß, eine Band zu hören, die die Songs spielt, die man bereits liebt, aber noch schöner ist es, wenn sie zu improvisieren beginnt und man weiß, dass nur die Leute in diesem Raum, an diesem Abend, diese spezielle Version jemals hören werden. (Aus diesem Grund handeln Grateful-Dead-Fans mit Bootleg-Kopien ihrer Lieblingsshows in Red Rocks; keine ist wie die andere.)

Und ich wollte improvisieren – für einen Gast nach dem anderen. Jeder, der an einem bestimmten Abend in unserem Restaurant war, teilte eine einzigartige Erfahrung – aber was wäre, wenn jeder sein eigenes einzigartiges Erlebnis in unserem Restaurant haben könnte? Mit der neuen Speisekarte gaben wir unseren Gästen die Möglichkeit, zu wählen. Ich wollte so vielen wie möglich eine Freude machen – die Überraschung, die sich einstellt, wenn man wirklich gesehen und gehört wird.

Der Stuhl im Spago, der Barbara wahrscheinlich ein paar Tausend Dollar gekostet hat, mag inspirierend gewesen sein, aber die Idee war nicht ausbaufähig; wir konnten diese Freude nicht allen machen, die hier hereinkamen, nicht mal ein paar Ausgewählten. Aber der Hotdog war der Beweis dafür, dass wir keinen Möbelbauer einschalten mussten, um jemanden umzuhauen. Alles, was wir tun mussten, war, aufmerksam zu sein.

Im Laufe des nächsten Monats begannen wir, mit Ideen zu spielen, wie wir magische Momente schaffen konnten. Wenn ein Tisch den größten Teil des Essens damit verbrachte, über einen Film zu sprechen, den sie gemocht und vergessen hatten, legten wir eine DVD des Filmes (erinnern Sie sich?) zu der Rechnung. Ein Ehepaar, das seinen Jahrestag feierte, erwähnte, dass es in einem nahe gelegenen Hotel übernachtete; wir sorgten dafür, dass eine Flasche Champagner auf dem Zimmer auf sie wartete, als sie zurückkamen, zusammen mit einer handschriftlichen Notiz, in der wir uns dafür bedankten, dass sie uns ein so wichtiges Ereignis anvertraut hatten.

Eine vierköpfige Gruppe von Eltern, die über die Ethik der Zahnfee debattierte, fand jedes Mal, wenn einer von ihnen von der Toilette zurückkam, einen Vierteldollar unter ihrer gefalteten Serviette. Wir beendeten ein Essen für jemanden, der uns sagte, dass er Manhattans liebt, mit einer Kostprobe von Variationen dieses Cocktails: den Perfect Manhattan, der nicht deshalb so heißt, weil er das Original verbessert, sondern weil er zu gleichen Teilen süßen und trockenen Wermut enthält; den Brooklyn, der mit dem französischen Aperitif Amer Picon hergestellt wird; den Distrito Federal, in dem lang gereifter Tequila den Bourbon ersetzt.

Mit diesen kleinen Gesten kamen wir bei den Gästen gut an, und das Team war Feuer und Flamme, sich immer coolere Tricks auszudenken. Wir hatten etwas Wichtiges freigesetzt und konnten nicht genug davon bekommen. Das einzige Problem daran war ein großes: Wir hatten nicht das nötige Personal. In einem belebten Restaurant gibt es keine Leute, die hinter den Kulissen herumstehen, Däumchen drehen und darauf warten, dass eine Besorgung gemacht werden muss, und wir konnten es nicht riskieren, den tadellosen Service, für den wir bekannt waren, zu gefährden, indem wir notwendiges Personal vom Service abzogen.

Wenn wir uns ganz darauf einlassen wollten, mussten wir eine Stelle dafür schaffen.

Christine McGrath war nicht nur Host und Reservierungsleiterin, sondern auch eine begabte Kalligrafin. Da handschriftliche Notizen in jenen frühen Tagen einen großen Teil unserer Arbeit ausmachten, hatten wir sie bereits vorher schon regelmäßig von ihren Aufgaben abgehalten. Es war naheliegend, dass sie die perfekte Person war, um diese Rolle in Vollzeit zu übernehmen. Ich stellte einen zusätzlichen Host ein, um ihr den Rücken freizuhalten, und schon hatten wir eine feste Ansprechpartnerin für die Umsetzung unserer Ideen: der erste offizielle Dreamweaver des Eleven Madison Park.

Ich benannte die Stelle nach dem kultigen Song von Gary Wright, der immer einen besonderen Platz in meinem Herzen hatte, weil er gespielt wurde, als ich zum ersten Mal ein Mädchen küsste. (Er wird Ihnen jetzt für den Rest des Tages nicht mehr aus dem Kopf gehen – sorry.)

Mit der Ernennung von Christine waren wir in der Lage, solche Momente häufiger und systematischer zu schaffen. Gleichzeitig fragte ich mich weiterhin, wie wir noch mehr tun könnten. Dann, eines Abends, ging ich in Danny Meyers Pizzeria Marta essen. Unsere Kellnerin Emily Parkinson gestand uns, dass sie besonders vom Eleven Madison Park schwärmte, weil sie dort ein so wunderbares Solo-Essen gehabt hatte.

Dann erwähnte sie, dass sie ihr Essen gemalt hatte.

Zuerst dachte ich, ich hätte sie falsch verstanden. Aber während die meisten Leute ihr Essen fotografieren, malt Emily ihres. Im Restaurant fertigte sie zunächst Bleistiftskizzen der einzelnen Gänge an, die sie später mit Aquarellfarben übermalte.

Ich war entzückt und bat sie, mir Fotos davon zu schicken, und am nächsten Morgen hatte ich ihre Illustrationen in meinem Posteingang.

(Auch Sie können sie sich ansehen: *Grub Street* hat einen Artikel über Emily geschrieben, in dem die Bilder gezeigt werden, die sie von ihrem Essen im EMP gemalt hat.) Kaum hatte ich die E-Mail geöffnet, griff ich zum Telefon und rief meinen Freund Terry Coughlin, den Geschäftsführer von Marta, an: »Sag mir gleich, wenn das nicht infrage kommt, aber ich bin hier an einer ziemlich coolen Sache dran und möchte Emily abwerben, um mir dabei zu helfen …«

Emilys künstlerisches Talent beflügelte das Programm. Sie würde auf jede noch so verrückte Idee eingehen, die man ihr vorschlug. Ein Aquarellporträt ihres neuen Hauses auf dem Lande für ein Paar, das New York verlässt, um eine Familie zu gründen? Wird gemacht. Ein meterhoher AT-AT-Weindekanter für einen Star-Wars-Superfan, der zufällig auch Weinfreak ist? Kein Problem. Und ihre makellose Umsetzung dieser Ideen machte das Team noch ehrgeiziger.

Es dauerte nicht lange, bis wir mehrere Dreamweaver beschäftigten, die in ihrem eigenen, voll ausgestatteten Studio arbeiteten. (Wir richteten es im Reservierungsbüro ein – ich habe Ihnen doch gesagt, dass am Ende alles dort landet!) Es war wie die Werkstatt des Weihnachtsmannes, komplett mit Werkzeugen zum Stanzen von Leder und zur Metallbearbeitung, einer Nähmaschine und allem erdenklichen Kunstzubehör. Und wir scheuten uns nicht, das alles auch zu benutzen.

In den kommenden Jahren würden Emily und das Team eine komplette Pastorale mit Kühen und Enten malen, damit ein bei uns speisender Koch, der dafür bekannt war, dass er einen Großteil der Proteine für sein Restaurant selbst jagt, seine Vorspeise auswählen kann, indem er bei der Küchenbesichtigung mit einem Nerf-Gewehr auf sie schießt.

Ein Chef de Rang hörte zufällig, wie einer unserer auswärtigen Stammgäste bedauerte, dass er seiner Tochter nicht wie versprochen ein Stofftier gekauft hatte, und so bastelte Emily aus Küchentüchern einen perfekten kleinen Teddybären für ihn.

Ein Ehepaar kam herein, um sich mit einem Abendessen zu trösten, nachdem ihr Urlaubsflug gestrichen worden war. Wir verwandelten den privaten Speisesaal in einen Privatstrand mit Liegestühlen, Sand auf dem Boden und einem Planschbecken, in das sie ihre Zehen halten konnten, während sie ihre Enttäuschung in tropischen Daiquiris ertränkten, die mit kleinen Sonnenschirmen dekoriert waren.

Als ein Paar, das im EMP seine Hochzeit gefeiert hatte, den Jahrestag beging, luden wir sie zum Nachtisch an einen Tisch ein, den wir im privaten Speisesaal, in dem sie geheiratet hatten, aufgebaut hatten. Der Raum war mit Blumen, Kerzen und einem Sektkübel geschmückt – das volle Programm –, und als sie mit dem Dessert fertig waren, drehten wir das Licht noch weiter herunter und legten *Lovely Day* von Bill Withers auf, ihr Hochzeitslied, eine Information, die wir in unseren Notizen gefunden hatten. Dann drehten wir das Licht noch ein wenig herunter und schlossen die Tür hinter uns.

Wir googelten die Gäste bereits, damit wir sie mit Namen begrüßen konnten. Diese erste Recherche wurde zu einer wichtigen Informationsquelle. Ein Herr, der zu seinem Geburtstag kam, hatte einen beliebten Instagram-Account, der seiner Liebe zu Speck gewidmet war. Ich bat den Konditor, für ihn ein Speck-Müsli zu kreieren anstatt unseres üblichen Kokos-Pistazien-Müslis. Wir kreierten einen Eiscreme-Gang mit jedem nur erdenklichen Eisbecher-Topping (und einigen, die nur eine Brigade hoch qualifizierter Köche zustande bringt) für eine Instagrammerin, deren Account ihrer Liebe zu Eisbechern gewidmet war.

Diese Menschen erlebten Dinge, die sie nirgendwo anders erleben konnten – und viele von ihnen erlebten Dinge, die kein anderer

Tisch im Restaurant erlebte. Es war, als ob Grateful Dead für jeden Fan eine eigene Show spielte; bei EMP hätte man vierzig Bootleg-Kassetten gebraucht, um einen einzigen Abend zu erfassen.

Eines Abends neckte ein Banker, der sich um die Finanzierung eines neuen Unternehmens bemühte, seinen Chef de Rang: Sicher, ein Drink nach dem Essen wäre toll, aber was er wirklich brauche, sei eine Million Dollar, um seine Finanzierung abzuschließen. Leider reichte unser Budget nur für eine Tüte mit zehn 100-Grand-Schokoriegeln, die wir unter seinen Stuhl stellten.

Als er aus dem Lachen wieder herauskam, sagte er uns, sein Abend im Restaurant sei »legendär« gewesen. Ich habe die Geschichte beim Pre-Meal erzählt, und der Begriff »Legende« wurde im Restaurant zu einem Kürzel für diese besonderen Aufmerksamkeiten, etwa: »Ich habe gestern Abend einem Tisch die beste Legende gebracht.«

Der Name bekam eine noch größere Bedeutung, als wir erkannten, was diese Legenden so legendär machte. Sie gaben den Leuten eine Geschichte – eine Legende –, die sie weitererzählen konnten.

Warum investieren die Menschen so viel Zeit und Mühe in einen Heiratsantrag? Weil sie wissen, dass sie diese Geschichte ihr ganzes Leben lang erzählen werden. Das Beste an diesen Geschichten sind zwei Dinge: Erstens versetzen sie einen direkt in den Moment zurück, sodass man das Erlebnis nicht nur nacherzählt, sondern es noch einmal erlebt. Zweitens beweist Ihnen die Geschichte selbst, dass Sie in diesem Moment gesehen und gehört wurden.

Heutzutage sind die Menschen, insbesondere die jüngeren, eher daran interessiert, Erfahrungen zu sammeln, als immer mehr Dinge anzuhäufen. Doch Restaurantbesuche sind, wie viele andere Dienstleistungen auch, flüchtig. Sie können eine Kopie der Speisekarte und Fotos von Ihrem Teller mit nach Hause nehmen, aber Sie können den Biss in die Gänseleber nicht noch mal erleben.

Das ändert sich, wenn man mit einer Geschichte nach Hause geht, die so gut ist, dass man sich in den Moment zurückversetzt fühlt, als ob man ihn noch einmal erleben würde. Deshalb nahmen wir die Legenden auch so ernst. Wenn die Menschen zu uns kamen, um ihre Sammlung von Erfahrungen zu erweitern, dann sahen wir dies nicht als zusätzliche Verzierung an, sondern als eine Verantwortung: den Menschen eine so gute Erinnerung zu geben, dass sie ihre Erfahrung mit uns immer wieder erleben konnten.

Das wahre Geschenk war also nicht der Hotdog oder die Tüte mit Schokoriegeln, sondern die Geschichte, die ein Erlebnis legendär machte.

Mehr zu geben, macht süchtig

Die Energie, die diese Aufmerksamkeiten – diese Legenden – erzeugten, war phänomenal.

Das Team des Speisesaals machte seine Arbeit hervorragend und war mit Leidenschaft bei der Sache. Aber egal wie sehr man seine Arbeit liebt, die gleiche Arbeit jeden Abend zu erledigen, wird irgendwann fad.

In Restaurants sind es meist die Mitarbeiterinnen und Mitarbeiter in der Küche, die ihrer Kreativität freien Lauf lassen können, sei es, dass sie mit dem Chefkoch an einem neuen Gericht arbeiten oder ihre Kollegen beim Familienessen verköstigen (glauben Sie mir, Sie werden es mitbekommen, wenn das Personalessen, das Sie zubereiten, nicht gut ist). Mit den Legenden hatte auch im Speisesaal plötzlich jeder ein Ventil – sie servierten nicht nur Teller mit der Kreativität anderer Leute, sondern hatten die Möglichkeit, ihre eigene Kreativität mit einzubringen.

Die Legenden, egal ob man anderen dabei zusah oder sie selbst kreierte, sorgten dafür, dass es Spaß machte, zur Arbeit zu kommen – schließlich arbeiteten wir viel zu hart, um keinen Spaß zu haben. Ich richtete sogar einen privaten Instagram-Account ein, um die Legenden festzuhalten. Wenn man an seinem freien Tag also eine verpasst hatte, konnte man sie dennoch nutzen, um sich motivieren und inspirieren zu lassen. Und wir zelebrierten jede einzelne beim Pre-Meal.

Wenn Sie die Person hinter einer Legende waren, wollten Sie sich sofort eine neue ausdenken. Das Staunen und Entzücken im Gesicht des Gastes zu sehen, wenn er begreift, was er da sieht, war ein wegweisender Moment – sobald man das einmal erlebt hatte, wollte man es immer wieder.

Die Gäste waren nicht die Einzigen, die davon profitierten, denn auch wenn einer unserer eigenen Mitarbeiter zum Essen kam, zogen wir alle Register.

Es ist vielleicht erwähnenswert, dass zu dieser Zeit einige berühmte Spitzenrestaurants der alten Schule es den Mitarbeitern gar nicht erlaubten, im eigenen Restaurant zu speisen. Der Grund dafür war, dass Gäste nicht neben jemandem sitzen sollten, der sie zuvor bedient hatte. Dahinter steckt die Sorge, dass ihr Erlebnis so irgendwie abgewertet würde. Schließlich will niemand neben dem Helfer sitzen – oder?

Das macht mich wütend. Das Einzige, was eine solche Vorschrift bewirkt, ist, dass die Menschen, die so unermüdlich für Sie arbeiten, sich nur als Helfer sehen.

Dem wollten wir mit aller Kraft entgegenwirken. Eliazar Cervantes liebte Mariachi-Musik, also tauchte selbstverständlich eine Band von Musikern auf und spielte ihm während seiner Küchen-Tour ein Ständchen. Als Jeff Tascarella, der General Manager des NoMad, uns im Voraus darauf hinwies, dass sein Vater eher ein Budweiser-, Steak- und Fritten-Typ ist und weniger Sauternes und *Foie* mag, verwandelten wir unseren Champagnerwagen in einen Budweiser-Wagen.

Natasha McIrvin, eine unserer Senior-Chefs de Rang im Speisesaal (die später unsere Kreativdirektorin werden sollte), ist völlig besessen von Weihnachten. Im ersten Jahr, in dem sie über die Feiertage nicht nach Hause fuhr, kamen ihre Eltern nach New York, um sie zu überraschen. Wir versteckten sie im Eingangsbereich, und als die Familie wieder vereint war und an ihren Tisch ging, fanden sie einen verschneiten, weihnachtlich geschmückten Zug vor, der auf winzigen Schienen um goldene Rentiere, Tannengirlanden und einen riesigen Stapel schön verpackter Geschenke fuhr. Es war unser Kaviar-Gang, also waren, was auf den Waggons balancierte, Bagels und eine Dose Kaviar mit allem Drum und Dran, versteckt in den Geschenken unter der Verpackung und den Schleifen.

Übertrieben? Und ob. Wir wollten nicht nur, dass unsere Leute zu uns zum Essen kamen. Wir wollten ihnen Erlebnisse bescheren, die die der anderen im Raum sogar noch übertrafen. Es war ein Dankeschön für alles, was das Team uns gab: Kreativität, gute Laune, harte Arbeit. Aber es ging auch darum, den Mitarbeitern die gleiche Aufmerksamkeit entgegenzubringen, die sie selbst immer wieder an den Tag legten. Gibt es eine bessere Möglichkeit, sich für unvernünftige Gastfreundschaft zu begeistern, als sie einen Abend lang selbst zu genießen?

Ich frage mich oft, warum nicht mehr Unternehmen auf diese Weise in ihre eigenen Mitarbeiter investieren. Große Banken verfügen über private Vermögensverwalter, die ihren vermögendsten

Kunden ein höheres Dienstleistungsniveau bieten. Wie viel würde es kosten, jedem Schalterbeamten einen ähnlich aufmerksamen Private-Banking-Service zu bieten? Wäre das unter dem Gesichtspunkt der Mitarbeiterbindung nicht sinnvoll? Und was vielleicht noch wichtiger ist: Die Verbesserung des Kundenservice ist kaum zu ermessen, wenn die Mitarbeiter selbst das Beste erhalten haben, was die Bank zu bieten hat.

Für uns war es eine ideale Investition. Die Dreamweaver-Idee stammte zwar von mir, aber es war das Team, das ihr jeden Tag Leben einhauchte. Das Höchste war für mich, durch den privaten Instagram-Account zu scrollen und eine Idee nach der anderen zu sehen, mit der ich nichts zu tun hatte. Ich hatte mir die Konzepte weder ausgedacht, noch hatte ich sie bewilligt. Das Team hatte sie sich selbstständig ausgedacht und so brillant umgesetzt, dass sie selbst mich inspirierten.

Es war die perfekte Verbindung von Ownership und improvisierter Gastfreundschaft.

Einen Werkzeugkasten zusammenstellen

Folgendes höre ich oft: »Natürlich kannst du es dir in einem teuren Restaurant leisten, solche Tricks anzuwenden.«

Und ich denke immer: Bist du sicher, dass du es dir leisten kannst, darauf zu verzichten?

Es stimmt schon, diese Geschenke kosten Geld, zumindest in Form von Arbeit. Aber ich komme nach meinem Vater, und ich beobachtete den Dreamweaver-Posten in der GuV jeden Monat mit Adleraugen. Es stand außer Frage: Wenn man die Mund-zu-Mund-

Propaganda bedachte, die er uns einbrachte, und die Begeisterung, die das Geschenkemachen beim Team auslöste, war das Programm jeden Cent wert.

Als Führungskraft können Sie sich nie nur auf Ihre Tabellen verlassen. Sie müssen Ihrem Bauchgefühl vertrauen und dem Gefühl, das in Ihnen aufkommt, wenn Sie mit Menschen in einem Raum sind, die schenken und beschenkt werden. Gibt es eine traditionelle Investitionsrendite für ein solches Programm? Nein. Bin ich dennoch sicher, dass jeder Dollar, den ich hier ausgegeben habe, genauso viel oder mehr gebracht hat als die Beträge, die ich in traditionelles Marketing investiert habe? Auf jeden Fall.

In vielerlei Hinsicht war es das perfekte Beispiel für die Anwendung der 95/5-Regel: Wir konnten es uns leisten, Geld für Legenden zu verprassen, weil wir den Rest der Zeit so gut wirtschafteten. Außerdem mussten wir uns meist nicht in Unkosten stürzen, um jemanden umzuhauen: Wir hatten zehn Drogerie-Schokoriegel in eine Tüte gepackt, und ein Gast nannte uns dafür legendär!

Nicht die Üppigkeit des Geschenkes ist entscheidend, sondern seine Unbezahlbarkeit.

Wie wichtig das ist, hatte ich schon in der Highschool gelernt, als ich als Hilfskellner und Host im Ruth's Chris Steak House im Westchester Marriott arbeitete. Das Ruth's Chris war ein Franchise-Unternehmen und musste sich daher eng an die Richtlinien des Mutterkonzernes halten: dieselbe Beschilderung, Uniformen, Geschirr, Gläser, Besteck, dieselbe Speisekarte.

Aber das Restaurant, in dem ich arbeitete, hatte ein Geheimnis: ein Gericht mit frittierten Calamari, das nicht auf der Speisekarte stand.

Jedes Stück frittierte Calamari, das ich bis dato gegessen hatte, war in Ringe geschnitten. Diese Calamari wurden in Streifen geschnitten. Und ich habe keine Ahnung, womit sie es panierten, aber es war verdammt lecker. (Ja, ich habe die Reste von den Tischen gegessen, die ich abräumte. Ekelhaft. Ich bereue nichts.)

Man konnte diese Calamari nicht bestellen, sie wurden einem serviert. Als Stammgast (oder wenn das Restaurant Ihre Bestellung vermasselt hatte und sich wieder bei Ihnen einschmeicheln wollte) bekam man oft eine zusätzliche Vorspeise, ein Dessert oder ein Glas Sekt aufs Haus. Das Problem ist, dass man genau wusste, wie viel dieses Dessert kostete: »Aha, sie mögen mich im Wert von 14 Dollar.« Aber die gebratenen Calamari bekam man nur, wenn man Mitglied im Club war – oder wenn jemand wollte, dass man sich als Clubmitglied fühlte. Die Kosten für das Restaurant waren unbedeutend, die Wirkung jedoch nicht.

Die Calamari waren per Definition unbezahlbar, genau wie der Zwei-Dollar-Straßenhotdog für diesen einen Tisch. Auch so war es erreichbar, jeden Abend – ein Geschenk, das darauf wartete, gemacht zu werden. Das Servieren dieser unbezahlbaren Calamari erforderte keine Planung oder Strategie, sondern nur einen Impuls und einen Knopfdruck.

Dies ist eine wichtige Strategie für jedes Unternehmen. Die improvisierte Gastfreundschaft ist im Grunde reaktiv. Es ist immer die Reaktion auf etwas, entweder auf die Informationen, die Sie im Voraus gesammelt haben (ein Gast erzählt der Reservierungsleiterin, dass er kommt, um den vierzigsten Geburtstag seiner Frau zu feiern), oder auf einen Hinweis, den Sie zufällig am Tisch aufgeschnappt haben.

Aber, so paradox es auch erscheinen mag, improvisierte Gastfreundschaft kann auch proaktiv sein. Es handelt sich dabei um eine einfache Mustererkennung: Ermitteln Sie die in Ihrem Unternehmen immer wiederkehrenden Momente, und erstellen Sie ein Toolkit, das Ihr Team ohne großen Aufwand einsetzen kann.

Überlegen Sie sich, welche Materialien nützlich sein könnten, organisieren Sie diese Materialien vor Ort so, dass die Mitarbeiter und Mitarbeiterinnen leicht darauf zugreifen können, und geben Sie ihnen freie Hand, sie zu nutzen. Wenn Sie das tun, haben Sie die improvisierte Gastfreundschaft ein Stück weit systematisiert.

Bei EMP machten wir das jahrelang mit den so genannten Plus-One-Karten. (Die gab es schon so lang, dass ich mich wirklich nicht mehr erinnern kann, ob wir damit angefangen hatten oder ob es sie schon vor meiner Zeit dort gab.) Plus-One-Karten waren Antworten auf Fragen, die uns häufig gestellt wurden – wer macht Ihren Blumenschmuck? Können Sie mir mehr über den Bauernhof erzählen, der diesen Käse hergestellt hat? –, auf einfache Karteikarten gedruckt, die wir in einem Karton im hinteren Teil des Raumes aufbewahrten. Wenn ein Kellner sah, wie ein Gast einen Teller umdrehte, um zu sehen, wer ihn gemacht hatte, brachte er die Karte, auf der erklärt wurde, wer Jono Pandolfi war und wo man mehr von seinen Arbeiten sehen konnte.

Wir nannten sie Plus One, weil sie ein kleines Extra darstellten. Unnötig, aber nett. Die Erwartungen der Gäste an uns waren zu diesem Zeitpunkt schon hoch, und so konnten wir sie übererfüllen, indem wir noch ein bisschen mehr gaben, als ohnehin erwartet wurde. Und da sie ausgedruckt, ordentlich sortiert und einsatzbereit waren, konnten die Mitarbeiter sie mit wenig Aufwand heranziehen.

Es gibt zwei Arten von Menschen: die, die gern Geschenke bekommen, und die, die gern welche machen. Um es klarzustellen: Beides ist gleichermaßen egoistisch, denn Menschen, die gern schenken, bekommen ihre eigene Belohnung, wenn sie den erstaunten Blick sehen, der ihnen sagt, dass sie alles richtig gemacht haben.

Als das Dreamweaver-Programm in vollem Gange war, gehörten die Leute, die für uns arbeiteten, eher zu den Menschen, die gern

Geschenke machten, und sie waren großartig darin, Legenden zu spinnen. Weil wir sicherstellen wollten, dass sie die Möglichkeit hatten, immer zu geben, nicht nur in einem Moment der Inspiration, entwickelten wir ein Toolkit.

Da Besucher von außerhalb oft nach unseren eigenen Lieblingsplätzen in der Stadt fragten, druckten wir kleine Karten, auf denen einige unserer Geheimtipps eingezeichnet waren: die beste Pizza, der beste Bagel, der beste Ort für den Sonntagsbrunch sowie weniger bekannte Schätze von New York City wie das Rubin Museum. Wir kauften Eintrittskarten für die Aussichtsplattform des Empire State Building, die wir an Touristen verschenken konnten, die total aus dem Häuschen waren, in New York zu sein. (Ich kenne eine Menge waschechte New Yorker, die nie dort oben gewesen sind, weil sie es kitschig finden – was es auch ist –, aber es ist trotzdem eine fantastische Art, auf die Stadt zu blicken. Schmuggeln Sie einen Flachmann hinauf.)

Mit dem wachsenden Fokus auf unvernünftige Gastfreundschaft suchten wir nach immer mehr Möglichkeiten, noch eins draufzusetzen, und den Gästen dieses Plus-One-Erlebnis zu bieten: immer ein bisschen mehr zu geben, als erwartet wird. Das schafften wir, indem wir auf wiederkehrende Situationen achteten.

Manche schlichen sich etwa während des Essens zum Rauchen nach draußen; während sie draußen waren, brachten wir ihnen einen Spritzer Schnaps in kleinen Bechern zum Mitnehmen, die wir speziell zu diesem Zweck angeschafft hatten.

Eine andere, wahrscheinlich meine Lieblingssituation: Wenn sich ein Paar im Restaurant verlobte, schenkten wir ihnen ein Glas Champagner ein, wie es in jedem Restaurant üblich ist. Allerdings waren ihre Sektflöten anders als alle anderen im Speisesaal. Es waren Kristallflöten, die ich in Zusammenarbeit mit Tiffany angeschafft hatte. Am Ende des Essens schickten wir das Paar mit einer Geschenkbox im klassischem Tiffany-Blau nach Hause, die die Gläser enthielt, mit denen sie auf ihre Verlobung angestoßen hatten. Die Partnerschaft war ein leichtes Spiel für Tiffany; ich wette, dass die meisten dieser Paare ein komplettes Set dieser Gläser auf ihre Hochzeitswunschliste setzen.

Und es war ein schönes Spiel für uns.

Als die Dreamweaver an Fahrt aufnahmen, wurden viele der von ihnen als maßgeschneiderte Geschenke oder Legenden kreierten Gegenstände Teil unseres Werkzeugkastens.

Eines Nachmittags lachten einige Gäste mit ihrem Chef de Rang darüber, dass sie es mit dem Wein etwas übertrieben hatten, und wünschten sich laut, statt zurück ins Büro nach Hause zu gehen und ein Nickerchen zu halten. Also verabschiedeten die Dreamweaver sie mit einem Augenzwinkern – ein gefälschtes ärztliches Attest, das sie für den Nachmittag entschuldigte, und eine Packung Aspirin.

Aber die Leute scherzten oft in diese Richtung: »O Mann, wir haben heute Nacht zu tief ins Glas geschaut, morgen wird es wehtun!« Also haben die Dreamweaver ein kleines Rettungspaket für den Morgen zusammengestellt – eine Tüte mit starkem gemahlenem Kaffee, Alka-Seltzer-Tabletten und einen Muffin –, das von den Chefs de Rang ausgegeben wurde, sobald ein Gast seinen Kater am nächsten Tag voraussagte.

Und weil die Dreamweaver greifbar waren, konnte ein Chef de Rang sagen: »Ich fand die improvisierte Snackbox toll, die du für die Frau zusammengestellt hast, die den Nachtflug nach Seattle nehmen muss. Ich würde sie gern häufiger verteilen; können wir mehrere davon machen?«

Dann standen diese Flugzeug-Snackboxen bereit, bis ein Reisender sein Gepäck überprüfte, weil er direkt vom Mittagessen zum Flughafen fuhr. Am Ende der Mahlzeit gaben wir ihnen ihren Mantel, rollten ihr Gepäck heran – »Oh, und wenn Sie im Flugzeug wieder Hunger bekommen, haben Sie hier etwas Besseres als eine Packung altbackener Brezeln.«

Die frischen Zutaten mussten täglich gebacken und aufgefüllt werden, aber die Idee dazu, also darauf zu kommen, es zu planen und zum ersten Mal auszuführen, musste man nur einmal gehabt haben. Bereiten Sie sich auf diese wiederkehrenden Momente im Voraus vor, und Ihre Mitarbeiter müssen das Rad nicht jeden Abend neu erfinden. Sie müssen nur zuhören und die Sache in die Hand nehmen.

Sie fragen sich jetzt vielleicht: Wenn es systematisiert wird, ist es dann noch gastfreundlich? Wirkt die Flugzeug-Snackbox, wenn sie zum dreißigsten Mal einem Gast überreicht wird, noch genauso warmherzig und großzügig wie beim ersten Mal? Nun ja, es geht hier um maßgeschneiderte Gastfreundschaft – geht etwas verloren, wenn das Geschenk nicht nur für Sie bestimmt ist?

Ohne zu zögern, kann ich das verneinen, denn der Wert eines Geschenkes hängt nicht davon ab, was man geschenkt hat, sondern davon, wie sich die Person fühlt, die es erhält. Vielleicht war es das dreißigste Mal, dass wir einem Reisenden eine Snackbox überreichten, aber für ihn war es das erste Mal, und seine Freude wurde nicht im Geringsten dadurch getrübt, dass er nicht der Einzige war.

Wir waren immer auf der Suche nach Möglichkeiten, das Einzigartige – und Funktionierende – an unserem Angebot zu erweitern und diese Gesten durch einmalige, improvisierte Gastfreundschaft zu ergänzen.

Selbstverständlich war es wichtig, eingeführte Systeme immer wieder zu überprüfen, um sicherzugehen, dass sie sich nicht erwartbar oder formelhaft anfühlten oder sie ihre Nützlichkeit verloren hatten. Aber im Allgemeinen ermöglichte die Systematisierung dieser Gesten es, mehr Menschen glücklich zu machen. Und das Team hatte Freiraum, um sich auf die besonderen Momente zu konzentrieren und Legenden zu schaffen.

Chancen für Gastfreundschaft gibt es in jedem Unternehmen

Eine meiner besten Freundinnen leitet eine der großen Immobilienfirmen in New York und hat mich mehrfach gebeten, vor ihrem Team über Gastfreundschaft zu sprechen. Das Erste, was ich die Immobilienmakler frage, ist, welches Geschenk sie einem neuen Hausbesitzer zur Begrüßung machen. In 99 Prozent der Fälle lautet die Antwort: »Eine Flasche Sekt im Kühlschrank.«

Nun, über eine Flasche Schaumwein kann man nicht meckern. Aber es hat auch nichts Persönliches, nichts Inspirierendes oder Erinnerungswürdiges an sich. Das sollte es aber!

Sie verkaufen jemandem ein Haus oder helfen ihm, das Haus, in dem er bisher gewohnt hat, zu verkaufen. Das ist eine der intimsten Transaktionen, die es gibt. In Anbetracht der Zeit, die ein Makler mit den Menschen verbringt, um sich ihre Hoffnungen und Träume für die Zukunft anzuhören (übrigens viel mehr Zeit, als ich jemals an einem Tisch verbracht habe), und der Höhe der durchschnittlichen Provision sollte ein Immobilienmakler unbedingt in der Lage sein, für jeden, mit dem er arbeitet, ein maßgeschneidertes Geschenk zu finden.

Auch hier gilt: nicht unbedingt teuer, aber individuell. Dieser Hotdog kostete zwei Dollar, aber es gab wahrscheinlich nur einen einzigen Tisch in der Geschichte des Restaurants, dem ich ihn hätte schenken können. Die Leute verwechseln oft Gastfreundschaft mit Luxus, aber ich hätte diesem Tisch auch eine Flasche Krug und ein

Kilo Kaviar schenken können, und es hätte nicht annähernd die gleiche Wirkung gehabt. Luxus bedeutet, viel zu geben; Gastfreundschaft bedeutet, aufmerksam zu sein.

Also: Wenn Ihr Käufer auf Musik steht, kaufen Sie ihm sein Lieblingsalbum auf Vinyl – und je nachdem, wie hoch Ihre Kommission ist, einen Plattenspieler dazu. Wenn eine Kundin laut davon geschwärmt hat, in dieser Ecke des Flures, durch die das Sonnenlicht fällt, Yoga zu machen, dann kaufen Sie eine Matte, und rollen Sie sie dort aus, sodass sie das Erste ist, was die Eigentümerin begrüßt, wenn sie ihr neues Zuhause betritt.

Für eine Yogamatte braucht man nicht mehr Zeit, Energie oder Ressourcen als für eine Flasche Prosecco, nur ein bisschen mehr Sorgfalt.

Viele gute Geschäftsleute handeln instinktiv so. Eine Immobilienmaklerin erzählte mir von einer Legende, die sie gesponnen hatte, lange bevor sie mit dem Konzept vertraut war. Da sie wusste, dass die neuen Eigentümer eine gründliche Renovierung planten, holte sie die Erlaubnis ein, den Türrahmen zu entfernen, an dem ihre Kundin, die Verkäuferin, jedes Jahr die Körpergröße ihrer Kinder markiert hatte. Für jeden anderen wäre es ein wertloses Stück zersplittertes Holz gewesen, das im Müll gelandet wäre – nicht aber für ihre Kundin, die weinte, als sie erkannte, was es war. (Gesamtkosten: null Dollar.)

Ich glaube aufrichtig, dass diese Art von Geschenk das Ziel ist, vor allem wenn man bedenkt, wie viel Zeit Immobilienmakler mit ihren Kunden verbringen und wie hoch der Wert der Transaktionen ist. Aber es ist vielleicht logistisch nicht jedem möglich, improvisierte und maßgeschneiderte Kreativität genau im richtigen Moment zu bieten. Der Aufbau eines Toolkits ist daher eine Möglichkeit, diese außergewöhnlichen Erlebnisse zu skalieren, damit so viele Menschen wie möglich diese kleinen, besonderen Dinge erleben können.

Wenn Sie eine Wohnung an ein Paar verkaufen, das ein Baby erwartet, besorgen Sie sich eine Packung dieser Plastikabdeckungen für Steckdosen, und legen Sie sie mit einer kleinen Notiz in eine Schublade: »Sie haben große Abenteuer vor sich, also habe ich das schon mal von Ihrer To-do-Liste gestrichen.« Und da so viele Menschen umziehen, wenn sie ein Baby erwarten, sollten Sie eine Kiste mit diesen Steckdosenabdeckungen in Ihrem Büro stehen haben, damit Sie sich nicht jedes Mal abmühen müssen. Stellen Sie für Neuankömmlinge in der Gegend, auf die Sie sich spezialisiert haben, einen Reiseführer mit all Ihren Lieblingsorten zusammen: der beste Spaziergang, der beste Wanderweg, die besten Apfeltaschen. Drucken Sie gleich ein Dutzend davon.

Eine andere Maklerin erzählte mir, dass sie in einem einzigen Jahr acht Zweitwohnungen an Vorstädter verkauft hatte, deren Kinder aus dem Haus sind. Wollen diese Menschen eine weitere Flasche Sekt, die in jedem Spirituosenladen an der Ecke erhältlich ist? Oder würde ihnen eine Tour hinter die Kulissen der Met vielleicht besser gefallen? Oder Karten für das Village Vanguard? Oder eine Mitgliedschaft in einem Arthouse-Kino in Brooklyn?

Und wenn Sie nicht so weit gehen können oder wollen, dann nehmen Sie sich einfach eine Minute Zeit, um sich ein paar Gedanken über ihr Mitbringsel zu machen. Stellen Sie eine Chemex-Kaffeekanne, Filtertüten und eine Packung mit lokal geröstetem Kaffee hin, denn das ist es, was die Leute an ihrem ersten Morgen in einem neuen Haus wirklich brauchen, bevor sie den Umzugskarton mit der Espressomaschine gefunden haben. Ich garantiere, dass man bei jeder Benutzung dieser Kaffeekanne an Ihre Fürsorge denken wird.

Gut, werden Sie denken, aber Restaurants und Immobilienmakler haben tausend Möglichkeiten, im Gegensatz zu meinem Geschäft. Das glaube ich nicht. In jeder Branche gibt es Ansatzpunkte und Muster. Schauen Sie genau hin, und Sie werden sie finden. Und wenn Sie sie finden – machen Sie etwas draus!

Ein weiteres Beispiel: Die Menschen neigen dazu, zu bestimmten Zeitpunkten in ihrem Leben ein Auto zu kaufen. Vielleicht gründen sie eine Familie und brauchen ein größeres Fahrzeug, oder ihr Teenager hat den Führerschein gemacht, und sie kaufen ihrem Kind das erste Auto. Oder die Kinder kommen aufs College, und es wird Zeit für etwas Sportlicheres als das klapprige Fahrzeug, mit dem sie bisher zu Ballett oder Fußballtraining unterwegs waren.

Wenn Sie wissen, dass die Leute kommen werden, um ein Auto für ihren Teenager zu kaufen, warum sollten Sie dann nicht mit einem Akt der Gastfreundschaft vorbereitet sein, der ihre Verbindung zu Ihrer Marke stärkt? Was würden Sie von einem Autoverkäufer halten, der Sie zur Seite nimmt und sagt: »Ich weiß, wie es ist, wenn ein Teenager mit neuem Führerschein unterwegs ist, deshalb habe ich Frankie ein Jahr lang beim Automobilclub angemeldet. Falls sie mal eine Panne hat.«

Eine Mitgliedschaft beim amerikanischen Automobilclub kostet zum Zeitpunkt des Verfassens dieser Zeilen 119 Dollar – einhundertneunzehn Dollar, die so ziemlich garantieren, dass diese Eltern nie wieder ein Auto von irgendjemand anderem kaufen werden.

Oder können Sie sich den Blick eines gestressten Vaters vorstellen, der sich gerade abmüht, einen Kindersitz einzubauen, wenn Sie ihm eine Tüte Cracker mitgeben, damit sein Kleinkind unterwegs nicht quengelig wird – und einen kleinen DustBuster-Staubsauger, damit Papa damit hinterher all die Krümel aufsaugen kann, damit sein brandneues Auto immer noch brandneu aussieht?

Wenn Menschen über die Ressourcen und die Selbstständigkeit verfügen, sich in diese Transaktionen mit einer persönlichen Geste einzubringen, werden Verkäufer zu Produktdesignern. Das Auto war nicht mit einem DustBuster ausgestattet, aber der Verkäufer entschied, dass es für diesen speziellen Kunden besser wäre, wenn er einen hätte. Und er wird stolz darauf sein, ein Produkt zu verkaufen, das er mitentwickelt hat.

Und Sie sollten immer – immer – auf der Suche nach einer Legende sein. Nehmen wir an, ein Kunde kommt alle paar Jahre zu Ihrem Autohaus, um ein neues Auto zu kaufen, und Sie kennen ihn inzwischen recht gut. Als seine Kinder aufs College kommen, fängt er an, sich Vans anzuschauen; dank ein wenig mehr Zeit hat er seine jugendliche Leidenschaft für das Surfen wiederentdeckt.

Warum sollten Sie nicht ein frisch gewachstes Brett auf dem Dachgepäckträger auf ihn warten lassen, wenn er sein neues Auto abholen kommt? Das ist natürlich ein großes Geschenk, aber auch eines, das das Potenzial hat, aus einem treuen Kunden eine lebenslange Beziehung zu machen. Und wenn ein Surfbrett Ihr Budget übersteigt, ist eine Dose Surfwachs auf dem Armaturenbrett mit einer Schleife und einem Zettel genau das Richtige.

Geschenke haben für mich eine tiefe Bedeutung. Deshalb werde ich auch so wütend, wenn mir ein Unternehmen einen billigen Jutebeutel mit einem Logo-USB-Stick schenkt. Geben Sie sich Mühe! Machen Sie es besser!

Geschenke sind eine Möglichkeit, den Menschen zu zeigen, dass Sie sie gesehen und gehört haben und Sie sich Mühe gegeben haben, aus dem Gehörten etwas zu machen. Ein Geschenk hebt eine Interaktion von der Geschäftsebene auf die Beziehungsebene. Es gibt keine bessere Möglichkeit als ein Geschenk, um zu zeigen, dass jemand mehr ist als nur ein Kunde oder ein Posten in einer Tabelle. Und das richtige Geschenk kann dafür sorgen, dass Ihre Gastfreundschaft einen Platz im Leben eines Menschen bekommt.

KAPITEL 19

SKALIERUNG EINER KULTUR

FRÜHER WAREN DIE BESTEN Restaurants der Welt in Hotels. César Ritz leitete in den 1870er-Jahren das Hotel Splendide in Paris und brachte den Räuberbaronen Amerikas europäischen Luxus nahe. In Monte Carlo lernte er den französischen Koch Auguste Escoffier kennen, der Rest ist Gastronomiegeschichte: Die Partnerschaft der beiden Männer sorgte dafür, dass die großen Hotels der Welt für den Rest des 19. und das gesamte 20. Jahrhundert für ihre Restaurants bekannt sein würden.

Leider fiel das Konzept des luxuriösen Hotelrestaurants mit der Zeit in Ungnade. Das Hotelrestaurant war zu einem traurigen Anhängsel geworden, zu einem trostlosen Ort, den man nur wählte, wenn man von Reisen und Sitzungen zu erschöpft war, um das Gebäude zu verlassen. Und wenn ein neues Hotel zufällig ein gutes Restaurant hatte, würde das Management getrennte Eingänge und ein eigenes Branding verwenden, um sicherzustellen, dass die beiden nicht in einen Topf geworfen wurden.

Anfang 2010 wurden Daniel und ich von Andrew Zobler angesprochen, einem der Partner der Hotelgruppe, die das Ace Hotel auf der 29. Ecke Broadway entwickelt hatte. Die Ace-Kette mit ihren erschwinglichen Zimmern, ihrer industriellen Vintage-Ästhetik und ihren beeindruckenden Lobbys, die auch als Arbeitsräume dienten, war ein Riesenerfolg. Jetzt wollte Andrew mit uns über die Gastronomie in einem Hotel mit einem neuen, hochwertigeren Konzept sprechen: die Wiedergeburt des Grandhotels. Es sollte NoMad heißen.

Andrew hatte die verrückte Idee, das Restaurant wieder zu einem integralen Bestandteil von Hotels zu machen, um die Zeiten von Escoffier und Ritz wieder aufleben zu lassen. Sowohl Daniel als auch ich verliebten uns sofort in die Idee, und wir wussten, dass Andrew der richtige Partner dafür war. Wir waren begeistert von der Art und Weise, wie seine anderen Projekte Kunst, Design und Einzelhandel mit Speisen und Getränken kombinierten. Wir sahen auch die Gelegenheit, ein New Yorker Viertel zu verjüngen, das ein wenig Liebe gebrauchen konnte.

Der neue Standort lag nur wenige Blocks vom Eleven Madison Park entfernt, aber das Viertel war ein Rückfall in die schlechte alte Zeit der siebziger Jahre: Es war nicht ungewöhnlich, am helllichten Tag Zeuge eines Drogendeals zu werden. Der Broadway war gesäumt von Geschäften mit billigem Plunder, und die U-Bahn-Gitter waren an den Ecken mit Planen mit Griffen versehen, sodass die Verkäufer die gefälschten Taschen schnell verstecken konnten, wenn ein Polizist vorbeifuhr.

Ein Hotel, das nicht stundenweise abrechnet, würde eine wichtige Rolle bei der Wiederbelebung des Viertels spielen, und das war ein starker Anreiz für uns. Das galt auch für den Managementvertrag, den sie uns anboten: Wir mussten kein Geld investieren, was gut war, denn wir hatten keins.

Dann kam der schwierige Teil: Danny Meyer zu überzeugen.

Niemand weiß, was er tut, bevor er es tut

»Wir haben große Ambitionen für das Eleven Madison Park, und sie sind in Reichweite«, sagten wir Danny. »Gleichzeitig wollen wir nicht für immer Angestellte sein. Wir würden gern unser eigenes Ding im NoMad machen und weiterhin für dich im Eleven Madison Park arbeiten.«

Danny bat um etwas Zeit, um darüber nachzudenken – und dann sagte er Nein. »Ich kann nicht in einem Restaurant euer Partner und in einem anderen, nur ein paar Straßen weiter, eure Konkurrenz sein.«

Nach einigem Hin und Her bot er uns eine Alternative an: »Wie wäre es, wenn ihr mir EMP abkauft?«

Das war das Letzte, was wir von diesem Treffen erwartet hatten. Dennoch sagte ich, fast ohne nachzudenken: »Gern.«

Ich hatte keine Ahnung, wie wir das anstellen sollten. Rückblickend kann ich sagen, ich wusste nicht einmal, was oder wie viel ich nicht wusste. Aber alle groß und furchterregend und unmöglich erscheinenden Vorhaben beginnen mit einer einfachen Zusage.

Das sage ich immer dann, wenn jemand Bedenken hat, einen Schritt nach vorn zu wagen: **Niemand weiß, was er tut, bevor er es tut.** Wenn man versucht, ein höheres Level zu erreichen, kann man leicht in Panik geraten, indem man sich auf alles konzentriert, was man nicht weiß. Aber man muss an seine Fähigkeit glauben, es herauszufinden. Die schwarze Piste ist furchteinflößend, wenn man normalerweise nur blaue Pisten fährt. Aber man kommt nicht weiter, wenn man immer wieder umdreht, um eine leichtere Strecke zu finden; irgendwann muss man einfach die Stöcke in den Schnee stecken und anschieben. Wachstum findet außerhalb der eigenen

Komfortzone statt. Ob auf dem Hintern oder auf den Skiern, keine Sorge – man wird unten ankommen und auf dem Weg dorthin viel lernen. (Das ist auch der Grund, warum es so gut funktioniert, Leute zu befördern, bevor sie so weit sind.)

Dannys Angebot war mit einem klugen Vorbehalt versehen: »Ihr müsst bis Februar oder März herausfinden, ob ihr das Geld auftreiben und das Restaurant kaufen könnt. Egal wie sehr wir uns bemühen, die Sache geheim zu halten, sie wird ans Licht kommen, und es wäre verheerend für die Moral, wenn das Restaurant zu lange in der Schwebe bleibt.«

Er hatte recht, aber es blieben uns weniger als drei Monate, um eine enorme Summe Geld aufzutreiben. Und es macht mir nichts aus, Ihnen zu sagen, dass diese Erfahrung auf positive Weise qualvoll war.

Ich begann, mich im Speisesaal zu den Stammgästen zu setzen. Ich wollte nicht unhöflich klingen, indem ich sie um Geld bat, also sagte ich: »Im Vertrauen – es wurde uns die Möglichkeit gegeben, das Restaurant zu kaufen. Kennen Sie jemanden, der vielleicht investieren möchte?« Natürlich hatte ich gehofft, dass sie selbst Interesse hätten, und einige von ihnen hatten das auch, also verbrachte ich viel Zeit mit Drinks. Aber das waren alles Sackgassen. Es stellt sich heraus, dass die Art von Person, die es sich leisten kann, in einem teuren Restaurant zu essen, es sich nicht unbedingt leisten kann, eines zu kaufen.

Dann sagte Ernesto Cruz, ein Stammkunde, der im oberen Stockwerk unseres Gebäudes arbeitete: »Ich helfe ständig Leuten beim Kauf und Verkauf von Unternehmen. Ich kann euch gern helfen.« Ich dachte: Ich brauche keine Hilfe, ich brauche Geld. Also verschwendete ich weitere zwei, drei Wochen. Eines Abends nach dem Dienst schrieb ich Ernesto in meiner Verzweiflung eine E-Mail: »Wenn dein Angebot noch steht – ich kann Hilfe gebrauchen.«

Ernesto wurde mein Schutzengel. Er stellte ein Team aus Kollegen zusammen, die alle pro bono arbeiteten und mich durch das Verfahren begleiteten. Sie zeigten mir, wie man ein Portfolio zusammenstellt, was Modeling heißt und wie man eine Investitionsrendite nachweisen kann. Sie nahmen sich Zeit für mich, damit ich meine Präsentation proben konnte, und gaben mir Feedback zu meinem Vortrag. Dann kam eine Liste mit potenziellen Investoren, und ich fuhr mit meinem Anzug und meiner Aktentasche nach Boston, nach Chicago – sogar nach Beverly Hills.

Es ist schwer, um Geld zu bitten; es ist demütigend, Menschen davon zu überzeugen, dass man gut genug für eine Investition ist. Aber ich glaubte an Eleven Madison Park.

Schließlich machten sie uns mit dem Investor Noam Gottesman bekannt. Wir trafen uns mit ihm zum Mittagessen im Sushi Yasuda und lernten uns persönlich kennen, um über unsere Ambitionen für das Restaurant zu sprechen. Er muss etwas in uns gesehen haben, denn zwei Wochen vor Ablauf der Frist hatten wir das Geld. Ich werde ihm für immer für seinen Weitblick und seine Unterstützung dankbar sein.

Praktisch zur gleichen Zeit unterzeichneten wir den Vertrag für die Eröffnung des Restaurants im NoMad für März 2012. Und am 11. November 2011 gaben wir dem Personal bekannt, dass wir das Restaurant gekauft hatten. Eine aufregende Zeit mit dramatischen Ereignissen im Eleven Madison Park: *Das Kochbuch* kam heraus, und wir wurden das erste Restaurant in der Geschichte, das der Michelin in einem einzigen Jahr von einem auf drei Sterne hochstufte.

Make It Nice

Wir nannten unser neues Unternehmen *Make It Nice*, nach Daniels typischem Satz, als sein Englisch noch nicht so gut war. Es wurde im Restaurant schnell zur Abkürzung für »Schenke der Sache ein wenig mehr Aufmerksamkeit«, ob »die Sache« ein Tisch mit Freunden war oder ein Gericht oder sogar ein Nebenprojekt. Zu diesem Zeitpunkt waren die Erwartungen so klar, dass ein Teammitglied zu einem Kollegen sagen konnte: »Make it nice«, und es dann prompt so gemacht wurde.

Die Symmetrie der Worte selbst gefiel, denn sie unterstrich, dass es sich um ein Restaurant handelte, das von beiden Seiten der Wand betrieben wurde. Die Küche »macht« das Essen, im Speisesaal waren wir »nett«. (Wir waren so versessen darauf, die Wand, die uns trennte, niederzureißen, dass wir nicht einmal die üblichen Begriffe »Back of House« und »Front of House« verwendeten. Stattdessen bezeichneten wir die Bereiche immer als »die Küche« und »der Speisesaal«.) Außerdem hatten »make« und »nice« die gleiche Anzahl von Buchstaben.

Es war der perfekte Name für unser Unternehmen, da er sowohl Exzellenz als auch Gastfreundschaft umschloss.

Kreativität ist eine Praxis

Die Begriffe, die wir nach einer beiläufigen Erwähnung von Miles Davis in einer frühen EMP-Kritik zusammengestellt hatten, haben unsere Entwicklung stark geprägt. Als wir also den Vertrag für die Eröffnung des NoMad unterzeichneten, wollten wir unbedingt einen weiteren musikalischen Einfluss als Muse finden.

Wenn EMP Miles Davis war, dann war das NoMad die Rolling Stones.

Die Rolling Stones stehen für Sex und Drogen und die gefährliche Energie von Mick Jagger, der über die Bühne stolziert, richtig? Aber als die Stones aufkamen, kauften und verinnerlichten sie jedes Album, das sie von amerikanischen Bluesmusikern finden konnten. Sie lernten alles über die Musik, die sie liebten, bevor sie ihre eigene Interpretation davon durchsetzten. Also ja, die Stones waren lässig – allerdings auf eine unglaublich durchdachte und bewusste Weise. So erfanden sie den Rhythm and Blues neu.

Das NoMad befand sich an der Grenze zwischen Uptown und Downtown. Wir wollten einen urbanen Spielplatz schaffen, der beide Welten miteinander verband und das Beste aus beiden bot. Der Ort sollte prachtvoll und luxuriös, aber auch demokratisch und cool und schlicht und verbindend und laut und pulsierend und lässig und lebendig sein. Und wir wollten ihn genauso bewusst gestalten, wie es die Stones taten, als sie den Blues studierten.

Wir erschufen wieder einmal einen Ort, wo wir selbst gern hingehen würden: mit technisch perfekt zubereiteten Speisen à la carte, einer außergewöhnlichen, umfangreichen Weinkarte und jungem, energiegeladenen Service-Personal in einem fantastischen New Yorker Lokal mit erstklassiger Playlist, und zwar laut aufgelegt. Wenn das Eleven Madison Park der Ort war, an dem wir einen besonderen Anlass feierten (oder wenn das Abendessen selbst der besondere Anlass war), dann war das NoMad der Ort, zu dem wir gehen würden, wenn es Zeit für einen abgefahrenen Ausgehabend wäre.

Für Daniel und mich als Geschäftsleute und für unser Unternehmen war die Eröffnung des NoMad ein großer Schritt nach vorn, der mit all den Herausforderungen einherging, die Unternehmen in Zeiten des Wachstums und der Expansion zu bewältigen haben. Wir machten einiges falsch, aber auch vieles richtig – das lag vor allem daran, dass wir uns sehr bemühten, die Kultur der Gastfreundschaft, die wir im Eleven Madison Park geschaffen hatten, zu übernehmen.

Man kann gar nicht hoch genug einschätzen, wie wichtig es für unser neues Unternehmen war, dass wir das NoMad richtig hinbekamen. Viele Bands haben einen Hit, aber wenn dein zweites Album ein Flop ist, bist und bleibst du ein One-Hit-Wonder. Wir wollten die Beatles, Nirvana, die Rolling Stones sein – Evergreens, nicht wie der arme Gary Wright mit seinem »Dream Weaver«. Und in New York City spielt die Zeitung, in der man zuerst besprochen wird, eine überragende Rolle bei der Entscheidung, in welche Kategorie man fällt. Nichts war also wichtiger, als sicherzustellen, dass die erste Rezension des NoMad in der *New York Times* eine gute war.

Der Druck war enorm.

Um unsere Ideen zu bündeln und auszusortieren, schuf ich eine fiktive Figur: ein hedonistischer, 53-jähriger Feinschmecker und Musikliebhaber, der in Südfrankreich lebt und Herzen bricht. Beim Gestalten der öffentlichen Räume des NoMad stellten wir uns also vor, es wären Räume in seinem Privathaus. Wir hielten dann gezielt Sitzungen ab, um alle Elemente zu brainstormen, die den Ort einzigartig machen würden. In jeder neuen Gruppe sagte immer jemand: »Ich bin einfach nicht kreativ.« Daraufhin würde ich sie später zur Seite nehmen und ihnen erklären: So funktioniert Kreativität nicht.

Um es mit den Worten des Marketing-Gurus Seth Godin zu sagen: Kreativität ist eine Übung. Selbst große kreative Köpfe wie Sir Paul McCartney, erklärt Godin, haben ein System, das ihnen hilft, kreativ zu sein und ihren Ideen den letzten Schliff zu geben. In McCartneys Fall waren es Zeitdruck, ein regelmäßiger Zeitplan und die Tatsache, dass er sich provisorisch mit von Perfektion weit entfernten Zeilen behelfen konnte, bis ihm etwas Besseres einfiel.

Das war alles, was er brauchte, um Lieder zu komponieren, die auch Jahrzehnte später noch geliebt werden. Ihre Praxis kann anders sein – und wir sind alle nicht Paul McCartney –, aber es ist an der Zeit, endlich mit dem Mythos aufzuräumen, dass Kreativität spontan sein muss und auf Genies beschränkt ist. **Kreativität ist ein aktiver Prozess, kein passiver.**

Die Meetings zur Gestaltung des NoMad waren strukturiert, aber auch auf Zusammenarbeit und Erkundung ausgerichtet. Wir waren diszipliniert und bewusst darauf bedacht, einen Raum zu schaffen, in dem wir frei träumen konnten, in dem alle anderen Sorgen vor der Tür blieben, sodass wir uns ganz dem Prozess widmen konnten. In diesen Räumen war es sicher, eine scheinbar dumme Idee zu verfolgen, die sich zu einer großartigen entwickeln könnte. Es gab keine schlechten Ideen (zumindest nicht am Anfang), und es war keine Schande, den frühesten, halb fertigen Kern einer Idee laut auszusprechen, in der Hoffnung, dass jemand anderes den Gedanken vervollständigen oder ihn als Sprungbrett für etwas Besseres nutzen würde. Auch bei den Beatles brachte jeder seine Ideen in die Songs der anderen Bandmitglieder ein.

Wieder einmal machten wir uns die kollektive Brillanz des Teams zunutze und spielten die Bälle so effektiv einander zu, dass ich oft, wenn ich später gefragt wurde: »Wessen Idee war das?«, es ehrlich gesagt nicht wusste.

Maya Angelou hat einmal gesagt: »Kreativität kann man nicht aufbrauchen. Je mehr man verbraucht, desto mehr hat man.« Je mehr Raum wir uns zum Träumen gaben und je mehr Vertrauen wir uns gegenseitig schenkten, desto besser wurden wir.

In den Nächten, in denen wir stundenlang darüber diskutierten, wie das mittlerweile berühmte Hähnchen für zwei serviert werden sollte, war ich dankbar, dass meine Erfahrung bei EMP mir half, meine fanatische Aufmerksamkeit für Details als Superkraft zu betrachten. (Wir präsentierten den ganzen Vogel auf einer Kupferplatte, schnitten die Brust an und servierten ein Frikassee aus dem dunklen Fleisch auf einem separaten Teller – Family-Style.)

Und da das NoMad zum Frühstück öffnen sollte, verbrachte ich eine unangemessen lange Zeit mit der Suche nach dem perfekten Kaffeekännchen. Doch jede Minute zahlte sich aus, als ich schließlich das perfekte Modell fand, eine Anspielung auf die dreieckige türkische Cezve, hergestellt von Mauviel, dem französischen Spezialisten für Kupferkochgeschirr.

Mir war von Anfang an klar, dass die Bibliotheksbar das Herzstück des Hotels sein würde, also prüfte ich jeden Aspekt ihrer Gestaltung und Umsetzung. Ich fuhr mit einem Lieferwagen zum riesigen Brimfield Antique Flea Market, um jeden der Stühle einzeln auszusuchen, die dann mit den NoMad-Stoffen neu bezogen wurden. Und obwohl es üblich ist, eine Deko-Bibliothek mit haufenweise gebrauchten Büchern vollzustopfen, war es undenkbar, unsere Regale mit einem Sammelsurium aus alten Jura-Lehrbüchern und vergessenen Romanen zu füllen. Wie bei allem mussten wir auch hier unsere eigene Linie finden. Also baten wir unsere Buchkuratorin, die Bücher so auszuwählen, als wären sie für die Bibliothek unserer fiktiven Figur. So kamen wir zu Abteilungen über die Geschichte New Yorks, Essen und Wein, Musik – und Okkultismus. Wie Walt Disney sagte, können Menschen Perfektion spüren.

Um uns zu überraschen und zu erfreuen, versteckten wir Flachmänner mit Whiskey in ausgehöhlten Bänden, die überall verteilt standen. Wenn Sie eines dieser Ostereier fanden, gehörte es Ihnen.

Die Kultur in Schwung bringen

Die meisten Mitglieder des ersten Managementteams im NoMad kamen vom Eleven Madison Park. Das war beabsichtigt. Da unser Plan vorsah, erfahrene Mitarbeiter in das neue Restaurant zu bringen, begannen wir einige Monate zuvor mit der Aufstockung des Personals im Eleven Madison Park.

Ich stellte mir diese Transplantate von EMP als Sauerteigstarter vor: Wir würden nicht nur von ihrer tadellosen technischen Ausbildung profitieren, sondern sie würden den neuen Ort mit unserer Kultur füllen. Sie würden durch Worte und Taten alles vermitteln, wofür wir standen und woran wir glaubten. Ihre Leidenschaft, ihr Wissen und all die Werte, die sie sich im Eleven Madison Park angeeignet hatten, würden alle, die wir einstellten, anstecken.

Wenn man wächst, darf man nicht ausgerechnet das zurücklassen, dem man das Wachstum verdankt. Wenn Sie eine Expansion – in welcher Form auch immer – in Erwägung ziehen, müssen Sie zunächst innehalten und herausfinden, was Ihre Kultur einzigartig macht, und sich im Voraus entscheiden, es zu schützen.

Für uns war das unsere Kultur der unvernünftigen Gastfreundschaft, über sich hinauszuwachsen, mehr zu geben, unseren Gästen immer mehr zu bieten, als sie erwarteten. Und eine Kultur hängt von den Menschen ab, die sie tagtäglich mit Leben füllen; wenn wir diesen Teil richtig hinbekamen, würden sich die anderen Teile fügen.

Die einzige größere Einstellung, die wir von außerhalb des Unternehmens vornahmen, war der General Manager Jeff Tascarella.

Es gab gute Gründe, in seinem Fall eine Ausnahme zu machen. Jeff hatte bereits als General Manager gearbeitet, und ich wollte unbedingt jemanden, der schon einmal Chef gewesen war; außerdem hatte er Erfahrung in der Leitung eines Hotelrestaurants, was ich ganz gewiss nicht hatte. Da es im NoMad etwas lauter und lockerer zugehen würde als im Eleven Madison Park, brauchten wir jemanden mit Erfahrung in einem lauten, für seine Qualität gefeierten Restaurant, und Jeff hatte das Scarpetta geleitet, ein belebtes, beliebtes und ausgezeichnetes Restaurant mit drei Sternen im Meatpacking District. Und schließlich sollte das NoMad cool werden – und Jeff war einer der coolsten Typen, die ich kannte.

Jeff leistete einen großen Beitrag zum Erfolg des NoMad. Dies blieb eines der wenigen Male, dass wir in meiner Zeit im Unternehmen einen General Manager von außen eingestellt haben – ein weiterer Beleg dafür, wie wichtig es mir war, unsere Kultur zu festigen, indem die Leute aus unseren eigenen Reihen im Unternehmen aufstiegen.

Wir nahmen die Ausbildung im Vorfeld der Eröffnung des NoMad sehr ernst. Unser Bildungsbudget war nach gängiger Meinung unverschämt hoch, aber ich wettete darauf, dass sich der enorme Zeit-, Energie- und Geldaufwand, den wir betrieben, als gute Investition erweisen würde. Ich bin immer wieder erstaunt, wenn Leute ein Vermögen für ein neues Projekt ausgeben und dann die Ausbildung der Leute, die das Projekt umsetzen sollen, vernachlässigen – ein perfektes Beispiel dafür, am falschen Ende zu sparen.

Als sich die Pforten des NoMad öffneten, hatten die 150 Mitarbeiterinnen und Mitarbeiter unseres Service-Teams wochenlang abwechselnd theoretische Schulungen und praktische Phasen durchlaufen. Sie erkannten jeden Wein im Glas, kannten jedes Gericht, jeden Service-Punkt. Noch wichtiger war, dass sie eine gehörige Portion unserer Kultur abbekommen hatten, und zwar direkt an der Quelle – entweder von mir selbst oder von der EMP-Führungsriege.

Sogar EMP-Teammitglieder, die nicht zum NoMad wechselten, hatten bei diesen Schulungen mitgewirkt. Vor der Eröffnung druckten wir Hunderte von Seiten mit Notizen zu den Pre-Meal-Reden, die ich in den letzten drei Jahren gehalten hatte, und baten die Chefs de Rang und Manager des Eleven Madison Park, die Konzepte auszuwählen, die bei ihnen am meisten Anklang gefunden hatten, die hängen geblieben waren und einen bleibenden Eindruck hinterlassen hatten, sowohl bei ihnen als auch bei der gesamten Mannschaft.

Die Zusammenstellung dieser Ideen in einem Buch zwang uns dazu, das, wofür wir standen, in Worte zu fassen. Die Erfahrung war so positiv, dass ich nun der Meinung bin, dass jedes Unternehmen, unabhängig von seiner Größe, ein paar Wochen damit verbringen sollte, jeden einzelnen seiner Grundwerte zu überdenken und zu Papier zu bringen.

Anfangs bestand das Handbuch aus gebundenen Fotokopien, aber ein paar Jahre später stellten wir einen Designer ein und ließen ein kleines rotes Buch drucken, das es uns ermöglichen sollte, unsere neuen Mitarbeiter mit der gleichen Herzlichkeit und Energie zu begrüßen wie unsere Gäste.

Heiraten Sie nach oben

Es war wieder einmal Rezensionssaison.

Sechs Monate waren wie im Flug vergangen, als wir eines Abends Pete Wells, den Gastrokritiker der *New York Times*, der die Nachfolge von Frank Bruni angetreten hatte, in den Speisesaal des NoMad kommen sahen.

Der Spießrutenlauf bei der Bewertung war nicht weniger anstrengend als bei den vorherigen Bewertungen. Wir konnten nicht ignorieren, dass es um sehr viel ging, daher gaben wir alles und wandten alle Lektionen an, die wir auf dem Weg gelernt hatten. Glücklicherweise dauerte es diesmal nicht so lang; nur wenige Wochen später, im Juni 2012, erhielt das NoMad drei Sterne von der *New York Times*.

Die Rezension trug den Titel »Eine Star-Band arrangiert ihre Hits neu«. Darin merkt Wells an, dass wir einen vorhersehbareren und vertrauteren Weg hätten einschlagen können, statt den, den wir gewählt haben, der, wie er sagt, »etwas ziemlich Neues und Wunderbares« ist. So viele gute Kritiken wir auch für das Eleven Madison Park bekommen hatten – ich hatte noch nie so offen beim Lesen einer Bewertung geweint wie an diesem Abend.

Diese Tränen waren eine Mischung aus Freude, Erleichterung und Stolz. Die Entwicklung von EMP erfolgte stufenweise; wir hatten aus einem bestehenden Restaurant etwas völlig Neues gemacht, und unsere Fortschritte erfolgten so schleichend, dass sie sich unvermeidlich anfühlten.

Das NoMad war anders; wir hatten es von Grund auf neu konzipiert. Dafür übertrugen wir die Kultur, die wir bei EMP langsam und organisch entwickelt hatten, auf ein völlig neues Projekt.

Natürlich war an diesem Abend eine große Feier mit unserem Team angesagt. Aber der Koch Magnus Nilsson vom schwedischen Restaurant Fäviken, ein Freund, den wir bei den ersten demütigenden »50 Best« kennengelernt hatten, machte ein Kochbuch-Event auf einer Dachterrasse namens Brooklyn Grange. Wir beeilten uns also, dorthin zu kommen, um ihn in New York willkommen zu heißen.

Dieser Abstecher ist nur deshalb erwähnenswert, weil ich dort zum ersten Mal Christina Tosi traf, die gerade ankam, als ich gehen wollte.

Obwohl wir uns nie getroffen hatten, war ich seit Jahren in sie verknallt. Als Konditorin und Inhaberin der Milk Bar war sie weltweit für ihr Cereal-Milk-Softeis und ihre Compost Cookies sowie für ihre kreative, nostalgische und unkonventionelle Herangehensweise an Desserts berühmt. Ich wusste, dass sie aus einem briefmarkengroßen Laden neben der Momofuku Ssäm Bar eine der beliebtesten Marken des Landes gemacht hatte; und ich hielt sie für eine der schönsten Frauen, die ich je gesehen hatte. An diesem Abend, mit einer Dreisternebewertung der *New York Times* unter dem Arm und mit dem daraus resultierenden Selbstbewusstsein ging ich auf sie zu und stellte mich vor.

Unser Gespräch dauerte nicht länger als eine Minute, die aber reichte, um einen Eindruck davon zu bekommen, wie großzügig, brillant und urkomisch sie war. Sie wusste auch, wer ich war, obwohl sie, nachdem wir verheiratet waren, zugab, dass sie ein wenig überrascht war, als sie entdeckte, dass der Mann hinter Eleven Madison Park ein normaler Typ war und kein hochnäsiger Schnösel.

Dann stieg ich in ein Taxi und fuhr zurück zum Hotel, um auf mein Team anzustoßen. Es war ein guter Abend.

Falls es nicht klar ist, die Lektion hier ist die folgende: Heiraten Sie jemanden, der besser ist als Sie. Meine Partnerschaft mit Daniel hat mich zu einem besseren Gastronomen gemacht. Meine Partnerschaft mit Christina hat mich zu einer besseren Führungskraft und einem besseren Menschen gemacht.

Führungspersönlichkeiten entschuldigen sich

Trotz all der Sorgfalt, die wir in die Übersetzung und Bewahrung unserer Kultur gesteckt haben, beging ich in den ersten Monaten, in denen das NoMad geöffnet war, einen der größten Fehler meiner Karriere.

Als wir uns bereit erklärten, das NoMad zu eröffnen, schaute ich mir mein Team im Eleven Madison Park an und sah niemanden, der mich als General Manager hätte ersetzen können. Ich wollte keinen Mitarbeiter von außen einstellen; wir glaubten zu sehr an unsere Kultur der Beförderung aus den eigenen Reihen. Da es aber niemanden gab, der bereit war, den Job zu übernehmen, beschloss ich, weiterhin als Geschäftsführer des Eleven Madison Park zu fungieren und gleichzeitig das NoMad zu eröffnen.

Können Sie erraten, wie das Ganze endet?

Wenn Sie jemals ein neues Unternehmen gegründet haben, wissen Sie, dass der Tag nicht genug Stunden hat. Monatelang verbrachte ich jede wache Minute im NoMad (und, da es ein Hotel war, auch viele der nicht wachen).

Das Eleven Madison Park war nur ein paar Blocks entfernt, aber das Restaurant war leicht zu vernachlässigen, weil das Team schon lange dort war und auf höchstem Niveau arbeitete. In diesem Jahr waren wir sogar auf Platz 24 auf der 50-Besten-Liste aufgestiegen – ein Beweis dafür, dass das Restaurant hervorragend lief und dass der Schwerpunkt, den wir auf die Gastfreundschaft gelegt hatten, bei unseren Gästen erfolgreich war. Aber auch eine makellose und kollaborative Organisation braucht einen Chef.

Diskussionen und Anregungen sind wunderbar, aber jemand muss vor Ort sein, um Entscheidungen zu treffen. Und wenn das niemand übernimmt, werden sich die Probleme häufen: Der Fortschritt gerät ins Stocken, oder willkürliche Personen springen in die Bresche, übernehmen die Verantwortung für eine Entscheidung und sehen sich dann dem Unmut ihrer Kollegen ausgesetzt: »Wer ist gestorben und hat dich zum Präsidenten gemacht?« Ich hatte das Restaurant in der Schwebe gelassen, und die Stimmung war schlecht.

Zum Glück gab es Menschen, die mir nahe genug standen, um mir die Wahrheit zu sagen. Ich hatte eine Reihe von Gesprächen mit leitenden Mitarbeitern und Mitarbeiterinnen, die mir sagten, dass es Unklarheiten gab, wo es keine hätte geben dürfen: »Niemand trifft Entscheidungen, und wenn sich jemand zu Wort meldet, wird er beschuldigt, nach der Macht greifen zu wollen. Du musst einen GM ernennen, Will.«

Aber alles, was ich hörte, war: Du musst dich mehr anstrengen. Du bist nicht hier, aber das solltest du, also finde besser einen Weg, eine zusätzliche Stunde in den Tag zu schieben, damit du deinen neuen Job und diesen hier erledigen kannst. Egal wie schuldig ich mich fühlte, ich konnte es rationalisieren. »Wie schlimm konnte es schon sein, wenn unsere Gäste doch so zufrieden waren?«

Was ich nicht verstand, war, dass eine solide Kultur ein gewisses Maß an Missbrauch aushalten kann, bevor sich der Verschleiß bemerkbar macht. Selbst wenn die Stimmung deutlich nachlässt, werden die Gäste das nicht sofort spüren. Unser Team hatte eine starke Bindung zu EMP und war persönlich und beruflich sehr stolz darauf, spektakuläre Gastfreundschaft zu bieten. Sie teilten sich auf und leisteten dabei gute Arbeit. Doch auch das härteste Gestein unterliegt mit der Zeit der Erosion, wenn nur genug Wasser darauf getropft ist.

Schließlich bat Sheryl Heefner, die viele Jahre als Chef de Rang gearbeitet hat, um ein Treffen mit mir. Sheryl war eine der besten Leute im Team und eine meiner wichtigsten Bezugspersonen. Ich vertraute ihr blind.

Ihr Ansatz mir gegenüber war gerade deshalb so effektiv, weil sie mir nicht sagte, dass ich zu wenig leistete. Stattdessen hielt sie mir den Spiegel vor, damit ich mit eigenen Augen sah, was ich falsch gemacht hatte. Und obwohl Sheryl normalerweise kein emotionaler Mensch ist, wurde sie sehr wütend, als sie beschrieb, welchen Schaden ich dem Restaurant zufügte, indem ich mich weigerte, einen Nachfolger zu ernennen. Ich weiß noch, wie sie fragte: »Glaubst du ernsthaft, dass nicht eine einzige Person in unserem Team der Aufgabe gewachsen ist? Du erzählst uns, dass es nichts Wichtigeres gibt, als einander vertrauen zu können – aber wie sollen wir das glauben, wenn du niemandem außer dir selbst zutraust, diesen Job zu erledigen?«

Es gibt nichts Verheerenderes, als wenn ein Elternteil sagt: »Ich bin nicht wütend, ich bin enttäuscht.« Das war es, was Sheryl sagte, und ich begriff. Und so sehr ihre Worte auch schmerzten, glauben Sie mir, ich war ihr dankbar, dass sie auf mich zugegangen war.

Mein Vater sagt: »Halte die Augen offen«, was bedeutet: zuhören, hinsehen, bemerken, lernen; pass auf, dass du nicht durchs Leben stolperst. Das Wichtigste: Erkenne, wenn jemand etwas wirklich Wichtiges an dich heranträgt.

Das Treffen mit Sheryl war einer dieser Momente. Wir befanden uns als Unternehmen in einem absolut entscheidenden Moment, und ich hatte es vermasselt. Jahrelang hatte ich den Leuten gepredigt, sich nicht unersetzlich zu machen, weil das bedeutete, dass wir sie dann nicht mehr befördern konnten – aber ich hatte nicht das nötige Fingerspitzengefühl, um zu erkennen, wann sich meine eigene Rolle ändern musste.

Schlimmer noch, ich hatte einen der wichtigsten Werte unseres Unternehmens verraten. Nachdem ich lauthals verkündet hatte, wie wichtig es war, dem Team zu vertrauen, merkte ich nicht, wann es Zeit war, zu gehen.

Ich wusste sofort, was ich zu tun hatte, und zwar das, was ich schon hätte tun sollen, als wir den Vertrag für das NoMad unterzeichneten. Ich traf mich unter vier Augen mit Kirk Kelewae, der sich von der Küchenhilfe zum Manager hochgearbeitet hatte. An diesem Tag beförderte ich ihn zum General Manager.

Nach meinem Treffen mit Kirk berief ich eine Personalversammlung ein und entschuldigte mich bei allen Anwesenden.

»Dies ist das erste Mal, dass ich ein Unternehmen aufbaue«, sagte ich ihnen, »und dies wird nicht der letzte Fehler sein, den ich mache. Aber es war ein großer Fehler.« Ich hatte ihnen das Vertrauen vorenthalten, das ich ihnen seit Jahren abverlangt hatte, und damit die Kultur beschädigt, an deren Aufbau wir so hart gearbeitet hatten. Nachdem ich mich entschuldigt hatte, kündigte ich an, dass Kirk ihr neuer General Manager sein würde.

Es gab Leute im Raum, die es wahrscheinlich lieber gesehen hätten, wenn ich ihren Namen gesagt hätte, aber es war eine Entscheidung getroffen worden, und das machte den Unterschied. Die Spannung, die sich aufgebaut hatte, verschwand wie die Luft aus einem geplatzten Ballon.

Wenn eine Führungskraft einen Fehler zugibt und sich dafür entschuldigt, hat das eine große Wirkung. Die Vorstellung, dass Sie keine Fehler machen werden, ist sträflich dumm, ebenso wie die Vorstellung, dass niemand einen Fehler bemerkt, wenn man ihn nicht eingesteht. So schwer es auch sein mag, sich selbst öffentlich zur Rechenschaft zu ziehen, so stärkt es doch die Bindung zwischen Ihnen und Ihrem Team. Denn wenn Sie bereit sind, sich selbst zu kritisieren, wird man auch eher bereit sein, Kritik von Ihnen anzunehmen. Diese Erfahrung war ein schönes Beispiel für die Macht der Verletzlichkeit und ihre Bedeutung für die Führung.

Ich hatte niemand anderem die Leitung von EMP anvertraut, weil ich nicht glaubte, dass jemand die Arbeit so gut machen würde wie ich – und um ehrlich zu sein, hatte ich wahrscheinlich recht. Kirk war noch nicht bereit, General Manager zu werden, genauso wie ich noch nicht bereit war, General Manager zu werden, als ich die Aufgabe im MoMA übernahm. (Offenbar war ich auch noch nicht bereit, Eigentümer zu werden.) **Manchmal ist der beste Zeitpunkt für die Beförderung von Personen, wenn sie noch nicht so weit sind.** Solang sie hungrig sind, werden sie sich noch mehr anstrengen, um zu beweisen, dass Sie die richtige Entscheidung getroffen haben.

Kirk wuchs in diese Aufgabe hinein, so wie er auch in die Leitung des Bierangebots und in jede andere Position, die er bei uns innehatte, hineingewachsen war. Und es war für alle anderen, die dort arbeiteten, von großer Bedeutung zu sehen, dass das Team von einem Mann geleitet wurde, der als Küchenhilfe angefangen hatte. Wir hatten gesagt, es gebe keine Grenzen, und wir meinten das ernst. Und das war jetzt auch für alle anderen sichtbar.

Kein Gast wird zurückgelassen

Das NoMad war von Anfang an ein Hit.

Was auch immer die Frage war, das NoMad war die Antwort. Wir hatten Frühstücks-Stammgäste, Mittags-Stammgäste, Dinner-Stammgäste, Nachteulen-Cocktailbar-Stammgäste – an manchen Tagen waren all das dieselben Leute. Die Menschen nutzten die verschiedenen von uns entworfenen Räume genau so, wie wir es uns vorgestellt hatten. Und das NoMad machte unserem Unternehmen ein weiteres Geschenk, mit dem wir nicht gerechnet hatten.

Während EMP in der 50-Besten-Liste immer weiter nach oben kletterte, wurden unsere Menüs immer komplexer und aufwendiger, und unsere Präsentationen wurden immer theatralischer. Eine Mahlzeit bei uns war zunehmend zeitintensiv, umfangreich, pompös – es war eine regelrechte Inszenierung. Die Änderungen machten es für unsere Stammkunden teilweise schwierig – wie oft in der Woche hat jemand schon die Zeit für eine vierstündige Mahlzeit?

Aber mit dem NoMad ganz in der Nähe konnten wir im EMP den nächsten Schritt wagen, ohne die geliebten Stammgäste im Stich zu lassen; das NoMad bot ihnen einen Ort, an den sie weiterhin regelmäßig gehen konnten. Viele der Gerichte auf der Speisekarte des NoMad waren einst die größten Hits des EMP, und viele bekannte Gesichter waren dort anzutreffen. Der Service war wiedererkennbar, wenn auch etwas weniger schick angezogen. Die Flexibilität und relative Ungezwungenheit des Hotels ermöglichten es, sowohl der richtige Ort für ein Frühstücks-Meeting zu sein als auch dort einen tollen Abend mit einem letzten Drink ausklingen zu lassen. Und EMP war nach wie vor für sie da, nämlich an den Abenden, an denen nur ein absolut opulentes Luxus-Dinner in Frage kam.

Manchmal wächst man über seine Stammkunden hinaus; das ist für jede sich entwickelnde Organisation unvermeidlich. Aber wir wollten unsere nicht verlieren; wir wollten an ihnen als Teil der Familie festhalten. Wenn Sie Ihr Team als Ihre Familie bezeichnen, müssen Sie in sie investieren und ihnen die Möglichkeit geben, sich mit Ihnen und Ihrem Unternehmen weiterzuentwickeln, und das ist auch, was Sie Ihren wertvollsten Kunden entgegenbringen sollten. Anstatt einer Kannibalisierung brachte das NoMad den Effekt der Erweiterung unserer Marke mit sich.

Inzwischen gab es bei EMP nichts mehr, was uns aufhielt … so dachten wir zumindest.

KAPITEL 20

ZURÜCK ZU DEN GRUNDLAGEN

In den Jahren, in denen wir die Rangliste der 50 Besten erklommen, reisten Daniel und ich zu Speise- und Weinkonferenzen und kulinarischen Veranstaltungen in der ganzen Welt. Und jedes Mal, wenn wir in eine neue Stadt kamen, nahmen wir uns einen Abend Zeit, um zu sehen, was die Konkurrenz so machte.

Wir waren von jedem einzelnen der Restaurants auf der Liste tief beeindruckt. Während wir im Narisawa in Japan unsere Hors d'œuvre genossen, wurde am Tisch der Brotteig in einer glühend heißen Steingutschale gebacken, ein uraltes, traditionelles Verfahren, das normalerweise hinter den Kulissen abläuft. Es wurde einer der köstlichsten Bissen unserer Mahlzeit.

Im Fäviken in Schweden kamen nicht zwanzig Kellner, die zwanzig verschiedenen Tischen zwanzig verschiedene Gerichte beschrieben, sondern unser Freund Magnus kam aus der Küche, klatschte in die Hände und sagte jeweils den nächsten Gang an, den dann alle im

Speisesaal gleichzeitig aßen – wie Gäste bei einer Dinnerparty bei sich zu Hause.

Im Mugaritz in Spanien haben wir Gewürze und Samen für die Suppe in einem eisernen Mörser mit einem Stößel zerstoßen. Dann bat uns ein Chef de Rang, mit dem Stößel den Rand entlangzustreichen, als wäre es eine tibetische Klangschale, und für einen atemberaubend schönen Moment kam der gesamte Speisesaal zusammen, um gemeinsam Musik zu machen.

Im Alinea in Chicago brachten die Konditoren die Zutaten für das Dessert in den Speisesaal und verteilten Schokolade, Cremes, Pralinen, Kuchenstücke und frische Beeren kunstvoll auf einer Silikontischdecke – Kandinsky, wenn sein Arbeitsmaterial Zucker gewesen wäre. Alle anderen Menschen auf der Welt sehen in einem Tisch, nun ja, einen Tisch. Der Koch Grant Achatz sah in einem Tisch einen Teller.

Diese Crescendi waren sowohl durchdacht als auch ästhetisch. Sie setzten hinter ohnehin schon außergewöhnliche Mahlzeiten ein Ausrufezeichen, einen unvergesslichen Moment, dessen Erinnerung genauso köstlich war wie die Gerichte.

Und sie bestätigten, warum die 50-Besten-Liste unserer Branche so gut tat. Die besten Restaurants der Welt konnten sich durch sie gegenseitig dazu anspornen und inspirieren, noch größere Höhen zu erklimmen, statt vielleicht selbstgefällig zu werden. Der freundschaftliche Wettbewerb und der Gedankenaustausch brachten den gesamten Berufsstand voran.

Wir waren uns sicher, dass wir das Speiseerlebnis im EMP noch steigern konnten; was jetzt noch fehlte, war ein Gefühl für den Ort. Es war das Zeitalter des Noma, und jedes der Restaurants an der Spitze der Liste bot ein Erlebnis, das so spezifisch für den Ort war, dass die Mahlzeit nirgendwo anders einen Sinn ergeben würde. Dies war besonders wichtig in einer zunehmend globalisierten und homogenen Welt, in der man 16 Stunden in einem Flugzeug reisen und dann einen Boulevard entlangspazieren konnte, der praktisch genauso aussah wie die Boulevards in der Stadt, aus der man gekommen war.

Außerdem sahen wir darin eine echte Chance. Unser Restaurant befand sich in New York – nicht nur die Wiege von so viel Kunst, Musik und Industrie (und so vielen kulinarischen Traditionen), sondern auch ein wichtiges und unterschätztes landwirtschaftliches Gebiet. Doch obwohl jedes der besten Gourmetrestaurants in New York einen starken kulinarischen Bezug zu einem Ort hatte, war es nicht New York, das sie feierten, sondern Japan, Italien und Frankreich. Als es das EMP 2012 auf Platz zehn der 50-Besten-Liste schaffte, waren wir fest entschlossen zu erforschen, was es bedeutete, ein Restaurant in, aus und über New York zu sein.

Wir stürzten uns in die Recherche und fanden eine solche Fülle von Inspirationen, dass wir unser neues Menüformat über Bord warfen (und damit auch die Möglichkeit des Gastes, zu wählen, was er essen wollte). Wir entschieden uns für ein reines Degustationsmenü mit New Yorker Themenbezug, um sicherzustellen, dass alle, die bei uns aßen, all die Dinge erleben konnten, die uns begeisterten.

Die Mahlzeit begann mit einer schmackhaften Variante des kultigen Black-and-White Cookie und endete mit schokoladenüberzogenen Brezeln. Es gab am Tisch unter einer Glasglocke geräucherten Stör. Wir erfuhren, dass die Kartoffelchips in New York erfunden worden waren, also stellten wir unsere eigenen her und ließen spezielle Chipstüten drucken, die so teuer waren, dass ich die Rechnung praktisch vor mir selbst verstecken musste. (Hey, 95/5!)

Das Tatar hat seine Wurzeln in New York City, und so verwendeten wir für das Karottentatar New Yorker Karotten, die in dem nährstoffreichen Sumpf gewachsen waren, den die Landwirte im Norden des Landes »Black Muck« nennen. Und statt einer Flasche Cognac, die am Ende des Essens auf dem Tisch stand, war unser Geschenk ein individuell etikettierter Apfelschnaps von Laird's, der ersten lizenzierten Brennerei in der Gegend, die auf das Jahr 1780 zurückgeht.

Unser Käsegang wurde zu einem Picknick im Central Park. Wir beauftragten die Ithaca Beer Company mit der Herstellung eines Picnic Ale, stellten mit diesem Bier Brezeln her und taten uns mit dem kultigen New Yorker Geschäft Murray's Cheese zusammen, um einen darin gewaschenen Käse herzustellen. Das Essen wurde in Picknickkörben serviert, die in Upstate New York hergestellt wurden, auf Porzellantellern, die wie Pappteller aussahen und von der Brooklyner Künstlerin Virginia Sin hergestellt wurden.

Wie viele Touristen staunte auch ich, als ich als Kind von einem Taschenspieler am Times Square übers Ohr gehauen wurde. Ich wollte ein bisschen was von dieser Schlitzohrigkeit der alten Schule mit einem Taschenspielertrick in unser Menü einfließen lassen, also traf ich mich mit einem Team von Zauberern, um einen Trick zu entwickeln, bei dem man die Hauptzutat für sein Dessert durch Ziehen einer Karte wählt, während bereits ein Schokodessert mit dieser Zutat heimlich auf dem Tisch stand. (Auf jeden Fall ein schönerer Abschluss, als sein Taschengeld an einen Gauner zu verlieren.)

Nebenbei bemerkt: Den Zaubertrick zu entwickeln, war faszinierend. Ich hatte mich an ein Unternehmen namens theory11 gewandt, weil sie uns ein individuelles Kartenspiel anfertigen sollten. Aber der Besitzer, Jonathan Bayme, erschien zu unserem ersten Treffen mit dem Magier Dan White, und so war ich nicht überrascht, als er stattdessen einen Zaubertrick vorschlug.

Ich war sofort neugierig. Ich hatte mit dem Team so viel über unsere Verantwortung gesprochen, in einer Welt, die mehr Magie braucht, Magie zu schaffen, dass die Chance, dies wörtlich zu nehmen, zu gut war, um sie nicht zu ergreifen. Vor allem als mich Dan White nach ein paar Stunden Brainstorming mit der Beschreibung der Tricks umhaute.

Mir fiel die Kinnlade runter. »Das ist unglaublich! Aber wie sollen wir das hinkriegen?«

Dan schüttelte den Kopf. »Oh, keine Ahnung. Wir müssen es herausfinden.«

Das fand ich super, wie unbeeindruckt er davon war, es nicht zu wissen, und wie zuversichtlich er war, dass wir es herausfinden würden.

Zu viele Menschen gehen an die kreative Ideenfindung heran, indem sie das Praktische viel zu früh in den Prozess einbeziehen. Die Arbeit mit Jonathan und Dan hat mich in einer meiner lebenslangen Überzeugungen bestärkt: **Fang bei dem an, was du erreichen willst, anstatt dich auf das zu beschränken, was realistisch oder tragfähig ist.** Oder, wie ich zu sagen pflege: Verdirb eine Story nicht mit Fakten. Am Ende werden Sie Ihre tolle Idee rückwärtsentwickeln und herausfinden, was möglich ist und kosteneffizient und all den übrigen langweiligen Erwachsenenkram. Aber Sie sollten mit dem beginnen, was Sie erreichen wollen.

(Als Dan den Titel dieses Buches hörte, gab er mir dieses äußerst passende Zitat von Teller, der stillen Hälfte des berühmten Zauberduos Penn und Teller, mit auf den Weg: »Manchmal besteht Magie einfach darin, dass jemand mehr Zeit für etwas aufwendet, als man vernünftigerweise erwarten würde.«)

Wir führten auch ein neues, viel längeres Mission Statement für das Team ein, ergänzt durch eine vom New Yorker U-Bahn-Plan inspirierte Grafik. Dieses neue Statement enthielt alles, was wir verkörpern wollten: ein New Yorker Restaurant zu sein, das gleichermaßen von der Küche und dem Speisesaal geführt wird; uns auf eine Art und Weise zu verhalten, die authentisch und gut ist; immer zu lernen und zu führen; die Balance zwischen Klassik und Moderne zu halten; Risiken einzugehen, um sich neu zu erfinden; und eine Kultur der Familie und des Spaßes zu schaffen. Schließlich setzten wir uns vier Michelin-Sterne zum Ziel, um der Anzahl der Blätter in unserem Logo zu entsprechen – auch wenn Michelin gar keine vier Sterne vergibt.

Als die neue Speisekarte vorgestellt wurde, wollte ich, dass jeder Tisch die reiche Geschichte und die vielen Anekdoten hinter jedem Gang verstand. Da ich nichts dem Zufall oder dem Ermessen überlassen wollte, schrieb ich genau auf, was die Chefs de Rang sagen sollten, ließ sie es auswendig lernen und ein ums andere Mal wiederholen.

Wir führten das neue Menü an einem Dienstag im September 2012 ein. Vier Tage später kam der Gastrokritiker der *New York Times*, Pete Wells, zum Mittagessen.

Es war ein Schock, ihn zu sehen; normalerweise geben sie einem nach einer großen Veränderung ein oder zwei Minuten Zeit, um sich einzugewöhnen. Aber ich konnte aufatmen, als ich sah, dass er in der Abteilung von Natasha McIrvin gelandet war. Natasha war ohne Frage eine unserer besten Chefs de Rang, außergewöhnlich begabt, in allen Bereichen zu Höchstleistungen entschlossen und selbst unter großem Druck unerschütterlich. Ich wusste, dass sie die Geschichte, die wir erzählen wollten, genau richtig rüberbringen würde.

Als er zur Tür hinausging – ich versuchte, mich unauffällig zu verhalten, und fummelte in einer Ecke neben der Bar herum –, sah mir Pete Wells direkt in die Augen und nickte. Das war sehr ungewöhnlich: Der Kritiker und der Gastronom erkennen sich nie gegenseitig an. Ich nahm das als Zeichen dafür, dass wir es geschafft hatten.

Sie können sich also vorstellen, wie überrascht ich war, als die *New York Times* nur wenige Tage später ihren Artikel veröffentlichte: eine vernichtende Abrechnung mit dem Titel »Ums Essen herumreden: Im neu erfundenen Eleven Madison Park sind die Worte nicht auf dem Niveau der Speisen«.

Ich erspare Ihnen das jetzt, aber es enthielt so aussagekräftige Adjektive wie: »gestelzt«, »aufgeblasen« und diesen Knockout-Satz, mein persönlicher Favorit: »Am Ende der vier Stunden fühlte ich mich, als hätte ich an einem Seder teilgenommen, der von Presbyterianern veranstaltet wurde.« Der Artikel war so furchtbar, dass das *Eater*-Magazin ihn in einem eigenen, schadenfrohen Artikel darüber als »Pete ›The Punisher‹ Wells« bezeichnete (richtig: die Rezension war so schlecht, dass es schadenfrohe Analysen darüber gab, wie schlecht sie war).

Und er hätte sich genauso gut direkt an mich wenden können. Er mochte nicht alles, was er aß, aber vieles davon. Das Problem war das, was er »die Reden« nannte.

Es war zutiefst demütigend. Und es gab nichts, worauf ich weniger scharf war, als aufzustehen und zu gestehen, dass meine schlechten Entscheidungen uns diese vernichtende Kritik eingehandelt hatten. In solchen Momenten neigen Führungskräfte in dem Bemühen, vor ihrem Team nicht schlecht dazustehen, dazu, Fehler unter den Teppich zu kehren, in der dummen Hoffnung, dass sie vergessen werden. Stattdessen habe ich mich wieder einmal beim Pre-Meal hingestellt, um Verantwortung zu übernehmen und mich zu entschuldigen.

Es gab jedoch auch eine kleine gute Nachricht. Es war keine echte Rezension mit Sternen, die das Geschäft hätte ruinieren können, sondern nur ein »Critic's Notebook«-Artikel, das Äquivalent eines gastrokritischen Warnschusses. Und er bewirkte genau das, was er sollte: Er brachte mich zur Einsicht, dass ich einen Fehler gemacht hatte und einen Kurswechsel vornehmen musste.

Nach einigem Nachdenken wurde mir klar, dass ich bei der Einführung des New Yorker Menüs zwei Fehler gemacht hatte. Einen davon bereute ich zwar nicht, wir behoben ihn aber trotzdem. Den anderen bereue ich allerdings schon.

Der erste Fehler war, zu weit zu gehen. (Das ist derjenige, den ich nicht bereue.) Ja, ein Teil dieses Überschwanges war Angeberei: »Schaut her, was wir können!« Aber auch das Überschreiten von Grenzen ist ein unvermeidlicher Teil des kreativen Prozesses. Wenn Sie die Umgebung nicht erkunden, wie wollen Sie dann wissen, wo die Grenze verläuft? Viele dieser Ideen waren gut; wenn wir uns nicht die Freiheit genommen hätten, sie zu untersuchen, hätten wir nie gewusst, an welchen wir festhalten sollten.

Dieser Fehler – sich übernommen zu haben – war leicht zu beheben. Wir änderten nicht alles; wir wussten, dass wir es nicht allen recht machen konnten. Wir behielten den Zaubertrick, weil wir jeden Abend sahen, dass die Leute ihn liebten; es war ein Crescendo, über das sie noch Wochen, ja sogar Jahre später noch sprechen würden. Aber wir schafften viele der Reden ab. Und den Kartoffelchips-Gang, was schmerzhafterweise auch bedeutete, diese ganzen teuren Tüten zu recyceln.

Mein zweiter Fehler war schwerwiegender. Um sicherzustellen, dass jede Idee, die wir hatten, richtig kommuniziert wurde, hatte ich darauf bestanden, dass das Team einen Text auswendig lernte. Ich hatte sie zu Darstellern gemacht und damit jede Möglichkeit eines echten, guten Gespräches zwischen ihnen und den Gästen ausgeschlossen. Natürlich hatte sich die Erfahrung für Wells nicht authentisch angefühlt; es gab keinen Raum für Natasha, eine

Verbindung zu ihm aufzubauen. Ich hatte ihr die Möglichkeit genommen, am Tisch sie selbst zu sein.

Nicht jeder Gast wollte während seines Abendessens eine Geschichtsstunde. Viele waren fasziniert und wollten sich darauf einlassen. Aber einige Leute waren dort, um sich mit ihrer Begleitung zu unterhalten oder einfach, um zu essen; sie wollten, dass wir ihr Gericht abstellten und sie in Ruhe ließen. Ich hatte dem Team die Befugnis entzogen, den Tisch zu lesen und das jeweils angemessene Maß an Aufmerksamkeit zu liefern, also das Service-Erlebnis auf den Gast zuzuschneiden. In meiner Suche nach Ortsbezogenheit hatte ich die Gastfreundschaft vernachlässigt.

Schlimmer noch, es war im Grunde derselbe Fehler, den ich im Jahr zuvor gemacht hatte, als ich gezögert hatte, einen General Manager zu berufen. Wieder einmal hatte der Mann, berühmt für sein Gerede darüber, wie sehr er seinem Team vertraut, so gehandelt, als würde er ihm ganz und gar nicht vertrauen.

Ehrlich gesagt bin ich nicht überrascht über diesen Fehler, und ich bin mir fast sicher, dass ich ihn in Zukunft wieder machen werde. Meine zwanghafte Detailversessenheit ist eine meiner Superkräfte; auf diese Weise strebe ich nach Perfektion. Aber diese Tendenz bedeutet auch, dass ich mich immer auf einem schmalen Grat bewege zwischen meinem Wunsch, Exzellenz zu garantieren, indem ich alles kontrolliere, und dem Wissen, dass ich ein Umfeld schaffen möchte, in dem die Menschen, die für mich arbeiten, Verantwortung übernehmen, zusammenarbeiten und sich gegenseitig vertrauen. Wie Exzellenz und Gastfreundschaft sind auch diese beiden Qualitäten – Kontrolle und Vertrauen – keine guten Freunde.

Ich hoffe, dass ich jedes Mal, wenn ich diesen Fehler begehe, mir dessen wenigstens bewusst werde. Ich habe mich mit Menschen umgeben, denen ich vertraue und die mir sagen, wann es an der Zeit ist, sich zurückzuziehen. Aber ich bin mir ziemlich sicher, dass das Spannungsverhältnis zwischen diesen beiden Aspekten ein Thema ist, mit dem ich für den Rest meiner Karriere zu kämpfen haben werde. Alles, was ich tun kann, ist, mir dessen bewusst zu sein, damit meine Superkraft am Ende nicht meine Schurkenentstehungsgeschichte wird. Und wenn ich es (unvermeidlich) vermassle, muss ich den Fehler so schnell und mit so wenig Egoismus wie möglich beheben.

Ich vertraute wieder darauf, dass die Mitarbeiter das Menü so vorstellen würden, wie sie es für richtig hielten, und zwar mit einer für ihre Tische jeweils angemessene Menge an Informationen.

In der Zwischenzeit rückten wir in der 50-Besten-Liste weiter nach vorn. Im Jahr 2013 belegten wir (trotz des presbyterianischen Seder) den fünften Platz. Im Jahr 2014 waren wir die Nummer vier. Und Anfang 2015 kam Pete Wells zurück. Bei seinem zweiten Besuch wussten wir, dass es diesmal eine echte Rezension werden würde. Nichts mehr mit Warnschüssen.

Ihn zu sehen, war nervenaufreibend, weil wir bei einer Reihe von Dingen, die er ablehnte, nicht lockergelassen hatten. Aber wir hatten seine Kritik klug genutzt; wir hatten geändert, was wir ändern wollten, und waren stolz auf das Ergebnis.

Im März desselben Jahres verlieh er uns vier Sterne. Es war, wie ich zu sagen pflege, die schlechteste Viersternerezension in der Geschichte der *New York Times*. Ich muss immer noch lachen, wenn ich sie lese. Er ist so mürrisch! Er kann nicht widerstehen, an seine erste Erfahrung mit dem New Yorker Menü im Jahr 2012 anzuknüpfen, und nennt es »die albernste Mahlzeit, die ich je hatte«.

Dann listet er akribisch jeden Fehler in unserem neuen Konzept auf, auch wenn er sich letztendlich geschlagen gibt: »Einwände schwirrten mir so aufdringlich vor den Augen, dass sie mich zeitweise blind machten für das, was in dem hoch aufragenden Art-Déco-

Gebäude gegenüber dem Madison Square Park geschah. Und das war: ein Raum voller Menschen, die vor Glück fast idiotisch wirkten … wie am Ende auch ich, der grüblerische Nörgler und Fehlersucher. Dem unnachgiebigen, geschickten Bestreben des Restaurants, Freude zu verbreiten, musste auch ich schließlich nachgeben.«

Wir haben an diesem Abend gefeiert, obwohl ich anmerken sollte, dass es sich ganz anders anfühlt, vier Sterne zu behalten, als sie zum ersten Mal zu verdienen; die Stimmung war eher erleichtert als jubelnd.

Aber beim Pre-Meal am nächsten Tag beglückwünschte ich das Team und betonte, dass die Bewertung eine Antwort auf ihr Engagement für unvernünftige Gastfreundschaft war. Wells war nicht mit allem einverstanden, was wir taten. Einen Teil davon mochte er nicht einmal. Doch da wir uns an die Grundsätze der unvernünftigen Gastfreundschaft hielten, ließen wir ihm keine andere Wahl, als zuzugeben, dass ihm die Stimmung gefiel, die wir bei den Menschen auslösten.

Servieren Sie, was Sie bekommen wollen

Bei den »50 Best« im Jahr 2015 brodelte wie jedes Mal die Gerüchteküche, und eines der beliebtesten war, dass wir es auf Platz eins schaffen würden. Es ist natürlich am besten, Klatsch und Tratsch zu ignorieren, aber wir sind Menschen, und es fällt uns schwer. Unsere Hoffnungen waren also groß.

Aber wir hatten völlig falsch spekuliert: Statt von vier auf eins zu kommen, rutschten wir zurück, von vier auf fünf.

Das war ein harter Schlag. Natürlich ist es unglaublich, zu den fünf besten Restaurants der Welt zu gehören, ganz gleich, wo man landet. Aber das war das erste Mal, dass wir auf der Liste zurückfielen. So sehr wir uns auch anstrengten, irgendetwas funktionierte nicht.

Im Nachhinein denke ich, dass dieser Rückfall das Beste war, was uns passieren konnte, denn er motivierte uns dazu, uns ein letztes Mal zu verändern. Und das mussten wir auch; es hatte bereits Anzeichen für die Notwendigkeit gegeben.

Im Laufe dieses Jahres hatten Daniel und ich unsere üblichen Ausflüge in die besten Restaurants unternommen, und dabei war uns eine weitere Besonderheit aufgefallen – oder vielleicht ist »Haken« ein besseres Wort –, die die meisten dieser spektakulären Mahlzeiten gemeinsam hatten.

Sie waren einfach zu überschwänglich.

So inspiriert wir auch von diesen unglaublichen Crescendos waren, so sehr uns die tadellosen Gerichte gepaart mit bemerkenswerten Weinen auch Gang für Gang begeisterten, so erdrückend war es auch. So abgedroschen es klingen mag, wir spürten langsam einen gewissen Überdruss. Der exzellente Service und die Dramatik einiger Gänge waren beeindruckend; dennoch war es schwer, sich am nächsten Tag daran zu erinnern, was genau wir gegessen hatten, oder an irgendeinen Teil des Gespräches, das wir geführt hatten, während wir dort waren. In Wahrheit waren wir bei den meisten dieser Mahlzeiten nach 75 Prozent der Zeit fix und fertig, vollgefuttert und abfahrtsbereit. All das hatten wir im Hinterkopf, als wir uns Ende 2015 hinsetzten, um unser eigenes neues Menü zu testen.

Daniel und ich aßen in jeder Saison im Restaurant zu Abend, immer am Tag nach der Änderung der Speisekarte. Das hatte vor allem praktische Gründe: Sie wissen bereits, für wie wichtig ich es halte, dass eine Führungskraft den erbrachten Service genauso erlebt wie ein normaler Gast. Eine Idee wirkt in ihrer Umsetzung oft anders als in der Konzeption, und das Essen des Menüs als Gäste gab uns die Möglichkeit, Anpassungen vorzunehmen, wenn wir zum Beispiel feststellten, dass eine Präsentation, von der wir begeistert gewesen waren, plötzlich überladen wirkt, oder wenn wir großzügig sein wollten, aber den Gast am Ende überfrachteten.

Diese Abendessen boten Daniel und mir auch ein wertvolles vierteljährliches Treffen, eine Gelegenheit für einen bewussteren Austausch miteinander als die 10.000 schnellen SMS und eiligen Gespräche im Küchenflur, die den Großteil unserer täglichen Interaktionen ausmachten.

An diesem Abend analysierten wir nicht nur unser Essen, sondern unterhielten uns angeregt über tiefergehendere Themen, eher in Richtung Sinn des Lebens. Oder zumindest versuchten wir das – ich sage »versuchen«, denn so gut der Service auch war, wir hatten das Gefühl, ständig unterbrochen zu werden. Mit jeder Ablenkung wurde ich ärgerlicher. Schließlich verließen wir das Lokal noch vor dem Nachtisch und gingen in ein irisches Pub ein paar Blocks weiter, damit wir unser Gespräch in Ruhe zu Ende führen konnten.

Als ich an diesem Abend nach Hause kam, rechnete ich nach.

Für jeden Gang wurde der Tisch mit frischem Besteck eingedeckt, neue Weingläser wurden aufgestellt, das Essen wurde angesagt und serviert, der Wein wurde eingeschenkt. Nachdem wir mit dem Essen fertig waren, wurden die Teller abgeräumt und der Tisch gesäubert. Bei jedem einzelnen Gang wurden diese sechs Handgriffe vorgenommen, was bedeutete, dass wir bei dem fünfzehngängigen Menü insgesamt neunzig Mal unterbrochen wurden. Und da ist noch nicht einmal die Einführung in die Speisekarte eingerechnet oder irgendeine Nachfrage zwischendurch.

Neunzigmal – obwohl es unser erklärtes Ziel war, eine Umgebung zu schaffen, in der Menschen bei Tisch miteinander in Kontakt treten können, in der, wie ich schon tausendmal gesagt habe, der Service, das Essen und die Umgebung nur Zutaten für das Rezept der menschlichen Verbindung sind. Das ist unvernünftig, aber es ist keine Gastfreundschaft.

Wir hatten immer geglaubt, dass wir das servieren sollten, was wir bekommen wollten. Wenn man nur das serviert, was man servieren will, ist man ein Angeber. Wenn man nur das serviert, von dem man glaubt, dass die Leute es wollen, dann ist man ein Schmeichler. Servieren Sie, was Sie wirklich selbst bekommen wollen, und die Erfahrung wird authentisch.

Aus diesem Grund hatte sich das Restaurant im Laufe der Jahre so stark verändert. Nicht weil wir die Worte »endlose Neuerfindung« an die Wand geschrieben hatten, sondern weil wir selbst uns verändert hatten und das, was wir bekommen wollten, ebenfalls. Ich war sechsundzwanzig Jahre alt, als ich den Speisesaal im Eleven Madison Park übernahm, und vierzig, als sich die Wege von Daniel und mir trennten. Man verändert sich sehr zwischen sechsundzwanzig und vierzig – und in dem Maß, in dem man sich verändert, verändert sich auch das, was man bekommen will.

Wir servierten nicht mehr, was wir bekommen wollten.

Rückkehr zu den ersten Grundsätzen

Ein Mission Statement hat in jeder Organisation die Aufgabe, die nicht verhandelbaren Punkte zu formulieren. Es muss klar und leicht verständlich sein, damit es bei jeder Entscheidung, egal wie groß oder klein, als verlässlicher Filter funktionieren kann. Wird die Durchführung einer Maßnahme dazu beitragen, dass Sie das im Mission Statement festgelegte Ziel erreichen? Oder wird es Sie von diesem Ziel entfernen? Auf diese Weise ist die Entscheidung bereits getroffen – Sie müssen sich nur die Frage stellen.

Das komplizierte Mission Statement, das wir mit dem New Yorker Menü einführten, enthielt alles, was wir verkörpern wollten: unser Engagement füreinander, unsere Liebe zu New York, unsere absurden Ambitionen und unseren Wunsch, uns um unsere Gäste zu kümmern. Aber es war übertrieben.

Pete Wells hatte dieses komplizierte, verschlungene Mission Statement nie gesehen, aber er hatte es gespürt. Kein Wunder, dass es ihm schwerfiel, das Wesen des Restaurants zu verstehen! Wir wussten es selbst nicht.

Es war an der Zeit, zu den Grundlagen zurückzukehren. Daniel und sein Team kreierten unglaublich köstliche Speisen; mein Speisesaal-Team war so gut wie kein anderes auf der Welt, wenn es darum ging, durch unvernünftige Gastfreundschaft Freude zu verbreiten. Und so entdeckten wir, indem wir uns auf unsere Superkräfte rückbesannen, unsere nicht verhandelbare Grundsätze wieder und landeten bei einem einfachen, eleganten Satz, den ich über der Stechuhr anbrachte, damit jeder von uns ihn jeden Tag sehen konnte:

»Das köstlichste und liebenswürdigste Restaurant der Welt sein.«

Wir wollten nicht aufhören, New Yorker zu sein oder unsere Kolleginnen und Kollegen wie eine Familie zu behandeln. Wir wollten nicht aufhören, nach einem vierten Michelin-Stern zu streben, ein Ziel, das niemals erreicht werden kann. Aber liebenswert und köstlich – das waren die Kriterien. Punkt.

Wie mein Vater sagt: »Lauf nicht vor dem weg, was du nicht willst, sondern auf das zu, was du willst.« Wir nahmen die Veränderungen in jenem Jahr nicht deshalb vor, weil wir vor der Komplexität oder der Schwierigkeit oder dem Ehrgeiz davonliefen, sondern weil wir auf eine reinere Erfahrung zuliefen.

Jede Veränderung, die wir bisher vorgenommen hatten, war ein Zusatz. Mehr Intensität, mehr Gänge, mehr Komplexität, mehr Komponenten auf dem Teller, mehr Weine, mehr Service-Stufen – mehr, mehr, mehr.

Dieses Mal gingen wir in die andere Richtung. Wir waren stolz auf das, was wir konnten, aber nicht alles davon war nötig. Stattdessen konnten wir das, was wir lieferten, auf das reduzieren, was uns besonders machte: die Erkenntnis, dass all diese Exzellenz im Dienste der unvernünftigen Gastfreundschaft stand.

Die erste und radikalste Änderung war die Halbierung des Menüs von fünfzehn auf sieben Gänge. Jeder einzelne würde denkwürdig sein, außergewöhnlich. Und obwohl wir die Anzahl der Gänge reduzierten, mussten wir keinen einzigen Mitarbeiter im Speisesaal entlassen. Stattdessen verdoppelten wir die Zahl der Dreamweaver von zwei auf vier.

Bei der Entwicklung des New Yorker Menüs hatten wir uns von dem überarbeiteten Menüformat und unserer Grundüberzeugung, dass der Gast die Möglichkeit haben sollte, selbst zu wählen, entfernt. Warum hatten wir abgeschafft, was die Art von unvernünftiger Gastfreundschaft verkörperte, die wir anbieten wollten?

Wir wollten auf dieses Konzept der Mahlzeit als Dialog zurückkommen. Und schließlich waren wir bereit, es so zu machen, wie wir es von Anfang an wollten, nämlich so, wie es im Rao's gemacht wurde. Es sollte überhaupt keine Speisekarte geben, sondern nur ein Gespräch darüber, was man essen wollte und was nicht.

Dieses Gespräch war mehr als nur Konversation – es stellte eine Verbindung her. Keine Skripte mehr. Dies war der Beginn einer Beziehung.

Kirk war weitergezogen, um ein neues Restaurant zu eröffnen, und so kam Billy Peelle, der das EMP verlassen hatte, um im NoMad zu arbeiten, als General Manager zurück – die perfekte Person, um diese neue Richtung einzuleiten. Billy hatte echte Freude daran, ein warmes Umfeld für die Menschen zu schaffen, mit denen er arbeitete, und bemerkenswerte Erlebnisse für unsere Gäste. Er verkörperte unvernünftige Gastfreundschaft wie kein anderer, mit dem ich je zusammengearbeitet habe, und er war eine authentische, bescheidene Führungskraft.

Am Tag, nachdem wir das neue Menü vorgestellt hatten, setzten Daniel und ich uns zum Abendessen zusammen. Und nach einer wirklich außergewöhnlichen dreistündigen Mahlzeit hatten wir das Gefühl, dass das Restaurant nach all den Jahren endlich zu dem geworden war, was es sein sollte. Indem wir unsere Vision auf das Wesentliche reduzierten, hatten wir zu uns selbst gefunden. Ich glaube wirklich, dass wir in diesem Moment endlich das beste Restaurant der Welt betrieben.

Nur wenige Monate später wurden die »50 Best Awards« 2016 zum ersten Mal in New York City verliehen. Da praktisch jeder, der für diese Preise abstimmt, an der Verleihung teilnimmt, waren plötzlich sehr viele von ihnen in unserer Stadt, was bedeutete, dass wir die Gelegenheit hatten, sie im EMP willkommen zu heißen. Die Änderungen, die wir vorgenommen hatten, waren so effektiv und das Restaurant in so guter Verfassung, dass wir nicht einmal nervös wurden, sondern nur darauf brannten, der Welt zu zeigen, wer wir waren und wofür wir standen. Wir zeigten uns von unserer besten Seite, aber vor allem empfingen wir unsere Kollegen selbstbewusst und herzlich in unserem Zuhause. Und es fühlte sich großartig an.

In diesem Jahr wurden wir bei der Preisverleihung zur Nummer drei gewählt. Und noch wichtiger: Wir gewannen den allerersten Hospitality Award, worin sich der Einfluss widerspiegelt, den wir auf die Branche hatten.

Seit 2002 wurden bei der Preisverleihung immer nur Köche und ihre Speisen ausgezeichnet. Die Einführung eines Preises für Gastfreundschaft war ein Zeichen dafür, dass das Pendel in die andere Richtung ausschlug, und die Menschen im Speisesaal, die unermüdlich für einen fantastischen Service arbeiten, in den Mittelpunkt rückten. Es bedeutete mir persönlich sehr viel, dass wir diesen Preis im Jahr seiner Einführung gewannen. Unvernünftige Gastfreundschaft war nicht mehr nur uns wichtig, sondern begann in der ganzen Branche eine Rolle zu spielen.

Das köstlichste und liebenswürdigste Restaurant der Welt

Im nächsten Jahr fuhren wir nach Melbourne zu den »50 Best Awards«.

Am Tag der Preisverleihung machte ich einen langen Spaziergang mit Christina und versuchte, mich nicht von meiner Panik überwältigen zu lassen, bevor ich zurück ins Hotel fuhr, um meinen Smoking anzuziehen. Gary Obligacion vom Alinea band mir die Fliege; ich habe nie gelernt, wie das geht.

Wie immer begannen sie bei fünfzig und zählten abwärts: vierzig, dann dreißig, dann zwanzig. Je weiter sie kamen, desto aufgeregter und nervöser wurden wir; je länger wir unsere Namen nicht hörten, desto besser.

Ich hatte einen ziemlichen Blackout, als sie bei Platz zehn waren, und kam erst wieder bei Platz drei zu mir. Wir waren immer noch nicht genannt worden – wir mussten also entweder die Nummer eins oder die Nummer zwei sein. Dann wurde die Osteria Francescana angekündigt (die unserem Freund Massimo gehörte, der uns bei der ersten, demütigenden Zeremonie wegen unserer traurigen Gesichter aufgezogen hatte) – und wir wussten, dass wir gewonnen hatten.

Nach sieben Jahren harter Arbeit, Kreativität, einer wahnsinnigen Liebe zum Detail und einer wahrhaft unvernünftigen Hingabe an die Gastfreundschaft wurde das Eleven Madison Park zum besten Restaurant der Welt gekürt.

Es war ein unglaubliches Gefühl, eines der besten in meinem Leben. Ich gab meiner Frau einen Kuss, und Daniel und ich gingen zusammen mit Billy Peelle und Dmitri Magi, unserem Küchenchef, auf die Bühne. Als mir die Auszeichnung überreicht wurde, war mir nicht entgangen, dass ich der erste Mitarbeiter aus dem Speisesaal war, der die Auszeichnung im Namen des Restaurants entgegennahm.

In meiner Rede sprach ich darüber, wie edel und bedeutend die Arbeit im Service ist und wie wichtig es ist, uns das bewusst zu machen. Dies war besonders wirkungsvoll, weil jeder im Raum seine Karriere der Schaffung unvergesslicher Erlebnisse gewidmet hatte. Jeder dort hatte Menschen geholfen, ihre wichtigsten Momente zu feiern, und ihnen Trost gespendet, wenn sie eine Auszeit brauchten. Wir alle schufen magische Welten in einer Welt, die ein bisschen mehr Magie gebrauchen konnte.

Ich bedankte mich bei unserem großartigen Team (und bat sie, das Restaurant bei der Party nicht zu verwüsten; das würden wir dann gemeinsam tun, wenn wir heimkämen). Nicht nur die hundertfünfzig Menschen, die damals für uns arbeiteten, sondern auch die zahllosen anderen, die in den vergangenen elf Jahren so viel von sich selbst gegeben hatten, um sich um andere zu kümmern. Und ich dankte Daniel für sein Verständnis dafür, dass das Gefühl, das wir unseren Gästen vermittelten, genauso wichtig war wie jedes einzelne Gericht, das wir ihnen servierten.

Die Ehrung gab mir einen Moment Zeit, darüber nachzudenken, wie weit wir gekommen waren und was uns dorthin gebracht hatte. Auf der einen Seite ist es grundsätzlich lächerlich zu sagen, ein Restaurant sei das beste der Welt. Mit dem Preis wird jedoch das Restaurant gewürdigt, das zu einem bestimmten Zeitpunkt den größten Einfluss auf die Branche hat, das die Themen verändert und einen neuen Kurs für alle vorgibt.

Wir hatten gewonnen, weil bei uns alle in der Küche und im Speisesaal zusammenkamen, um gemeinsam ein Erlebnis zu schaffen, das durchdacht, liebenswert und wirklich, wirklich nett war. Wir hatten gewonnen, weil wir uns gemeinsam auf die unvernünftige Gastfreundschaft konzentriert hatten.

Wir hatten uns ein scheinbar unmögliches Ziel gesetzt: Exzellenz und Gastfreundschaft zugleich zu verkörpern. Konzepte, die in einem Spannungsverhältnis zueinander stehen, wenn nicht sogar in einem offenen Konflikt. Wir hatten beschlossen, in unserem kreativen Streben nach Gastfreundschaft im Speisesaal so ausgelassen unvernünftig zu sein, wie es die besten Restaurants auf der ganzen Welt in der Küche bereits waren. Wir hatten beschlossen, unser Bestes nicht nur für das zu geben, was auf dem Teller lag, sondern alles in unserer Macht Stehende zu tun, um den Menschen, mit denen wir arbeiteten, und den Menschen, die wir bedienten, das Gefühl zu geben, gesehen und gehört zu werden, ihnen ein Gefühl der Zugehörigkeit zu vermitteln und ein Umfeld zu schaffen, in dem sie mit anderen in Kontakt treten konnten.

Es war unser Streben nach Exzellenz, das uns an den Tisch brachte, aber es war unser Streben nach unvernünftiger Gastfreundschaft, das uns an die Spitze brachte.

NACHWORT

Wir kehrten triumphierend zurück: Sieben Jahre zielstrebiger, konzentrierter Arbeit hatten aus einer weit hergeholten, auf eine Papierserviette gekritzelten Vision Realität werden lassen.

Es war an der Zeit, unser nächstes Kapitel zu beginnen.

Zum ersten Mal schmiedeten wir Pläne für eine vollständige Renovierung des Restaurants. Im Laufe der Jahre war viel an dem Raum verändert worden, aber es waren stets nur kleine Verbesserungen an dem, was sich immer noch wie das Restaurant von Danny Meyer anfühlte. Es war an der Zeit, dass es ganz und gar uns gehörte.

Für die Renovierung mussten wir das Restaurant für ein paar Monate schließen. Zu diesem Zeitpunkt wussten wir bereits, dass das Restaurant ohne unser Team nicht mehr wäre als vier Wände, einige Tische und ein Herd. Wir konnten es uns nicht leisten, auch nur einen von ihnen zu verlieren, also eröffneten wir ein ganz neues Restaurant in den Hamptons – einen ungezwungeneren Ableger, den wir EMP Summer House nannten, und zogen mit der ganzen Truppe dorthin. Dieses Projekt war sowohl auf kreativer Ebene befriedigend als auch kommerziell erfolgreich, ganz zu schweigen davon, dass es einen Heidenspaß machte.

Im Herbst eröffneten wir das Eleven Madison Park neu und servierten in einem eleganten, exklusiv für uns gestalteten Raum dasselbe verschlankte Menü, das wir im Jahr zuvor eingeführt hatten. Und eine Zeit lang war alles gut – bis es das nicht mehr war.

Es wurde viel darüber spekuliert, weshalb Daniel und ich uns dazu entschieden, getrennte Wege zu gehen. Die Wahrheit ist einfach: Wir liebten uns nicht mehr. Menschen leben sich auseinander. Sie stellen fest, dass Sie und Ihr Partner nicht mehr die gleichen Interessen, die gleichen Prioritäten haben. Sie sehen die Welt nicht mehr mit den gleichen Augen. Nichts kann Ihnen nehmen, was Sie gemeinsam erlebt haben. Aber wenn es vorbei ist, ist es vorbei.

Als Daniel und ich erkannten, dass eine Trennung der beste Weg war, fragte ich meinen Vater um Rat, wie ich es in allen schwierigen Momenten meines Lebens getan habe. Er sagte mir: »Das nächste Jahr wird eine der größten Herausforderungen deines Lebens sein. Du wirst mit unzähligen schwierigen Entscheidungen konfrontiert werden. Jedes Mal, wenn du an einer Kreuzung stehst, möchte ich, dass du dich fragst, wie ›richtig‹ für dich aussieht, und das dann tust.« Dann sagte er mir, dieser Rat sei nicht immer leicht zu befolgen, weil das »Richtige« auf kurze Sicht nicht immer das Beste für einen selbst sei.

Die Aufteilung des Unternehmens war nicht einfach. Zu diesem Zeitpunkt gab es bereits NoMad Hotels in New York, Los Angeles und Las Vegas und ein Fast-Casual-Restaurant in New York mit dem Namen Made Nice. Wir hatten das EMP Summer House in den Hamptons, das EMP Winter House in Aspen, und wir arbeiteten an drei brandneuen Projekten, zwei in London und einem in New York. Und natürlich gab es noch das Eleven Madison Park.

Wir versuchten monatelang, herauszufinden, wie wir das Ganze aufteilen konnten, kamen aber nicht weiter. Eines Abends richteten wir eine Spendenaktion für die Organisation »Rethink Food« aus, eine Initiative, die einer unserer ehemaligen Kollegen ins Leben gerufen hatte und die Ernährungsunsicherheit und Hunger bekämpft.

Der Abend war ein voller Erfolg: Neil Patrick Harris moderierte, und wir sammelten jede Menge Geld für eine Sache, die mir am Herzen lag. Ganz am Ende, nachdem das Essen serviert und abgeräumt worden war, setzte sich mein Freund Jon Batiste ans Klavier. Ich rief jeden aus dem Team, der noch da war, aus der Küche, und die ganze Mannschaft und ich standen in der Tür und sahen Jon dabei zu, wie er sechs magische Songs spielte, der letzte davon war seine umwerfend schöne Coverversion des Louis-Armstrong-Klassikers *What a Wonderful World.*

Ich kam an diesem Abend spät nach Hause. Christina war nicht in der Stadt, also schenkte ich mir ein riesiges Absackerglas Rotwein ein und stellte die Albumversion dieses Liedes auf Repeat. Ich hörte es mir etwa zwei Dutzend Mal an und füllte mein Glas mindestens zweimal nach. Nach dem dritten Glas war kristallklar, wie »richtig« aussah.

Mit unserem Bestreben, das Unternehmen, das wir in den letzten 14 Jahren aufgebaut hatten, zu teilen, hätten wir es praktisch auseinandergerissen. »Richtig« war, dem Unternehmen, das wir zusammen aufgebaut hatten, die Chance zu geben, zusammenzubleiben »Richtig« – so unvorstellbar, so unmöglich es auch schien – bedeutete, dass einer von uns sich verabschieden musste, und zwar von allem.

Ein paar Monate später trommelten Daniel und ich das Team zusammen, damit ich mich verabschieden konnte.

Ich liebte das Eleven Madison Park. Aber die unvernünftige Gastfreundschaft, die wir dort lebten, existierte unabhängig von dem geschichtsträchtigen Raum oder den Stühlen oder der Kunst oder der Küche oder der Adresse. Das Herz des Unternehmens war das Team – die Gruppe von Menschen, mit denen ich mich umgeben hatte – und die Arbeit, die wir jeden Tag gemeinsam leisteten, indem wir uns umeinander und um die Menschen, die wir bedienten, kümmerten. Ich werde immer stolz auf die Traditionen sein, die wir begründet haben, auf all die verrückten Ideen, die wir verwirklicht haben, und auf die unzähligen Menschen, die wir glücklich gemacht haben. Und mir war klar, dass ich das alles noch einmal machen kann, mit allem, was ich bei EMP gelernt hatte, und mit den Prinzipien, die wir in den 14 Jahren, die ich dort war, entwickelt hatten.

Loszulassen, war schwer. Es ist immer noch schwer! Aber das Schreiben dieses Buches war für mich eine Katharsis – die Reise noch einmal zu erleben und die Lektionen neu zu lernen. Es hat mich in meinem Glauben an die Gastfreundschaft bestärkt, sowohl im Service als auch in der Führung.

Die weltweite Pandemie brach nur wenige Monate nach meinem Weggang vom EMP aus, und ich musste mit ansehen, wie einige meiner engsten Freunde und Kollegen darum kämpften, ihre Unternehmen am Leben zu erhalten. Ein Telefonanruf veranlasste eine kleine Gruppe von uns, die Independent Restaurant Coalition ins Leben zu rufen, die sich erfolgreich für eine staatliche Unterstützung unabhängiger Restaurants in ganz Amerika einsetzte. In einem Moment, in dem ich sonst vielleicht im Abseits gestanden hätte, konnte ich mich voll und ganz für die Branche einsetzen, die ich liebe – auch während eines surrealen Besuches im Weißen Haus.

Und als ob das nicht schon genug wäre, um mich auf Trab zu halten, begrüßten Christina und ich auch noch ein neues Familienmitglied: unsere Tochter Frankie, benannt nach ihrem außergewöhnlichen Großvater. Ich habe einen Großteil des vergangenen Jahres an meinem eigenen Küchentisch verbracht, um den wichtigsten VIP meiner Karriere zu bewirten, und zwar in einem Hochstuhl.

Jetzt, wo sich die Welt wieder öffnet, verbringe ich meine Zeit mit Führungskräften aus vielen verschiedenen Branchen – von der

Medizin über den Luxuseinzelhandel bis hin zum Immobiliensektor und darüber hinaus. Sie alle haben die bemerkenswerte Kraft erkannt, die Erwartungen der Menschen in ihren Teams und die ihrer Kunden zu übertreffen, und zwar auf unvernünftige Art und Weise. Sie alle haben die Entscheidung getroffen, ins Gastgewerbe einzusteigen – und ich hoffe, Sie werden das auch tun.

DANKSAGUNG: ICH WEISS SIE ZU SCHÄTZEN

Das Schreiben dieses Buches war eine wichtige Erfahrung, und während ich die letzten Seiten überarbeite, kann ich nicht umhin, einen Moment innezuhalten und darüber nachzudenken, wie dankbar ich den vielen Menschen bin, die mir bei seiner Fertigstellung geholfen haben.

Einer der Gründe, warum ich mich für eine Tätigkeit in der Gastronomie entschieden habe, ist, dass ich nicht gern allein arbeite; ich leiste meine beste Arbeit, wenn ich Teil eines Teams bin. Und in Laura Tucker habe ich die beste Teamkollegin gefunden, die ich mir für das Schreiben dieses Buches nur wünschen konnte. Sie hat mir geholfen, all die verrückten Ideen in meinem Kopf zu sammeln und sie zu Papier zu bringen. Ihre außergewöhnliche Herzlichkeit, ihr unglaubliches Talent und ihre endlose Geduld waren genau das, was ich in diesem Prozess brauchte. Ich werde für immer dankbar sein für die vielen, vielen Stunden, die wir zusammen verbracht haben, um das hier zum Leben zu erwecken.

In Simon Sinek habe ich den besten Coach gefunden, den ich mir für diese Reise hätte wünschen können. Wir haben unzählige Tage damit verbracht, dieses Buch Seite für Seite durchzugehen und nach jeder Möglichkeit zu suchen, es noch ein bisschen besser zu machen. Er forderte mich heraus, inspirierte mich, ermutigte mich und drängte mich, etwas zu schaffen, auf das ich stolz sein kann. Sein Glaube an mich ließ mich an mich selbst glauben.

Adrian Zackheim und Merry Sun von Penguin Random House waren während dieses Prozesses unglaubliche Partner für mich. Ihre Wertschätzung für das, was ich zu erzählen habe, gab mir das Selbstvertrauen, es der ganzen Welt erzählen zu wollen.

Ich werde David Black für immer dankbar sein, dass er mir all die Jahre zur Seite gestanden und mich unterstützt hat. Er ist einer der herzlichsten und fürsorglichsten Menschen, die ich kenne – und ein absoluter Pitbull, wenn es nötig ist. Es macht mir so viel Freude, ihn in meiner Ecke zu wissen.

Niemand weiß besser als ein Gastronom, wie viele Menschen unermüdlich hinter den Kulissen arbeiten, um eine Idee zum Leben zu erwecken. Ich bin so dankbar für die wunderbare Gastfreundschaft, die mir von dem großartigen Team von PRH und Optimism Press entgegengebracht wurde: Kirstin Berndt, Ellen Cipriano, Linda Friedner, Tara Gilbride, Jen Heuer, Katie Hurley, Brian Lemus, Andrea Monagle, Niki Papadopoulos, Jessica Regione, Mary Kate Skehan, Laila Soussi, Margot Stamas, Sara Toborowsky und Veronica Velasco. Ihre Leidenschaft für das Handwerk und ihre Liebe zum Detail waren inspirierend.

Dieses Buch gäbe es nicht ohne Danny Meyer, der mir das Fundament gab, auf dem ich alle meine Ideen über Service und Führung aufgebaut habe. Er hat so vielen meiner Kollegen in der Branche die Türen geöffnet und uns gezeigt, dass das Gastgewerbe ein wahrhaft nobler Beruf ist.

Tom Clifton hat außerordentlich viel Zeit damit verbracht, mir seine Ansichten mitzuteilen, was dieses Buch wirklich verbessert hat, ebenso wie viele andere wunderbare Menschen, die im Laufe des letzten Jahres so großzügig waren, das Manuskript wieder und wieder zu lesen, und mir dabei halfen, die bestmögliche Version davon zu erstellen: Kevin Boehm, John Erickson, Seth Godin, Ben Leventhal, Roger Martin und Jann Schwarz.

Ich habe das Glück, dass Freunde und frühere Kollegen so großzügig ihre Zeit zur Verfügung stellten, als ich die letzten Schritte dieses Prozesses durchlief: Katy Foley und Kate Fraser dafür, dass sie allen von diesem Buch erzählt haben, und Juliette Cezzar dafür, dass sie geholfen hat, es so schön zu gestalten.

Ich arbeite mit einem außergewöhnlichen Team, Billy Peelle und Natasha McIrvin, die besonders hart gearbeitet haben, um unser Unternehmen am Laufen zu halten, damit ich die Zeit und den Raum hatte, mich auf dieses Buch zu konzentrieren. Und ich habe in Michael Forman, Bill Helman und Gaurav Kapadia großartige Partner und Unterstützer gefunden. Ich bin dankbar für ihre Leidenschaft, ihr Engagement und für ihren Glauben an mich. Ich bin so stolz auf all das, was wir gemeinsam aufbauen.

Und ich könnte nicht dankbarer sein für meine wunderbare Familie – meine Frau Christina und unsere Tochter Frankie – danke, dass ihr meinem Leben Leben eingehaucht habt … Ich liebe euch blind, unvernünftig und unendlich.

ANMERKUNGEN

52 **Der ehemalige Marinekapitän:** Simon Sinek, Gute Chefs essen zuletzt (München: Redline, 2017).

155 **Frustriert erinnerten ihn die Imagineers:** Julianna Alley, Interview mit Simon Sinek, Disney Institute, Lake Buena Vista, FL, 4. März 2022.

162 **Zum Glück erwarteten uns gute Nachrichten:** Frank Bruni, »Two Upstarts Don Their Elders' Laurels«, The New York Times, 10. Januar 2007, https://www.nytimes.com/2007/01/10/dining/reviews/10rest.html.

202 **In seiner Rezension**: Frank Bruni, »Imagination, Say Hello to Discipline«, The New York Times, 9. Dezember 2008, https://www.nytimes.com/2008/12/10/dining/reviews/10rest.html.

223 **Er beschrieb, wie er**: Frank Bruni, »A Daring Rise to the Top«, The New York Times, 11. August 2009, https://www.nytimes.com/2009/08/12/dining/reviews/12rest.html.

223 **In seinem Abschiedsartikel**: Frank Bruni, »Four Stars, More Thoughts«, The New York Times, 12. August 2009, https://dinersjournal.blogs.nytimes.com/2009/08/12/four-stars-more-thoughts.

231 **Aber der Motor:** Jay-Z, Decoded (New York: One World, 2010).

241 **Oliver Strand schrieb:** Oliver Strand, »At Eleven Madison Park, Fixing What Isn't Broke,« The New York Times, 7. September 2010, https://www.nytimes.com/2010/09/08/dining/08humm.html.

286 **Die Rezension trug den Titel:** Pete Wells, »A Stellar Band Rearranges Its Hits«, The New York Times, 19. Juni 2012, https://www.nytimes.com/2012/06/20/dining/reviews/the-nomad-in-new-york.html.

300 **Sie können sich also vorstellen:** Pete Wells, »Talking All Around the Food: At the Reinvented Eleven Madison Park, the Words Fail the Dishes«, The New York Times, 17. September 2012, https://www.nytimes.com/2012/09/19/dining/at-the-reinvented-eleven-madison-park-the-words-fail-the-dishes.html.

304 **Und das war: ein Raum voller:** Pete Wells, »Restaurant Review: Eleven Madison Park in Midtown South«, The New York Times, 17. März 2015, https://www.nytimes.com/2015/03/18/dining/restaurant-review-eleven-madison-park-in-midtown-south.html.

INDEX